国家精品在线开放课程配套教材
高等学校计算机技术类课程规划教材
"人工智能+"教材

C 与 C++ 程序设计（第二版）

戴 波　李忻洋　陈文宇　丘志杰　主　编
　　　　卢光辉　詹文翰　张东祥　参　编

内 容 简 介

本教材一共 10 章，第 1 章介绍软件开发过程中 Visual Studio 2022 开发环境和华为鲲鹏开发框架的使用，第 2～6 章介绍 C 语言基础知识及面向过程技术，第 7～10 章介绍 C++ 语言基础知识及面向对象技术。

本教材基础理论浅显易懂，编程案例趣味性强，适合没有编程基础以及学习了 C 语言或者 C++ 语言，仍然不能根据问题独立编写程序的初学者。本教材将理论与实践紧密结合，从分析问题，到寻找解题思路，再到编程、调试、运行，都借助实际案例展开。初学者可以通过扫描二维码来观看视频讲解，从而掌握相关的基础知识及编程过程；并通过视频中的详细演示学会编程方法与调试技术，避免初学者在学习初期常犯的编译错误和后期的运行错误。

本教材提供配套 PPT、视频讲解、编程习题库及 QQ 答疑等丰富资源，既适合传统教学使用，又适合翻转课堂教学法的课前预习和课堂编程与讨论；同时，也适合没有教师辅导的独立学习者使用。

图书在版编目(CIP)数据

C 与 C++ 程序设计 / 戴波等主编. -- 2 版. -- 北京：北京大学出版社，2025.6. -- （高等学校计算机技术类课程规划教材）. -- ISBN 978-7-301-36264-8

Ⅰ. TP312.8

中国国家版本馆 CIP 数据核字第 20255CP222 号

书　　　名	C 与 C++ 程序设计（第二版）
	C YU C++ CHENGXU SHEJI (DI-ER BAN)
著作责任者	戴　波　等主编
责 任 编 辑	温丹丹
标 准 书 号	ISBN 978-7-301-36264-8
出 版 发 行	北京大学出版社
地　　　址	北京市海淀区成府路 205 号　100871
网　　　址	http://www.pup.cn　新浪微博：@北京大学出版社
电 子 邮 箱	编辑部 zyjy@pup.cn　总编室 zpup@pup.cn
电　　　话	邮购部 010-62752015　发行部 010-62750672　编辑部 010-62756923
印 刷 者	天津中印联印务有限公司
经 销 者	新华书店
	787 毫米×1092 毫米　16 开本　17.5 印张　445 千字
	2018 年 1 月第 1 版
	2025 年 6 月第 2 版　2025 年 6 月第 1 次印刷（总第 10 次印刷）
定　　　价	53.00 元

未经许可，不得以任何方式复制或抄袭本书之部分或全部内容。
版权所有，侵权必究
举报电话：010-62752024　电子邮箱：fd@pup.cn
图书如有印装质量问题，请与出版部联系，电话：010-62756370

第二版前言

一、编写背景

MOOC(Massive Open Online Courses,即大型开放式在线课程,通常称为"慕课")的普及,为非计算机专业的学生提供了接触和学习计算机科学的机会。然而,为了适应广泛的受众,MOOC 中的计算机课程往往设计得较为浅显易懂,这虽然降低了入门门槛,但同时也意味着课程的深度和难度有限。一旦提高课程的难度,缺乏教师面对面指导的初学者可能会感到难以跟上,甚至难以掌握课程内容,这构成了一个两难困境。

因此,对于非计算机专业的学生而言,仅依靠 MOOC 学习想要达到计算机程序设计课程的专业水平,仍面临诸多挑战。实际上,即使是一些通过 MOOC 获得优异成绩的计算机专业学生,在正式进入大学学习相关专业课程时,也会遇到较大的困难,因为他们对一些概念的理解可能存在偏差或误解。对于非计算机专业的 MOOC 学习者来说,要想真正掌握并灵活运用编程语言解决问题,不仅需要理论知识的学习,更需要专业的实践指导和实验操作机会。

对于计算机专业的学生来说,当前的教学模式往往侧重于基础知识的理论讲解,而给予实践操作的时间较少。这种安排可能导致初学者在缺乏实践经验的情况下,对理论知识的理解过于抽象,难以将其转化为实际技能。当涉及实践操作时,即便是最基础的编程任务也可能成为障碍。为了解决这一问题,某些学校尝试将所有课程都安排在实验室进行,以增加学生的上机练习时间。不过,如果教学方法没有相应调整,仅仅改变上课地点并不能有效解决问题。

翻转课堂作为一种有效的教学模式,可以在一定程度上缓解这些问题。首先,学生可以通过观看教师预先录制的基础理论讲解视频,结合 PPT 和预习测试题来自学基本概念,这有助于学生在课前做好准备。其次,学生可以根据个人需求自由选择学习材料,通过完成预习测试题来检验学习成果。最后,在课堂上,教师可以通过简短的测验来评估学生的预习效果,并据此灵活调整授课内容。如果学生预习效果良好,则可以直接进入应用层面的探讨;若预习效果不佳,则先进行必要的复习,尤其是对难点进行详细解释,之后再引导学生将理论知识应用于实践问题的解决中。

C 语言和 C++ 语言虽然有着紧密的联系,但在应用范围和设计理念上存在显著差异。特别值得关注的是,华为鲲鹏生态的快速发展为跨平台编程教学提供了实践场景,通过国产化技术栈的实现路径,深刻印证习近平总书记在党的二十大报告中指出的"加快实现高水平科技自立自强"战略要求。

C语言与C++语言都是大多数高校计算机专业的核心课程,但由于学时限制,学生往往在尚未完全掌握C语言的情况下就开始学习C++,这可能导致先前所学知识遗忘,教师不得不重复讲解基础知识。有些学校仅教授C++,强调面向对象的编程思维,但这可能使得学生对面向过程的编程方式理解不足,影响其解决复杂问题的能力。为此,电子科技大学计算机科学与工程学院进行了课程整合尝试,将C语言和C++语言合并为一门课程,通过分析两种语言之间的异同点,帮助学生更快地过渡到C++的学习。同时,该学院采取了全程教师指导的方式,确保学生在课堂上有足够的实践机会,从而极大地提高了学习效率和实际应用能力。经过多年的实践证明,这种教学方法显著提升了学生的课堂参与度和时间管理效率,实现了良好的理论与实践相结合的学习效果。

二、第二版修订说明

与第一版相比,本教材基于近五年的教学实践经验,进行了以下几个方面的改进和更新:

(1) 修正错误:根据教学过程中发现的问题,修订了教材中存在的错误,确保内容的准确性。

(2) 更新案例:引入了新的案例,特别是华为鲲鹏程序设计相关内容,以反映最新的技术发展和应用实例,增强教材的实用性和时效性,让学生体会关键技术自主可控的战略意义。

三、本书特色

1. 教材优势

(1) 学时优化:将C语言与C++语言结合学习,可以有效减少所需学时。通过对比学习,学习者能够在同一个问题上分别体验面向过程(C语言)和面向对象(C++语言)的解决方案,从而深刻理解面向对象编程的优势,提升学习效果。

(2) 适用范围:此教学方法既适用于计算机专业的翻转课堂教学,也适合MOOC(大型开放式在线课程)学习者作为进阶学习的补充资料,满足不同学习者的需求。

(3) 丰富的数字资源:本教材为学习者提供了全面的数字资源,包括预习资料(预习PPT及讲解视频)、课堂练习资料(课堂PPT)以及习题库等,旨在帮助学习者更好地理解和掌握课程内容。

(4) 互动式学习体验:作为一本"互联网+"教材,书中包含的二维码链接至视频教程,覆盖了从问题分析、设计、编程到调试的全过程。无论是否具备计算机背景,学习者都能跟随视频逐步进行编程实践,掌握调试技巧。

2. 程序设计语言学习的关键在于实践

(1) 编程练习的重要性:学习程序设计语言和掌握编程技术,必须建立在大量编程练习的基础上。在学习基础理论和观看视频演示后,只有亲自进行编程练习,才能实现对知识的深入理解和掌握。

(2) 保障编程练习的质量与数量:为了确保学习者能获得高质量的编程练习,本教材推荐了一个在线编程练习平台——码图。学习者注册并加入特定班级后,即可按照章节顺序进行编程练习。平台上的习题按难度分为简单、中等、挑战和实验四个等级,适合不同程度的学习者选择适合自己的练习题。

3．具体学习步骤

（1）登录习题库网站：访问码图（网址：http://matu.uestc.edu.cn/），具体请扫描二维码注册或登录。

习题库网站

（2）注册并加入班级：注册时请选择"教材学习者的练习题：程序设计（C 与 C++）"班级,并通过 QQ 群（学生群：213288360；教师群：341588984）申请,教师审核通过后学习者可进入群内学习。

（3）开始编程练习：注册通过后,进入"课程中心"下的"我的课程",找到"教材学习者的练习题：程序设计（C 与 C++）"的作业列表。每章作业题量适中,难度分级,学习者可根据自身水平选择合适难度的练习题。建议初学者从简单题开始,有经验者可直接尝试难题和实验题。同时,学习者也可通过中国大学 MOOC 网站（https://www.icourse163.org/course/UESTC-1001774006?from=searchPage&outVendor=zw_mooc_pcssjg）学习本课程并获取证书。

（4）互动交流：若在学习过程中遇到疑问或发现教材内容中的错误,可通过 QQ 群向教师反馈,或与其他群成员交流讨论,共同进步。

四、教学安排

本书共 10 章,除了第 1 章没有预习资料,其他章均提供预习资料。每一章（除了第 1 章）都有基础理论学习（预习内容）、课堂练习题（教师在课堂引导学生深入学习的资料）。课程参考学时如下表所示。教材第 2～6 章介绍 C 语言与技术部分,第 7 章介绍 C++语言与 C 语言的主要区别,第 8～10 章介绍 C++语言与技术部分。

课程参考学时

各章内容	基础理论（预习时间）	深入与提高（课堂用时）
第 1 章　C 语言程序设计概述	0 分钟	4 学时
第 2 章　基本数据类型及运算	80 分钟	4 学时
第 3 章　控制语句	50 分钟	6 学时
第 4 章　数组和结构	68 分钟	4 学时
第 5 章　指针	64 分钟	8 学时
第 6 章　函数	112 分钟	8 学时
第 7 章　C++语言编程基础	47 分钟	4 学时
第 8 章　类与对象	80 分钟	8 学时
第 9 章　继承、派生与多态	93 分钟	14 学时
第 10 章　模板、命名空间和异常处理	42 分钟	4 学时
总学时	636 分钟（约 14 学时）	64 学时

五、教学方法

本教材可以采用下面两种教学方法。

1. 传统教学法

第 1 章的教材内容及对应的 PPT 可以作为课堂教学内容,教材习题可以作为学生的课堂编程作业或课后作业。

第 2～10 章,每一章的第一部分为基础理论,可以作为课堂的教学内容;第二部分为课堂练习题,可以作为学生的课堂实验或课后作业。

2. 翻转课堂教学法

第 1 章的教材内容及对应的 PPT 可以作为课堂教学内容,教材习题可以作为学生的课后作业。

第 2～10 章,每一章的第一部分为基础理论(有配套的预习 PPT 与预习讲解视频),可以作为学生每周的课前预习资料;第二部分为课堂练习题,作为课堂上教师引导学生完成的课堂作业,完成后通过学生展示的方式,共同解答并总结。课堂练习题也提供了参考答案供教师与读者参考,可以通过扫描书中的二维码获得。课堂练习题中前面的题目给出基础理论容易出错的知识点,通常以读程序、查错改错、程序填空等形式给出。在基础知识掌握得比较好之后,教师可以在课堂上给出由浅入深的编程练习题,供学生练习。不同基础的学生可以完成不同的作业题数。

六、致谢

1. 教材编撰团队及贡献

本教材由戴波、李忻洋、陈文宇、丘志杰担任主编,卢光辉、詹文翰和张东祥参与编写。具体分工如下:

戴波:负责编写第 1～9 章课堂练习题及其答案。

李忻洋:负责编写全书的习题和实验题,并完成了在线 OJ 平台的题库建设。

陈文宇:负责编写第 1～6 章基础理论部分的内容。

丘志杰:负责编写第 7～10 章基础理论部分的内容。

卢光辉:对全书的整体结构提出了宝贵的建议,并负责编写部分章节的案例。

詹文翰:负责编写和修订第 7～9 章部分案例和部分课堂练习题。

张东祥:负责编写第 9～10 章基础理论部分的案例。

此外,2016 级研究生宋玉在教材的整理工作中做出了重要贡献,包括格式调整和图表绘制。特别感谢北京大学出版社的温丹丹老师为本书的出版所付出的大量心血,以及华为鲲鹏根技术和华为云技术对本教材内容的支撑。

2. 参考资料及致谢

本教材的课堂练习题中包含了多个具有启发性和趣味性的 C 语言题目,这些题目参考了哈尔滨工业大学苏小红老师编写的《C 语言程序设计》(第 5 版)中的 PPT 案例。关于 C++ 的面向对象概念讲解,参考了北京理工大学金旭亮老师在中国大学 MOOC 上的"面向对象软件开发实践之基本技能训练"课程中的相关内容。游戏设计思想受到了 Aaron Reed 编写的

Learning XNA 4.0 启发。

在此,我们对所有为本书提供帮助和支持的优秀教师及作者表示诚挚的感谢。他们的贡献使本教材更加丰富和完善,为学习者提供了高质量的学习资源。

七、参考书籍

[1] 陈文宇,黄迪明,侯孟书,等. C 语言程序设计[M]. 3 版. 成都:电子科技大学出版社,2011.

[2] 沈显君,杨进才,张勇. C++语言程序设计教程[M]. 3 版. 北京:清华大学出版社,2015.

[3] 苏小红,赵玲玲,孙志岗,等. C 语言程序设计[M]. 4 版. 北京:高等教出版社,2019.

[4] Reed. *Learning XNA 4.0*[M]. Sebastopol:O'Reilly Media,2011.

方法介绍

读者建议

编者
2025 年 6 月

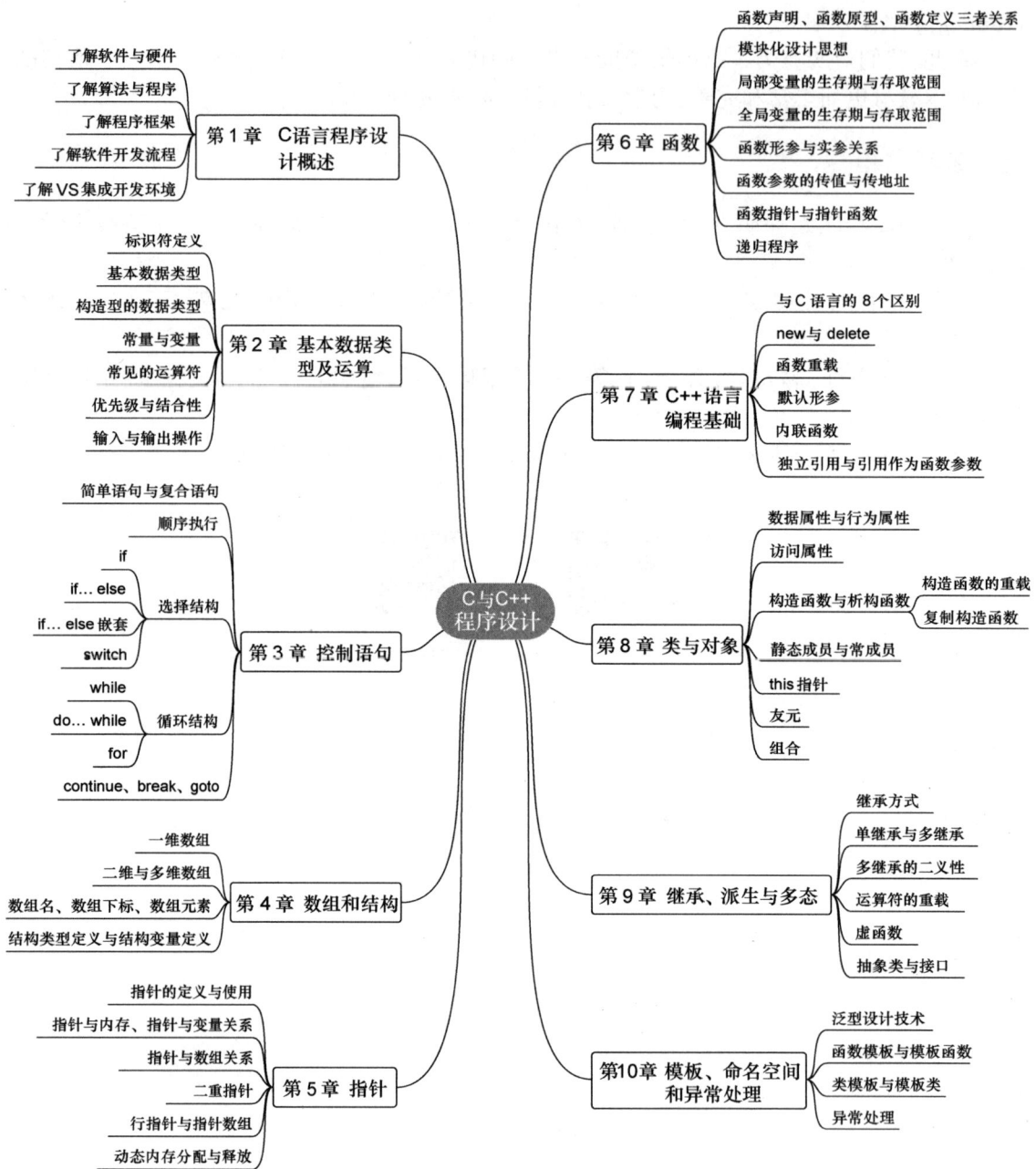

本书核心内容思维导图

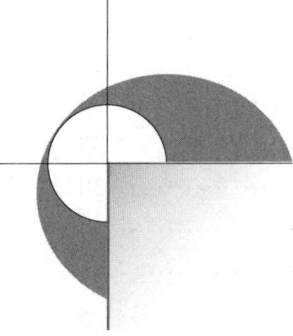

目 录

第1篇　C语言程序设计

第1章　C语言程序设计概述 ... 3
1.1　引言 ... 3
1.2　程序设计语言的发展历程 ... 4
1.3　软件开发过程 ... 6
1.4　算法的表示形式 ... 6
1.5　C语言程序的基础知识 ... 9
　　1.5.1　C语言的基本语法单位 ... 9
　　1.5.2　C语言程序的基本结构 ... 11
1.6　C/C++语言程序的编写和运行 ... 13
　　1.6.1　C/C++语言程序的编写和运行步骤 ... 13
　　1.6.2　集成开发环境介绍 ... 14
1.7　华为CodeArts IDE的安装及基本使用 ... 21
1.8　华为鲲鹏体系介绍 ... 21
1.9　华为云平台 ... 24
1.10　鲲鹏平台openEuler编译及运行C语言程序 ... 24
1.11　小结 ... 25
1.12　课后作业 ... 26

第2章　基本数据类型及运算 ... 27
2.1　基本数据类型 ... 27
　　2.1.1　整型 ... 28
　　2.1.2　浮点型 ... 28
　　2.1.3　字符型 ... 29
2.2　常量 ... 29
　　2.2.1　整型常量 ... 29
　　2.2.2　浮点型常量 ... 30
　　2.2.3　字符型常量 ... 30
　　2.2.4　字符串常量 ... 31

| 2.2.5   符号常量 ……………………………………………………………… 32
| 2.3 变量 ……………………………………………………………………………… 33
| 2.3.1   变量的定义 …………………………………………………………… 33
| 2.3.2   变量的初始化 ………………………………………………………… 34
| 2.3.3   变量地址 ……………………………………………………………… 34
| 2.4 运算符与表达式 ………………………………………………………………… 35
| 2.4.1   算术运算符和算术表达式 …………………………………………… 37
| 2.4.2   赋值运算符和赋值表达式 …………………………………………… 38
| 2.4.3   关系运算符和关系表达式 …………………………………………… 39
| 2.4.4   逻辑运算符和逻辑表达式 …………………………………………… 40
| 2.4.5   位运算符和位表达式 ………………………………………………… 42
| 2.4.6   移位运算符和移位表达式 …………………………………………… 45
| 2.4.7   条件运算符和条件表达式 …………………………………………… 46
| 2.4.8   逗号运算符和逗号表达式 …………………………………………… 47
| 2.4.9   其他运算符 …………………………………………………………… 48
| 2.5 混合运算与类型转换 …………………………………………………………… 48
| 2.5.1   自动类型转换 ………………………………………………………… 48
| 2.5.2   强制类型转换 ………………………………………………………… 49
| 2.6 数据的输入/输出 ………………………………………………………………… 50
| 2.6.1   字符输出函数 putchar 和格式输出函数 printf ……………………… 50
| 2.6.2   字符输入函数 getchar 和格式输入函数 scanf ……………………… 52
| 2.7 课堂练习题 ………………………………………………………………………… 56
| 2.8 小结 ………………………………………………………………………………… 60
| 2.9 课后作业 …………………………………………………………………………… 60
| 2.10 知识补充与扩展 ………………………………………………………………… 61
| 2.10.1   原码与补码 …………………………………………………………… 61
| 2.10.2   常用字符的 ASCII 码表 ……………………………………………… 61

第 3 章 控制语句 …………………………………………………………………………… 62
| 3.1 程序的三种基本结构 …………………………………………………………… 62
| 3.2 复合语句 …………………………………………………………………………… 63
| 3.3 if 条件分支语句 …………………………………………………………………… 64
| 3.3.1   if 流程(单选控制结构) ……………………………………………… 64
| 3.3.2   if…else 流程(二选一控制结构) ……………………………………… 64
| 3.3.3   if…else…if 流程(多选一控制结构) ………………………………… 66
| 3.3.4   if 语句嵌套 …………………………………………………………… 67
| 3.4 switch 多路开关语句 …………………………………………………………… 68
| 3.5 for 循环 …………………………………………………………………………… 69
| 3.6 while 循环和 do…while 循环 …………………………………………………… 70

	3.6.1　while 语句	70
	3.6.2　do...while 语句	71
3.7	循环嵌套	72
3.8	break、continue 和 goto 语句	73
	3.8.1　break 语句	73
	3.8.2　continue 语句	74
	3.8.3　goto 语句	75
3.9	课堂练习题	76
3.10	上机实验	77
3.11	小结	78
3.12	课后作业	78
3.13	知识补充与扩展	80
	3.13.1　switch 语句	80
	3.13.2　for 语句	80
	3.13.3　使用华为 CodeArts IDE 与 Visual Studio 进行基本调试	80

第4章　数组和结构　81

4.1	一维数组	81
	4.1.1　一维数组的定义	82
	4.1.2　一维数组元素的引用	83
	4.1.3　一维数组的初始化	84
4.2	二维数组	84
	4.2.1　二维数组的定义	85
	4.2.2　二维数组元素的引用	86
	4.2.3　二维数组的初始化	86
4.3	字符数组	88
	4.3.1　字符数组的定义和初始化	88
	4.3.2　字符数组的输入/输出	89
4.4	结构及结构变量	92
	4.4.1　结构及结构变量的定义	93
	4.4.2　结构成员的访问	95
	4.4.3　结构变量的初始化	95
4.5	结构数组	96
4.6	课堂练习题	97
4.7	上机实验	99
4.8	小结	100
4.9	课后作业	100
4.10	知识补充与扩展	101
	4.10.1　字符串	101

4.10.2　复合数据类型——位域、结构嵌套、联合体、枚举及类型别名 …… 101
　　4.10.3　使用华为 CodeArts 和 Visual Studio 的条件断点调试功能 ………… 102

第5章　指针 ………………………………………………………………………… 103

5.1　指针的概念和定义 …………………………………………………………… 103
　　5.1.1　指针的概念 …………………………………………………………… 103
　　5.1.2　指针的定义 …………………………………………………………… 104
　　5.1.3　指针的赋值 …………………………………………………………… 104
5.2　指针运算 ……………………………………………………………………… 106
　　5.2.1　取地址运算(&)和取内容运算(*) ………………………………… 106
　　5.2.2　指针与整数的加减运算 ……………………………………………… 107
　　5.2.3　指针相减运算 ………………………………………………………… 107
　　5.2.4　指针的关系运算 ……………………………………………………… 108
5.3　指针和数组 …………………………………………………………………… 109
　　5.3.1　指针与一维数组 ……………………………………………………… 109
　　5.3.2　指针与结构(数组) …………………………………………………… 111
5.4　字符串指针 …………………………………………………………………… 114
　　5.4.1　指向字符数组的指针 ………………………………………………… 114
　　5.4.2　指向字符串常量的指针 ……………………………………………… 116
　　5.4.3　字符指针和字符数组 ………………………………………………… 117
5.5　指针数组 ……………………………………………………………………… 118
5.6　课堂练习题 …………………………………………………………………… 120
5.7　上机实验 ……………………………………………………………………… 122
5.8　小结 …………………………………………………………………………… 123
5.9　课后作业 ……………………………………………………………………… 124
5.10　知识补充与扩展 …………………………………………………………… 125
　　5.10.1　二重指针 …………………………………………………………… 125
　　5.10.2　动态内存分配函数 ………………………………………………… 125
　　5.10.3　文件操作 …………………………………………………………… 126

第6章　函数 ………………………………………………………………………… 127

6.1　函数定义和调用 ……………………………………………………………… 131
　　6.1.1　函数定义 ……………………………………………………………… 131
　　6.1.2　函数原型说明 ………………………………………………………… 132
　　6.1.3　函数调用 ……………………………………………………………… 133
　　6.1.4　函数的数据存储区 …………………………………………………… 134
6.2　函数参数传递 ………………………………………………………………… 134
　　6.2.1　传值 …………………………………………………………………… 135
　　6.2.2　传地址 ………………………………………………………………… 135
6.3　函数返回指针 ………………………………………………………………… 139

6.4 递归函数 …………………………………………………………………… 141
6.5 课堂练习题 ………………………………………………………………… 143
6.6 上机实验 …………………………………………………………………… 145
6.7 小结 ………………………………………………………………………… 147
6.8 课后作业 …………………………………………………………………… 148
6.9 知识补充与扩展 …………………………………………………………… 149
  6.9.1 函数指针 …………………………………………………………… 149
  6.9.2 命令行参数解析机制 ……………………………………………… 149
  6.9.3 标准库架构与实现 ………………………………………………… 150
  6.9.4 变量存储类型 ……………………………………………………… 150
  6.9.5 图形开发库 ACLLib ………………………………………………… 150
  6.9.6 华为 CodeArts IDE 及 Visual Studio 中的函数相关调试技术 ………… 150

第 2 篇　C++ 语言程序设计

第 7 章　C++ 语言编程基础 ……………………………………………………… 153
7.1 面向对象的三个核心概念 ………………………………………………… 153
7.2 C++ 语言中的 I/O …………………………………………………………… 154
7.3 C++ 语言中的数据类型 …………………………………………………… 155
7.4 C++ 语言中的内联函数 …………………………………………………… 159
7.5 函数重载 …………………………………………………………………… 160
7.6 带默认形参值的函数 ……………………………………………………… 160
7.7 C++ 语言中的动态内存分配和释放 ……………………………………… 162
7.8 课堂练习题 ………………………………………………………………… 163
7.9 小结 ………………………………………………………………………… 165
7.10 课后作业 …………………………………………………………………… 165
7.11 知识补充与扩展 …………………………………………………………… 166
  C++ 的文件操作 ……………………………………………………… 166

第 8 章　类与对象 ………………………………………………………………… 168
8.1 类类型的定义 ……………………………………………………………… 168
8.2 类成员的访问控制 ………………………………………………………… 170
8.3 类类型的使用 ……………………………………………………………… 172
8.4 构造函数的引入 …………………………………………………………… 175
8.5 析构函数的引入 …………………………………………………………… 176
8.6 重载构造函数的引入 ……………………………………………………… 178
8.7 复制构造函数的引入 ……………………………………………………… 180
8.8 对象数组 …………………………………………………………………… 181
8.9 对象指针 …………………………………………………………………… 182
8.10 this 指针 …………………………………………………………………… 183

8.11	类类型作为参数类型的三种形式	184
8.12	静态成员	186
8.13	友元机制	189
8.14	类的组合	192
8.15	数据成员的初始化和释放顺序	193
8.16	常对象与常成员	194
8.17	课堂练习题	196
8.18	上机实验	199
8.19	小结	202
8.20	课后作业	203

第9章 继承、派生与多态 … 206

9.1	派生类的概念	206
9.2	公有继承	209
9.3	派生类的构造和析构	210
9.4	保护成员的引入	212
9.5	改造基类的成员函数	213
9.6	派生类与基类同名成员的访问方式	214
9.7	私有继承和保护继承	214
9.8	多继承	217
	9.8.1 多继承中的二义性问题	218
	9.8.2 虚基类	220
9.9	多态	221
	9.9.1 静态绑定与静态多态	221
	9.9.2 动态绑定与动态多态	222
9.10	运算符重载	222
	9.10.1 运算符重载的概念	222
	9.10.2 重载++、--运算符	226
	9.10.3 重载赋值运算符	228
	9.10.4 小结	229
9.11	赋值兼容规则	230
9.12	虚函数	233
	9.12.1 虚函数的定义	233
	9.12.2 虚函数的工作原理	235
	9.12.3 虚析构函数	237
	9.12.4 纯虚函数及抽象类	237
	9.12.5 小结	239
9.13	课堂练习题	240
9.14	上机实验	242

9.15 小结 ··· 243

9.16 课后作业 ··· 244

第 10 章 模板、命名空间和异常处理 ··· 249

10.1 模板 ··· 249

    10.1.1 函数模板 ·· 249

    10.1.2 类模板 ·· 252

10.2 命名空间 ··· 254

10.3 异常处理 ··· 259

10.4 课堂练习题 ··· 263

10.5 小结 ··· 263

10.6 课后作业 ··· 263

10.7 知识补充与扩展 ·· 264

    10.7.1 模板非类型形参 ·· 264

    10.7.2 标准模板库 STL ··· 264

10.8 网站推荐 ··· 264

第 1 篇

C语言程序设计

第 1 章　C 语言程序设计概述

基础理论

1.1　引言

视频讲解

计算机由硬件系统和软件系统两大部分组成,硬件是物质基础,而软件是计算机的灵魂。用户、软件和硬件之间的关系如图 1-1 所示。

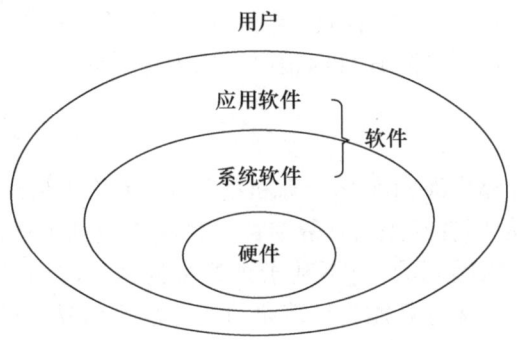

图 1-1　用户、软件和硬件之间的关系

软件是计算机系统中不可或缺的重要组成部分,根据软件的功能,软件可以分为系统软件和应用软件两大类。

(1) 系统软件。系统软件通常是指操作系统,如微软公司的 Windows、苹果公司的 macOS、开源操作系统 Linux 等,均属目前业界常用的操作系统。此外,像甲骨文公司的 Oracle、开源软件 MySQL,以及微软公司的 SQL Server 等数据库管理软件,有时也被纳入系统软件的范畴。

(2) 应用软件。应用软件是在具体应用领域中为解决各类问题而编写的程序,由于应用领域广泛,因此应用软件的种类也很丰富。例如,办公软件有微软公司的 Office、金山公司的 WPS;即时通信软件有腾讯公司的 QQ、微信,微软公司的 Skype;多媒体软件有百度公司的百度影音、腾讯公司的 QQ 音乐;程序开发工具软件有微软公司的 Visual Studio、开源开发工具 Eclipse 等。

无论是系统软件还是应用软件,均使用计算机程序设计语言编写。语言类型不同,其应用领域也有所不同。C 和 C++作为一种通用的高级程序设计语言,在系统软件和应用软件中具有广泛的应用,它们已经成为当今业界最流行的程序设计语言之一。

1.2 程序设计语言的发展历程

程序设计语言的发展,经历了从机器语言、汇编语言到高级语言的历程,如图 1-2 所示。

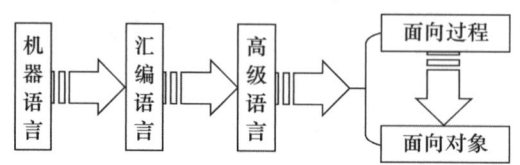

图 1-2　程序设计语言的发展历程

1. 机器语言

计算机只能够理解二进制代码,基于二进制代码的程序设计语言称为机器语言。由于机器语言[如图 1-3(a)所示]的可读性差,不便于阅读、编写和查找错误,而且可移植性差,因此利用机器语言进行程序设计是一项十分烦琐的工作。

2. 汇编语言

为了解决机器指令难读、难编、难记和易出错的问题,人们使用助记符的方式[如图 1-3(b)所示],add 助记符代表加法]来表示二进制形式的机器指令。这样,人们能够较容易地读懂并理解程序,使得程序的纠错及维护变得更加方便,这种程序设计语言称为汇编语言,即第二代计算机语言。汇编语言仍然是面向机器的语言,使用起来还是比较烦琐,通用性也较差。但是,用汇编语言编写的程序,其目标程序占用内存空间少、运行速度快,有着高级语言不可替代的用途。

3. 高级语言

机器语言和汇编语言都是面向实际计算机的语言,统称为低级语言。程序设计语言对计算机的过分依赖,要求使用者必须对计算机的硬件结构及其工作原理都十分熟悉,这对非计算机专业人员来说是难以做到的,也不利于计算机的推广应用。计算机事业的发展促使人们寻求与人类自然语言相接近且能为计算机所接受的通用易学的计算机语言。这种与自然语言相接近并被计算机接受和执行的计算机语言称为高级语言[如图 1-3(c)所示]。

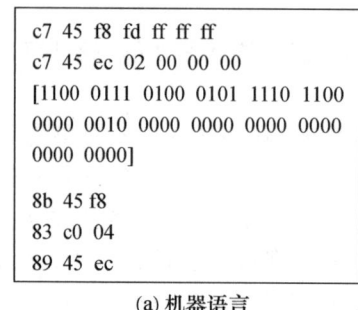

图 1-3　同一段程序的三种语言表示

高级语言是面向用户的语言,无论何种机型的计算机只要配备上相应的高级语言的编译程序或解释程序,用该高级语言编写的程序就可以运行。自从 1954 年第一个完全脱离机器硬件的高级语言 FORTRAN 面世以来，出现了上千种高级语言。其中，影响较大、使用较普遍的有 FORTRAN、ALGOL、COBOL、BASIC、LISP、Pascal、C、PROLOG、Ada、C++、VC、VB、Delphi、Java、Python 等。高级语言的发展经历了从早期语言到结构化程序设计语言，从面向过程到非过程化程序设计语言的过程。直到今天，程序设计语言还在不断地发展。

计算机并不能直接执行使用高级语言编写的源程序。源程序在输入计算机时，只有"翻译"成机器语言形式的目标程序之后，计算机才能识别和执行。这种"翻译"通常有两种方式，即编译方式和解释方式。

编译方式是指将程序的源代码"翻译"成目标代码（机器指令），目标代码可以脱离其语言环境独立执行，效率较高。源代码一旦被修改，需要重新编译生成新的目标代码（*.obj）才能执行，C 和 C++ 就属于这一类。编译过程如图 1-4 所示。

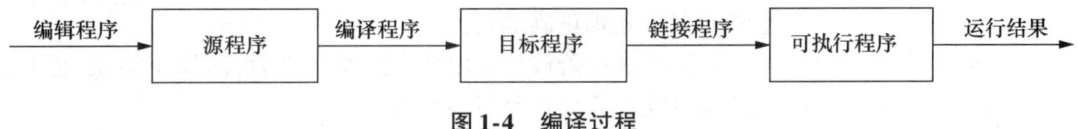

图 1-4　编译过程

解释方式是应用程序的源代码一边由相应语言的解释器"翻译"成目标代码（机器指令），一边执行，因此效率比较低。而且应用程序不能生成可独立执行的可执行文件，故不能脱离其解释器，但解释方式比较灵活，可以动态地调整、修改应用程序。解释过程如图 1-5 所示。

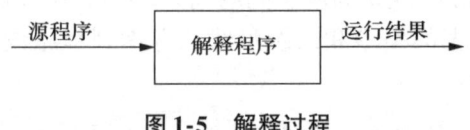

图 1-5　解释过程

目前，常用的程序设计语言有数百种之多，尽管任何一种程序设计语言均可作为编程工具完成编码、实现功能，由于每一种程序设计语言都有自身的特点，故它们对问题的处理及解决方式不尽相同。在选择程序设计语言时，应根据任务及语言的特点进行综合考虑。表 1-1 列举了一些常见的程序设计语言的应用领域。

表 1-1　常见的程序设计语言的应用领域

语　　言	应用领域
C 语言	操作系统（Linux）、驱动程序、Android
C++	电信级应用、网络应用（ACE）、浏览器（WebKit）
Object C	iPhone、iPod（兼容 C++）
swift	iPhone、iPod（iOS 上新的编程语言）
C#	Window 平台
ActionScript	Flash 游戏
HTML/JavaScript	Web 应用（如网游）
Python	分布式应用程序

1.3 软件开发过程

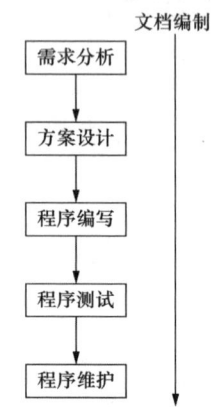

图1-6 软件开发步骤

一般来说,软件开发主要经历5个阶段,如图1-6所示。

(1)需求分析阶段。对问题进行详细的分析,弄清楚问题的要求,确定软件功能。

(2)方案设计阶段。根据需求分析阶段确定的软件功能,设计软件系统的整体结构、划分功能模块、确定每个模块的实现算法、形成软件的具体设计方案。

(3)程序编写阶段。使用程序设计语言进行代码的编写。

(4)程序测试阶段。在正式使用前对程序进行检测,以确保程序能按预定的方式正确地运行。

(5)程序维护阶段。在软件产品发布之后,因修正错误、提升性能或其他属性对软件产品进行修改。

1.4 算法的表示形式

视频讲解

著名的计算机科学家沃斯曾简洁地将程序描述为:

程序 = 算法 + 数据结构

简单来说,算法(algorithm)就是为解决问题而采取的方法和步骤,而数据结构用于描述算法要处理的数据,指定数据的类型和组织形式。考虑到程序设计的思想和集成环境的影响,目前该公式已经扩展为:

程序 = 算法 + 数据结构 + 程序设计方法 + 语言工具和环境

在设计出解决问题的算法之后,需要采用适当的方法描述算法。描述算法的工具很多,常用的有自然语言、伪代码、程序流程图、N-S流程图等。

例如,用键盘输入10个整数,求其中正整数的累加和并输出在显示屏上。下面,分别介绍用自然语言、伪代码、程序流程图、N-S流程图描述算法。

1. 自然语言描述算法

针对求正整数的累加和的例子,用自然语言描述的算法是:

(1)用键盘输入一个整数;

(2)如果该整数大于0,则将它加到累加和中,否则不加;

(3)如果还没有输入完10个整数,则转步骤(1);

(4)输入完10个整数之后,输出累加和。

用自然语言描述算法,比较容易理解和进行交流,但容易发生二义性。在描述一些复杂的算法时,很难将复杂的逻辑流程描述清楚,而且算法在转换成程序时也比较困难。因此,自然语言适合简单问题的算法描述。

2. 伪代码描述算法

针对求正整数的累加和的例子,用伪代码描述的算法是:

```
    BEGIN
       SET 0→sum
       SET 0→count
       WHILE count <10
         BEGIN
            READ an integer data to x from keyboard
            IF x >0
              sum + x→sum
              count +1→count
            END-IF
         END-BEGIN
       END-WHILE
       PRINT sum
    END
```

该算法中的大写单词构成了程序设计语言的框架结构,算法定义了一个存放 10 次计数值的变量 count,一个保存正整数累加和的变量 sum 并分别初始化为 0。用键盘读入的数先放入 x 变量,再判定 x 是否为正整数,如果为真,则将 x 累加到 sum 中;否则,不累加。然后,继续从键盘读入数,进行处理,直至读完 10 个数。

伪代码接近自然语言和形式化语言,以一种简单、易于理解的方式描述算法的逻辑过程。由于伪代码不是一种具体的程序设计语言,它没有固定的必须遵循的语法描述,能最大限度地使用自然语言。因此,用伪代码表示的算法不仅易于理解、易于交流、无二义性,而且便于转换为程序。伪代码也称为类程序设计语言。

3. 程序流程图描述算法

程序流程图使用特定的图形符号并加上简单的文字说明来表示数据处理的过程和步骤。它不仅能指出计算机执行操作的逻辑顺序,而且表达简单、清晰。通过程序流程图,设计者能很容易了解系统执行的全过程以及各部分之间的关系,便于优化程序并发现设计中的错误。

程序流程图是描述算法的良好工具,得到了普遍的使用。常见的程序流程图由逻辑框和流向线组成,其中,逻辑框是表示程序操作功能的符号,流向线用来指示程序的逻辑处理顺序。图 1-7 列出了程序流程图的常用表示符号,它们的功能简单说明如下。

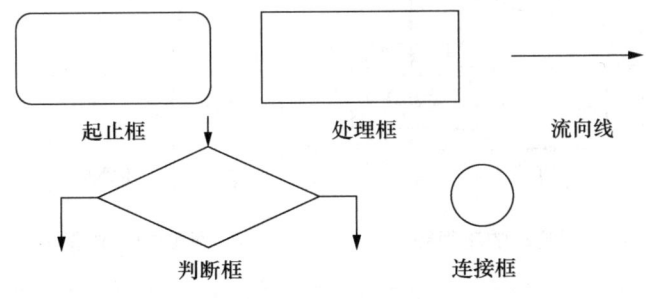

图 1-7　程序流程图的常用表示符号

(1) 起止框。表示程序的开始和结束,框内标以"开始"和"结束"字样,以圆角方框表示。
(2) 处理框。表示一种处理功能或程序段,框内用文字简述其功能,以直角方框表示。
(3) 判断框。表示在此进行判断以决定程序的流向,框内注明判断条件,判断结果标注

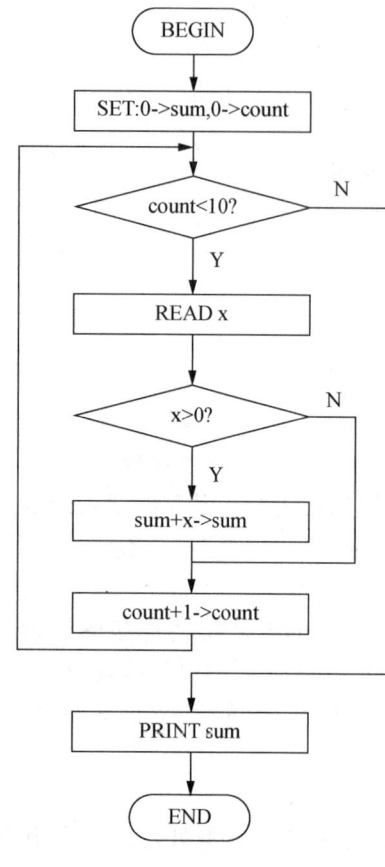

图 1-8　程序流程图描述的算法

在出口的流向线上,一般用"Y"表示条件满足,用"N"表示条件不满足。以菱形框表示,一个入口,两个出口。

(4) 连接框。框内注有字母,当流程图跨页时,或者流程图比较复杂,可能出现流向线交叉时,用它来表示彼此之间的关系,相同符号的连接框表示它们是相互连接的。以圆圈表示。

(5) 流向线。表示程序处理的逻辑顺序,以单向箭头表示。

针对求正整数的累加和的例子,用程序流程图描述的算法如图 1-8 所示。从图 1-8 中可见,流向线返回的部分将重复执行 10 次。程序流程图直观明了,各种操作一目了然,操作之间的逻辑关系非常清晰。由于使用了流向线,各个框比较稀疏,占的空间较大,对于步骤多的程序流程图,不容易进行总体把握。

4. N-S 流程图描述算法

根据 1973 年美国学者 Nassi 和 Schneiderman 提出的方法,形成了 N-S 流程图(也称为方框图)。N-S 流程图是一种适于结构化程序设计的算法描述工具。由于流程图各步骤之间,一般总是按照从上到下的顺序执行,N-S 流程图中取消了流向线,一旦需要改变顺序时,再用专门的框来表示。图 1-9 所示为判断框的流程图,判断框的 N-S 流程图如图 1-10 所示。图 1-11 是"重复操作步骤"的 N-S 流程图,它是程序设计中必不可少的一种结构。其中,图 1-11(a)称为"直到型"框,表示指定的操作一直被重复执行,直到条件不成立为止;图 1-11(b)称为"当型"框,表示当条件成立时,指定的操作被重复执行。

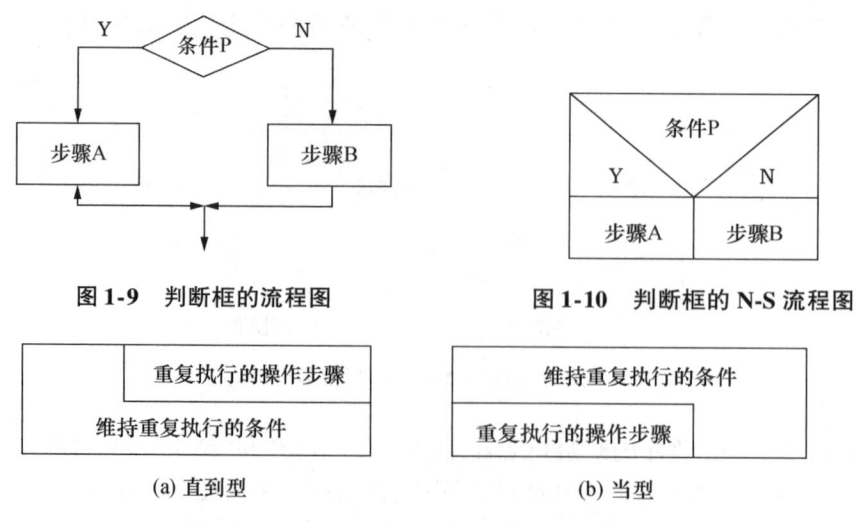

图 1-9　判断框的流程图　　　　图 1-10　判断框的 N-S 流程图

图 1-11　"重复操作步骤"的 N-S 流程图

针对求正整数的累加和的例子,用 N-S 流程图描述的算法如图 1-12 所示。

算法描述只与问题的求解步骤有关,它是与具体程序设计语言无关的一种通用的描述形式,具有语言无关性。算法通过选用的某种程序设计语言在计算机上得以实现,以达到使用计算机求解问题的目的。

1.5 C 语言程序的基础知识

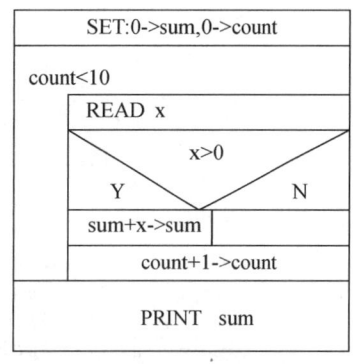

图 1-12 N-S 流程图描述的算法

任何一种程序设计语言都具有特定的语法规则,一个程序只有严格按照语言的语法规则进行编写,才能保证编写的程序在计算机中能正确地被执行,同时也便于用户阅读和理解。

1.5.1 C 语言的基本语法单位

C 语言的基本语法单位(单词符号)包括标识符、关键字、运算符、常量和分隔符。

1. 字符集(字母表)

字符是高级语言程序中的最小单位,是构成语法单位的基础。C 语言规定了程序中可以使用的合法字符,这些合法字符的集合称为 C 字符集(C 字母表)。C 语言的字符集广泛采用 ASCII 码字符集。

C 语言的字符集由下列字符组成。

(1) 字母和数字字符。包括小写字母 a~z、大写字母 A~Z、数字 0~9。
(2) 不可打印的字符。包括空格符、回车符、换行符、控制符。
(3) 空字符。即 ASCII 码为 0 的字符,其作用之一是作为字符串的结束符。
(4) 标点符号和特殊字符(如表 1-2 所示)。

表 1-2 标点符号和特殊字符

字 符	名 称	字 符	名 称	字 符	名 称
,	逗号	]	右方括号	~	波浪线
.	点	{	左花括号	_	下划线
;	分号	}	右花括号	#	数字号
:	冒号	<	小于号	%	百分号
'	单引号	>	大于号	&	和号
"	双引号	!	惊叹号	*	乘号
(	左括号	|	竖线	-	减号
)	右括号	/	斜线	=	等号
[	左方括号	\	反斜线	+	加号

2. 标识符

标识符是对程序所使用的常量、变量、函数、语句标号和类型定义等命名的字符串。标识符只能由字母、下划线和数字组成，并且第一个字符必须是字母或下划线。例如：

```
a    str2    _add100    student    Line    area    class5    TABLE
```

是合法的标识符。而

```
3th              以数字开头
=xyz             头个字符不是字母或下划线
"m+n"            包含非字母又非数字的符号
person name      标识符中不能出现空格
```

不是合法的标识符。

在使用标识符时，除了注意其合法性以外，命名还应尽量有意义，以便"见名知义"，便于阅读理解。例如，用 result 表示计算结果，用 first_value 表示第一个数据等。

不同的 C 编译程序对标识符所用的字符个数有不同的规定，ANSI C 可识别标识符的前 32 个字符。此外，标识符需要区分英文的大小写字母，如 name 和 NAme、NAME 是 3 个不同的标识符。

3. 关键字

关键字也称为保留字或基本字，是指在 C 语言中已预先定义的具有特定含义的标识符。注意，不允许将关键字作为普通标识符使用。常用的关键字如表 1-3 所示。

表 1-3 常用的关键字

种　　类	关　键　字
数据类型关键字(12 个)	char、double、enum、float、int、long、short、signed、struct、union、unsigned、void
控制语句关键字(12 个)	for、do、while、break、continue、if、else、goto、switch、case、default、return
存储类型关键字(4 个)	auto、extern、register、static
其他关键字(4 个)	const、sizeof、typedef、volatile

4. 运算符和分隔符

运算符是用来表示某种运算的特殊符号，多数运算符由一个字符组成，也有的运算符由多个字符组成。C 语言有丰富的运算符（后续章节将进行介绍），其中常用的运算符包括：

```
( )  [ ]  ->  .  /  \  ~  ++  --  (类型) sizeof  *  /  %  +  -
<<  >>  <=  >=  ==  !=  &  ^  |  &&  ||  ?:  =  ,  +=  -=
*=  /=  %=  >>=  <<=  &=  ^=  |=
```

某些运算符有双重含义（称为运算符的重载或超载 overload），使用时要根据语言的语用规则进行区分。

分隔符是用来分隔变量、数据和表达式等多个单词的符号，C 语言的分隔符主要是指空格符、制表符和换行符等。

5. 常量和变量

被处理的数据在程序中以常量和变量的形式表示。

常量是指在程序执行中其值不会改变的量。C语言程序中的常量分为数字常量和字符常量两类,例如:286,0,-15.3,3.14,-960.8,'a','M',"UESTC"等。

变量是指在程序执行中其值可改变的量。C语言规定,各种数据类型的变量,使用前必须先定义,即说明变量的名称和数据类型。任何一个未经定义的变量都会被编译程序认为是非法变量,由此将引起编译错误。变量使用标识符表达。

有关常量和变量的具体内容将在第2章中详细介绍。

1.5.2 C语言程序的基本结构

本小节介绍简单的C语言程序,可以从中了解到C语言程序的基本结构。

例1-1 在显示屏上输出字符串。

视频讲解

```
1. /*1.1 第一个程序功能:在显示器屏幕上输出字符串.*/
2. #include <stdio.h>
3. int main()
4. {
5.    printf("THEORY AND PROBLEMS \n");
6.    printf("          of \n");
7.    printf("PROGRAMMING WITH C \n");
8.    return 0;
9. }
```

程序执行结果是在显示屏上原样显示程序中的3个字符串。

```
THEORY AND PROBLEMS
         of
PROGRAMMING WITH C
```

分析

(1) 第1行为注释,用"/*"开头到"*/"结尾的部分表示。注释可以加在程序中的适当位置,可以使用英语或汉字注释。注释的作用是便于读者对程序进行阅读和理解。

(2) 第2行为预处理命令,程序中使用了printf库函数,在头文件stdio.h中有该函数的原型说明。

(3) main表示C语言程序的主函数。C语言程序都必须有一个main函数,整个程序从主函数开始执行。由花括号{ }括起来的程序部分是函数体,花括号表示函数体的开始和结束。函数体内的第5~7行语句具有相同的作用,调用C编译程序提供的标准库函数printf输出一个字符串。在printf函数中,被原样显示输出的字符串用双引号包括起来。双引号中的符号\n没有在屏幕上显示,实际上\n是一个专用的输出格式控制符,它表示输出字符串后回车换行,即将光标移到下一行的起始位置。C语言程序规定,函数体内各语句间用分号(;)分隔,即分号表示一条语句的结束。

(4) 第3行的main函数前的int表示主函数的返回值类型,因此,main函数体中的最后一条语句,即第8行return 0;表示main函数的返回值为0。标准C语言程序要求main函数的返回值是int类型,但Visual Studio 2022系列开发环境下的main函数的返回值可以是void,也就是没有返回值。我们建议main函数的返回值是int类型。

例1-2 求整数的绝对值。

```
1. /*1.2 求整数的绝对值*/
2. #define _CRT_SECURE_NO_WARNINGS
3. #include <stdio.h>
4. #include <stdlib.h>
5. int main()
6. {
7.   int numb, absolute;
8.   printf("请输入一个整数:");
9.   scanf("%d", &numb);
10.  if (numb > 0)absolute = numb;
11.  else absolute = -numb;
12.  printf("%d的绝对值是:%d\n", numb, absolute);
13.  system("pause");
14.  return 0;
15. }
```

程序的运行结果为：
　测试1
　　请输入一个整数:32
　　32的绝对值是:32
　测试2
　　请输入一个整数:-2
　　-2的绝对值是:2

分析　　程序共有15行，main函数的作用是求通过键盘输入的整数的绝对值。程序第7行是变量定义，说明numb和absolute为整型(int)变量。第8行是打印语句，提示用户通过键盘输入一个整数。第9行是输入语句，使通过键盘输入的数据值放到numb变量当中存储。第10行和第11行是C语言的选择语句(选择语句的详细使用说明见第3章)。如果第10行的if语句中的表达式的值是整数，则绝对值就和输入数据值相同；否则，第11行通过语句absolute = -numb;将numb的相反数(负负得正)，即numb的绝对值正数存储在absolute变量中。第12行输出numb的绝对值absolute。第13行的system("pause")用系统函数暂停程序执行，等待任意输入来继续运行程序。在return之前调用system("pause")函数的目的是可以在Visual Studio 2022开发环境下看到程序输出，避免程序直接运行结束而看不到程序的运行结果。

注意　　在Visual Studio开发环境下会出现如下错误提示：error C4996: 'scanf': This function or variable may be unsafe. Consider using scanf_s instead. To disable deprecation, use _CRT_SECURE_NO_WARNINGS. See online help for details. 根据错误提示，可以在第一行前面加上#define _CRT_SECURE_NO_WARNINGS，如例1-2中的第2行所示，或者将第9行的scanf修改为scanf_s。

例1-3 输入长方体的长、宽和高，计算长方体的体积。

```
1. /*1.3 求立方体体积*/
2. #define _CRT_SECURE_NO_WARNINGS
3. #include <stdio.h>
4. #include <stdlib.h>
```

```
 5.
 6. float volume(float a, float b, float c)      /*定义 volume 函数*/
 7. {
 8.     float p;                  /*定义函数内使用的变量 p*/
 9.     p = a * b * c;            /*计算体积 p 的值*/
10.     return (p);               /*将 p 值返回调用处*/
11. }
12. int main()        /* 主函数 */
13. {
14.     float x, y, z, v;                 /*定义整型变量*/
15.     scanf("%f %f %f", &x, &y, &z);    /*用键盘输入数据*/
16.     v = volume(x, y, z);              /*调用 volume 函数*/
17.     printf("v = %.0f\n", v);          /*输出体积 v 的值*/
18.     system("pause");
19.     return 0;
20. }
```

分析　程序的功能是利用键盘输入的长方体的长、宽、高三个数据,求长方体的体积。其中:

(1) 程序中除了主函数 main 之外,还包括一个被主函数调用的 volume 函数。volume 函数是用户自定义的函数。自定义函数由函数头和函数体两个部分组成。第 6 行是函数头,用以指定函数名称、形参名称以及函数返回值的类型。函数体包括执行函数功能使用的变量定义和语句,如第 8～10 行所示。

(2) 第 15 行的输入语句调用的是 C 编译程序提供的标准输入函数 scanf,作用是用键盘输入变量 x、y 和 z 的值。其中,%f %f %f 是 3 个输入格式控制符,表示输入 3 个实数,符号 & 的含义是指变量的地址,表示将输入的 3 个数值分别送入变量 x、y 和 z 对应的存储单元中,也就等效于将输入值赋予变量 x、y 和 z。这种输入方式是 C 语言所特有的。在 C 语言中,当用键盘向变量输入数值时,都必须指明变量的地址。

(3) 第 16 行是对 volume 函数进行调用,在执行调用时,将输入 x、y 和 z 的值作为实参数分别传递给 volume 函数中的形参 a、b 和 c。计算结果 p 的值通过返回语句 return 返回到主调函数,并赋予主函数中的变量 v,然后通过 printf 函数显示在屏幕上。volume 函数返回一个实数,故它也称为实数函数。函数名前的 float 即表示函数返回实数。

从上述例子可以看出,C 语言程序为函数模块结构。一个 C 语言程序是由一个或多个函数组成,其中必须有一个且只能有一个 main 函数。程序从 main 函数开始执行,程序在执行中可以调用由编译系统提供的各种标准库函数(如 printf 和 scanf 函数)和由用户自定义的函数(如本例中的 volume 函数)。

注意　volume 函数可以将函数定义(源代码 6～11 行)写在 main 函数后面(第 20 行后面),但需要保留第 6 行的函数原型,并增加一个分号。

1.6　C/C++语言程序的编写和运行

1.6.1　C/C++语言程序的编写和运行步骤

C/C++语言程序的编写和运行步骤如图 1-13 所示,主要分为 4 个步骤。

1. 程序编辑

程序员使用编辑软件(编辑器)将编写好的程序输入计算机,并以文本文件(C/C++语言源程序文件的后缀名为.c或者.cpp)的形式保存在计算机的磁盘上。

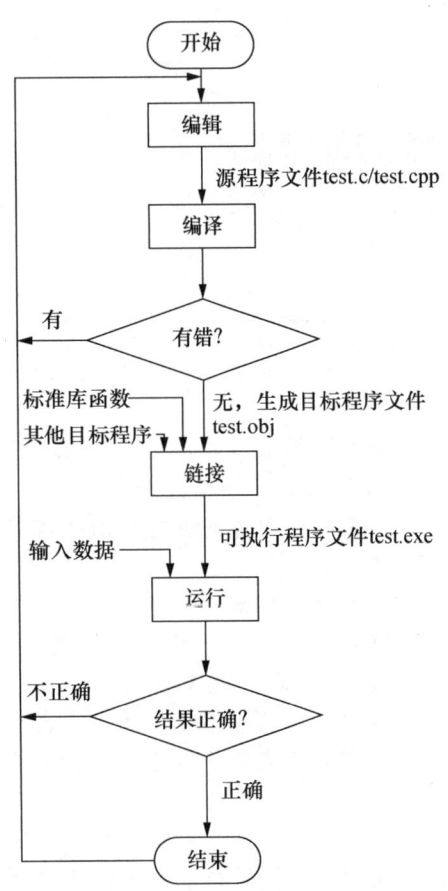

2. 程序编译

编译是指将编辑好的C/C++语言源程序翻译成二进制目标代码的过程。编译过程是使用C/C++语言编译程序(编译器)完成的。不同操作系统下的各种编译器的使用命令不完全相同,使用时应注意计算机环境。在编译时,编译器首先要对源程序中的每一个语句检查语法错误,当发现错误时,显示错误的位置和错误类型的信息。接下来再次调用编辑器对源程序进行修改,然后,再进行编译,直至排除所有错误。正确的源程序文件经过编译后在磁盘上生成目标程序文件。

3. 链接程序

编译后产生的目标程序文件是可重定位的程序模块,不能直接运行。链接就是将目标程序文件和其他文件分别进行编译生成的目标程序模块(如果有的话)及系统提供的标准库函数链接在一起,生成可以运行的可执行文件的过程。链接过程使用C/C++语言提供的链接程序(链接器)完成,生成的可执行程序文件保存在磁盘中。

4. 程序运行

执行生成的可执行程序文件。若执行程序后达到预期目的,则C/C++语言程序的开发工作到此完成;否则,要进一步检查修改源程序,重复编

图 1-13 C/C++语言程序的编写和运行步骤

视频讲解

辑—编译—链接—运行的过程,直至取得预期结果。大部分C/C++语言程序都提供一个独立的集成开发环境,如Visual C++ 6.0、Visual Studio 2022等,将上述4个步骤集成在一起。

1.6.2 集成开发环境介绍

在了解了C语言程序的编写和运行步骤之后,接下来介绍目前使用最广泛的C/C++语言程序开发软件——Visual Studio。C++语言是在C语言的基础上发展而来的,是C语言的扩展,它增加了面向对象的编程,成为当今最流行的一种程序设计语言。Visual Studio是基于.net平台的集成开发环境,不但可以进行C#、Python等语言的开发,还可以进行C语言与C++语言的开发。下面,我们以最新版本Microsoft Visual Studio Community 2022为例介绍如何开发C/C++语言。

从Windows 10的开始菜单或者搜索栏输入:visual studio,如图1-14所示。单击Visual Studio 2022之后,屏幕上将显示如图1-15所示的窗口。

图 1-14　在 Windows 10 中搜索 Visual Studio 2022 集成开发环境

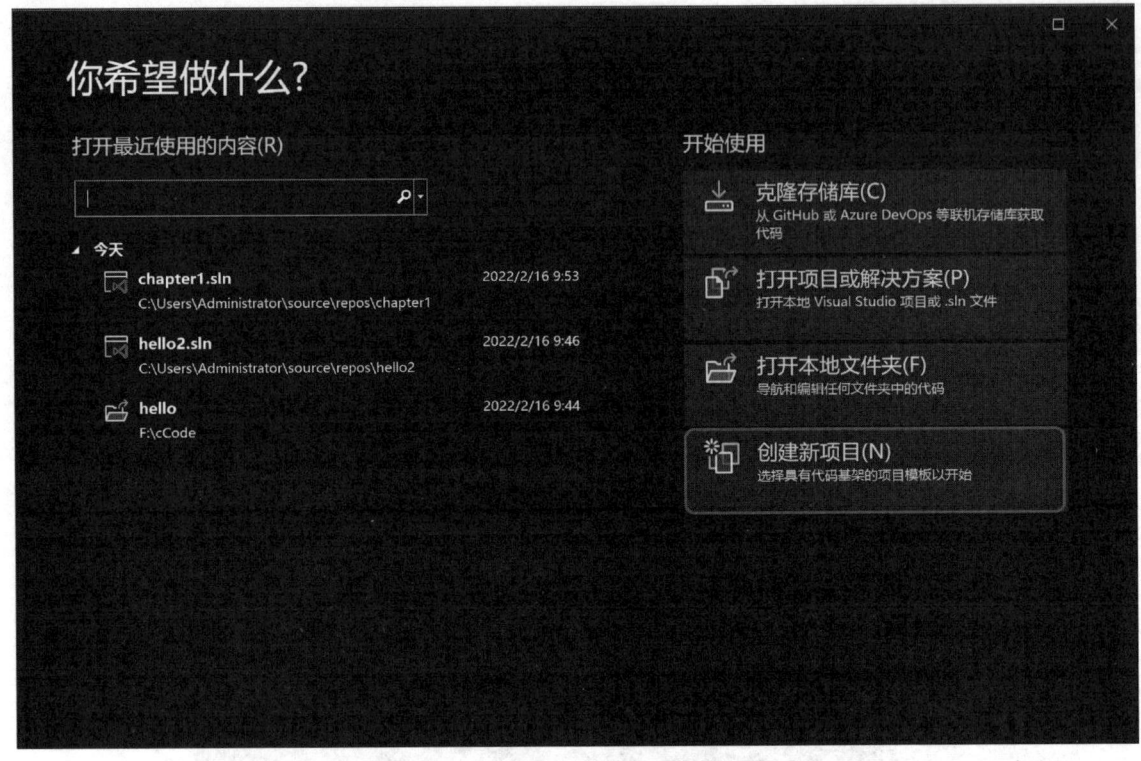

图1-15 Visual Studio 2022 启动界面

单击"创建新项目",或者关闭右上角的"×"按钮后,单击菜单"文件"→"新建"→"项目"选项,如图1-16所示。

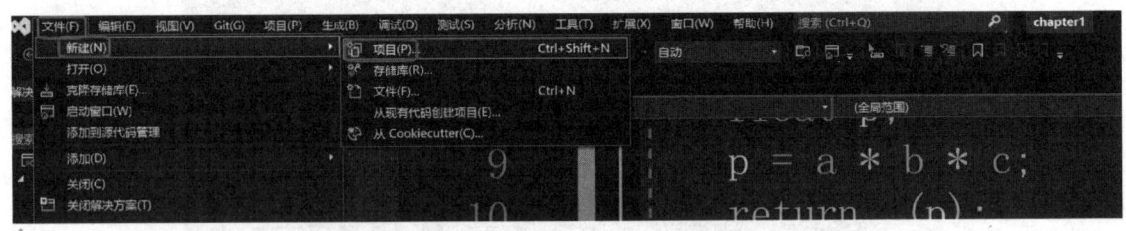

图1-16 Visual Studio 2022 新建项目

弹出如图1-17所示的界面,选择"空项目",单击"下一步"按钮,进入图1-18所示的界面。

在"解决方案名称"处输入当前项目的解决方案名称,在"项目名称"处输入本项目的名称,如果要修改当前的解决方案存储位置,则单击"位置"后面的3个点,选择存储位置,最后单击"创建"按钮,创建新项目。

此处,我们给当前的解决方案取名称为"chapter 1",本项目的名称是"1-hello",存储位置为Visual Studio 2022的默认位置。

如图1-19所示,在项目名称上右击,在弹出的菜单中单击"添加"→"新建项"选项,弹出如图1-20所示的界面。在左侧打开"已安装"下的"Visual C++",在中间列选择"C++文件(.cpp)",在"名称"栏修改文件名称后,单击"添加"按钮。

图 1-17　选择新项目类型

图 1-18　配置新项目属性

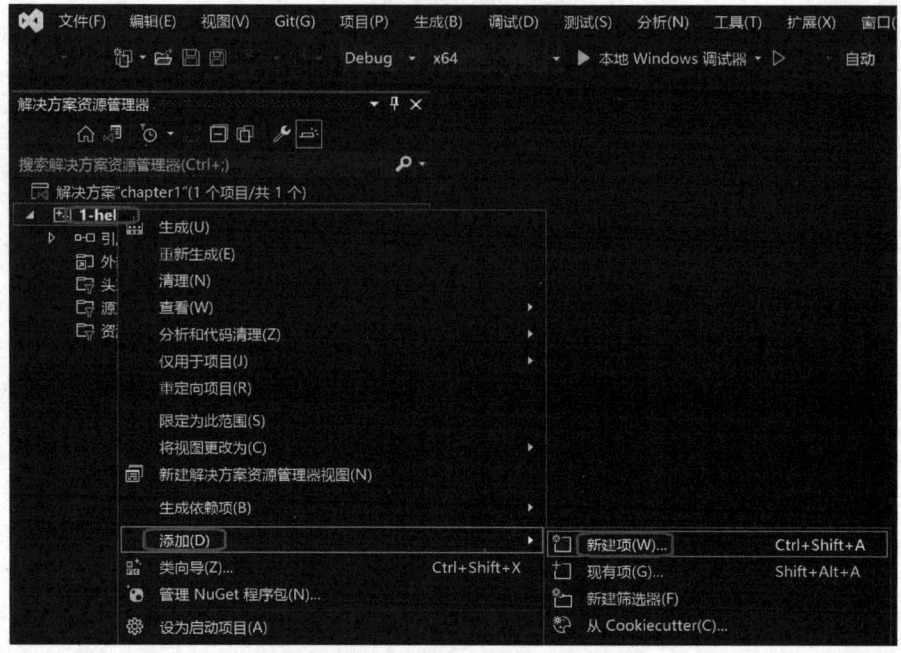

图 1-19 在新项目中添加新文件

图 1-20 在新项目中添加新文件的属性设置

（1）编辑。在新建的文件中可以编辑代码，如图 1-21 所示。

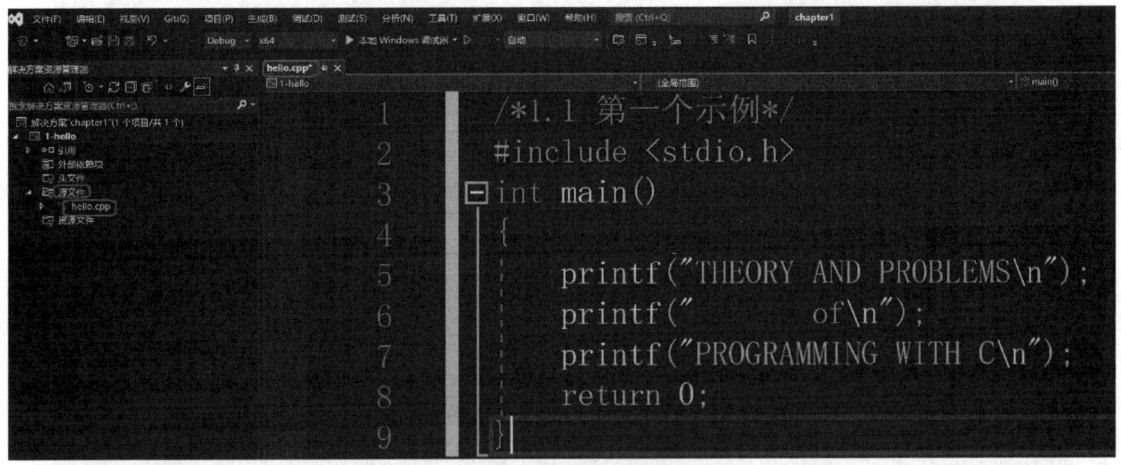

图1-21 在新文件中编辑代码

（2）编译与链接。如图1-22所示，源代码编辑完成之后，单击菜单"生成"→"生成解决方案"选项，或者按键盘上的快捷键F7，程序就开始编译。在编译过程中，可以看到Visual Studio 2022下方有文字滚动。如果程序有编译错误，则可以看到最后一行提示"生成：成功0个，失败1个"，如图1-23所示。如果是编译错误，则可以双击鼠标定位到错误提示信息对应的代码行。如果是链接错误，则需要仔细阅读错误提示信息，此处是链接错误："无法解析的外部符号main"。在查看源代码后可以发现，main函数名称错写成了mian，修改后再次编译，程序编译成功的同时进行链接。编译结束后，可以看到图1-24所示的编译与链接成功的提示信息，最终生成可执行程序1-hello.exe。

（3）运行。如图1-25所示，程序在编译与链接成功之后，单击菜单"调试"→"开始执行（不调试）"选项，或者按键盘上的快捷键Ctrl+F5，则程序开始运行。通过键盘输入数据，计算结果便显示在屏幕上。

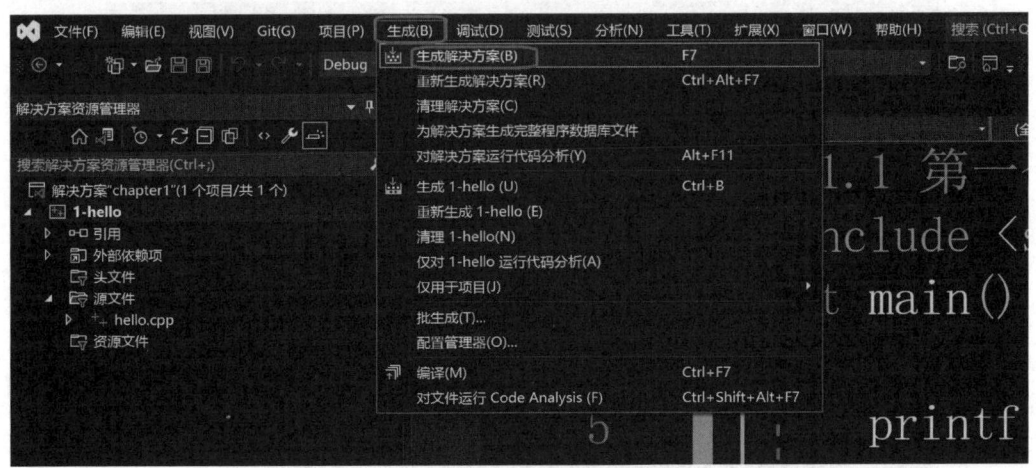

图1-22 编译菜单

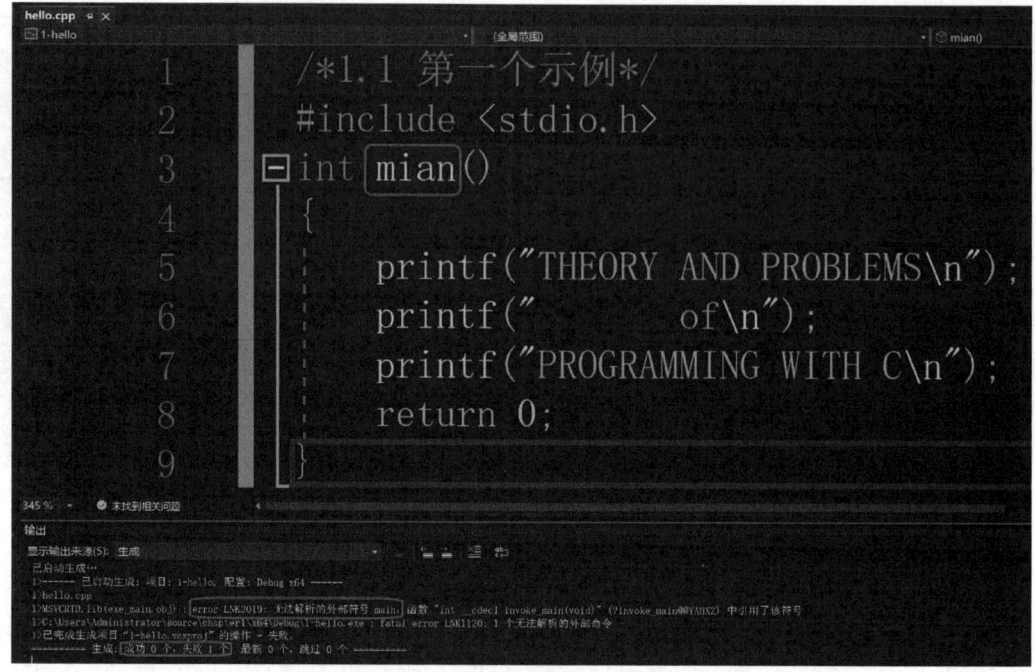

图 1-23　编译错误提示信息

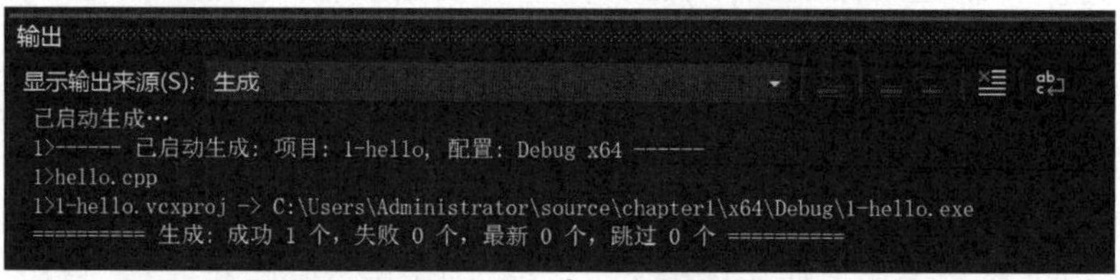

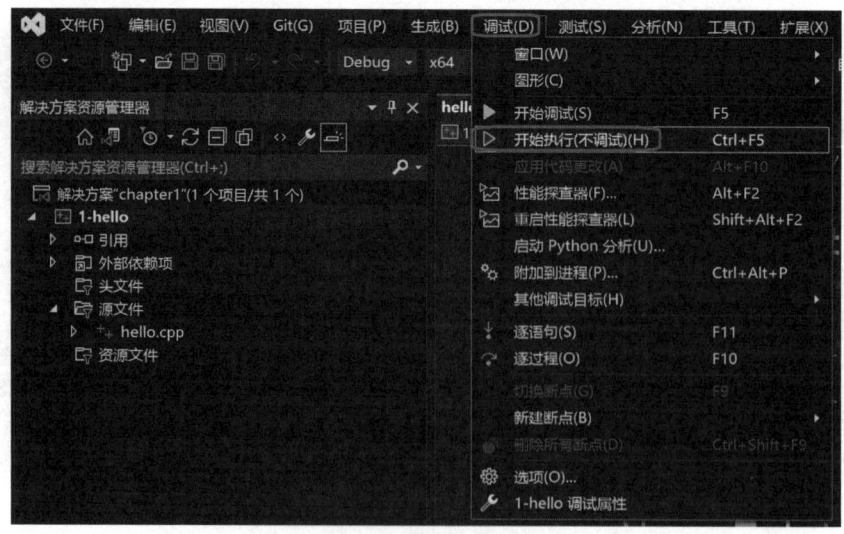

图 1-24　编译与链接成功的提示信息

图 1-25　运行程序菜单

1.7 华为 CodeArts IDE 的安装及基本使用

使用流程

华为 CodeArts IDE 是华为自主研发的集成开发环境,可以适配 C/C++、Java、Python 等主流编程语言。其内置了代码编辑器及对应语言的完整工具链,支持语法高亮、括号匹配、自动缩进、框选、智能代码补全、实时错误检测及调试功能。华为 CodeArts IDE 可简化开发环境配置流程,帮助开发人员聚焦核心开发与创意实现。开发人员通过云端协同功能,可无缝连接华为云资源,实现弹性开发环境配置与团队协作。

目前,华为 CodeArts IDE 除提供免费的客户端版本外,还支持云 IDE 环境。下面以华为 CodeArts IDE for C/C++ 客户端为例,进行安装和配置,该版本可以免费使用。华为 CodeArts IDE for C/C++ 的主界面如图 1-26 所示。

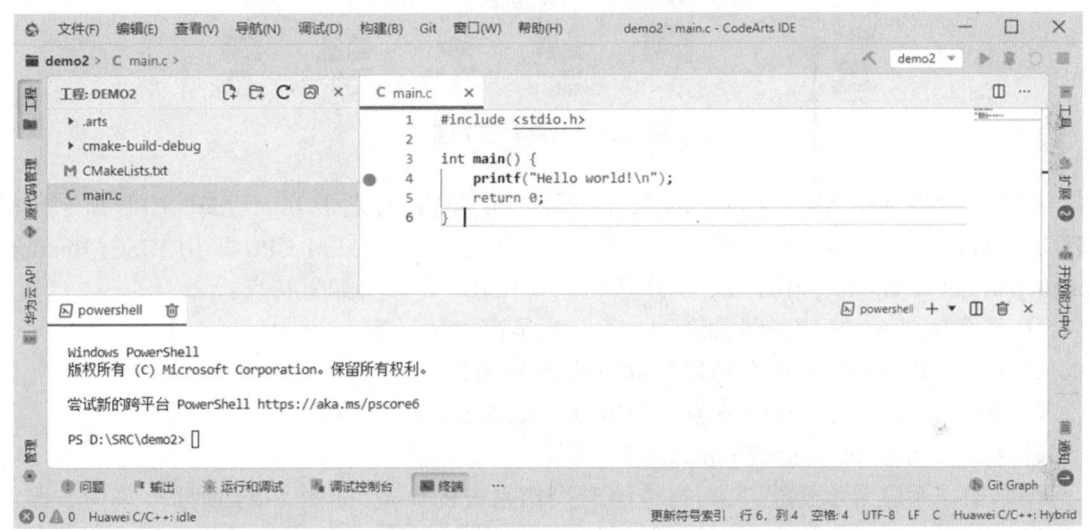

图 1-26　华为 CodeArts IDE for C/C++ 的主界面

在使用时,开发人员需要首先访问华为云官网完成注册与实名认证,登录后单击"控制台"按钮,并从服务列表中选择"开发与运维"→"CodeArts IDE"选项,在页面中可免费激活 CodeArts IDE 获取使用权限。下载安装包后,即可按提示完成安装。

安装完成后,双击桌面的"CodeArts IDE"图标启动程序,首次运行需要输入华为账号密码(若提示激活,则直接单击"立即激活"按钮)。随后通过菜单"文件"→"新建"→"工程"选项创建 C 语言项目,输入名称和项目路径后单击"创建"按钮,在默认生成的 main.c 文件中编辑代码。最后选择"构建"→"构建工程"选项完成编译(如果输出"finished",则表示成功;如果提示错误,则需按提示修正),按 Ctrl+F5 或选择"调试"→"运行"选项查看控制台输出结果。更详细的使用流程请见本节二维码。

1.8 华为鲲鹏体系介绍

视频讲解

当前的大数据时代,华为开发的鲲鹏和昇腾处理器各有所长。其中,鲲鹏处理器具有多业务场景化、多核高并发、持续演进和兼容 ARM 生态等特点。昇腾处理器具有统一的达芬奇架构和指令集、全场景支持、可扩展计算、超高内存和互联带宽等特点。

鲲鹏计算产业是基于鲲鹏处理器构建的全栈IT基础设施、行业应用及服务,包括PC、服务器、存储、操作系统、中间件、虚拟化、数据库、云服务、行业应用以及咨询管理服务等,如图1-27所示。

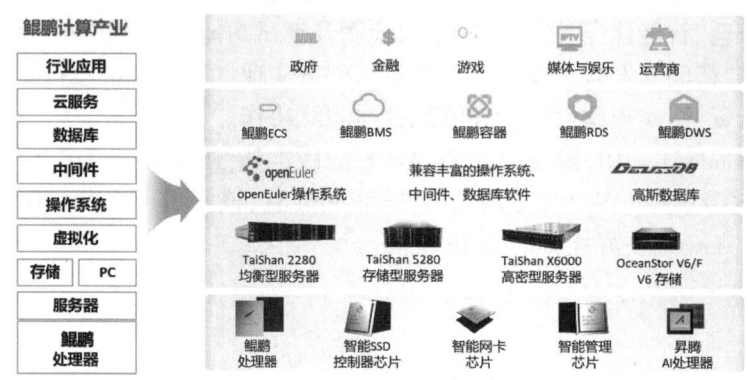

图1-27 鲲鹏计算产业

鲲鹏处理器基于ARM架构。ARM是一种CPU架构,有别于Intel、AMD CPU所采用的CISC(Complex Instruction Set Computer,复杂指令集计算机),ARM CPU采用RISC(Reduced Instruction Set Computer,精简指令集计算机)。ARM CPU具有如下特点:

① 最多集成64核,指令集兼容ARMv8.2,最高主频可达3.0 GHz;
② 8×DDR4控制器,内存速度最高可达2933 MT/s;
③ 支持PCIe 4.0,并且向下兼容PCIe 3.0/2.0/1.0;
④ 封装大小为60 mm×75 mm。

鲲鹏操作系统秉承开放开源,打造国产操作系统的典范,如图1-28所示。华为云鲲鹏云服务全面释放鲲鹏新算力。在鲲鹏计算产业的框架之下,产业链上下游的厂商可以基于鲲鹏和ARM已有生态,开发出具有差异化优势的产品和解决方案。

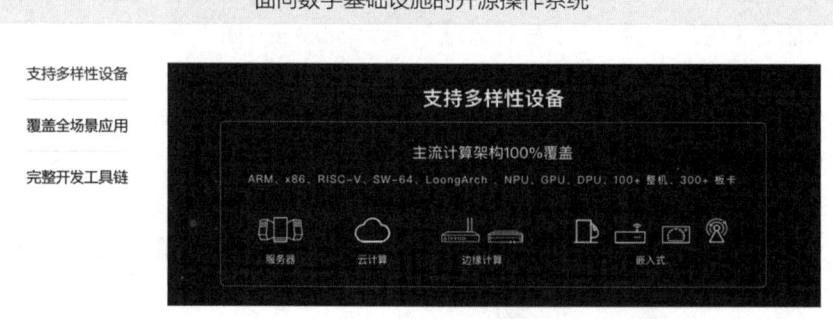

图1-28 鲲鹏操作系统

华为作为鲲鹏计算产业的一员,掌握ARM64处理器核、微架构及芯片设计的关键技术,拥有ARMv8永久架构授权,并在此基础上发展了鲲鹏系列处理器。同时,华为在芯片领域的长期投入和持续创新,面向计算、存储、传输、管理和AI打造了全面的具有差异化竞争力的芯片体系,有能力提供支持鲲鹏计算产业持续发展的算力底座需求。

鲲鹏计算产业的首要任务是基于各行业用户的需求,孵化和完善面向行业的应用,打开产业空间,为所有厂家找到与之相匹配的生产要素和市场机会,通过商业成功促进产业链各环节的持续创新,形成螺旋式上升的发展路径。随着鲲鹏计算产业在中国市场的发展壮大,吸纳更多的海内外企业加入,最终成为具有持续创新能力和全球领先优势的计算产业,鲲鹏计算产业的典型应用场景如图1-29所示。

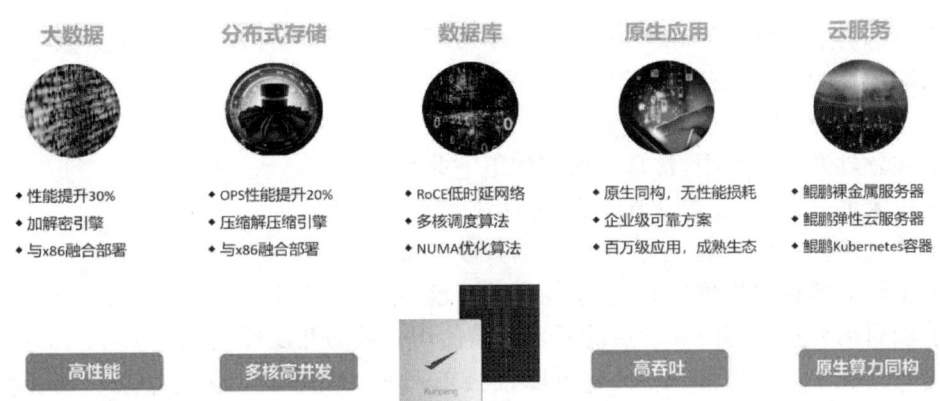

图1-29 鲲鹏计算产业的典型应用场景

鲲鹏计算产业的发展壮大,离不开上下游产业界的共同努力。在过去的时间里,华为与各行业的独立软件开发商(Independent Software Vendor,ISV)共同孵化和完善了五大鲲鹏计算解决方案,在多个行业实现了规模商用。

例如,在大数据场景,鲲鹏920处理器最高支持64核,多核优势意味着可并行处理更多的数据。实测数据显示,鲲鹏处理器的大数据性能比传统平台提升30%以上。又如,在分布式存储场景,鲲鹏处理器通过内置数据压缩引擎,多核并行计算提升分布式存储软件的运行效率,相比传统处理器算法方案减少66%的压缩时间,并将IOPS性能提升20%以上。

在鲲鹏处理器设计之初,华为就充分考虑了如何满足分布式并行计算的需求。在鲲鹏处理器天生多核的基础上,增强了高I/O带宽、高内存带宽、高数据吞吐的设计,更好地满足IT分布式演进的发展趋势。

每一个新兴产业的发展,都离不开人才的培养。2019年,华为面向中国高校推出了促进计算产业人才培养的"鲲鹏高校人才计划",主要措施有以下几点:

① 投入"1"千万:2019年华为将通过"教育部产学合作协同育人项目"首批投入1000万元软硬件资源,与高校专家共同建设计算机体系结构、操作系统、数据库、人工智能等课程的实验资源。

② 服务"2"大人群:服务教师和学生两大人群:面对教师,联合开发不少于20门的精品课程和数字教材,并组织鲲鹏生态相关的师资培训和技术研讨;面向学生,推出创新训练营和拔尖人才计划,并例行举办各类创新大赛。

③ 联合"3"类组织:华为将联合教学指导委员会(计算机类专业教指委、软件工程教指委等)、联盟(国家示范性软件学院联盟、信息技术新工科产学研联盟等)、学会(中国计算机学会、中国高等教育学会等)3类教育专家组织,制订关键核心技术领域人才培养方案和专

业标准、设计与开发产学合作课程,建设与推广计算产业开源社区等,探索鲲鹏计算产业人才培养合作的新模式。

④ 培养"4"类人才:基于4类华为认证标准:鲲鹏应用开发者认证、GaussDB 数据库认证、智能计算认证、人工智能认证,支持中国高校开展鲲鹏生态所需人才的培养,培养计算产业人才。

1.9 华为云平台

通常,我们把软硬件资源都在开发人员本地环境中进行的开发叫作本地开发,软硬件资源都在云端环境中进行的开发叫作云端开发。

1. 云端开发优势

我们在软件开发过程中,常常会遇到如下一些场景:

(1)居家办公,电脑配置常常不高,无法满足开发需求;

(2)进入新的工作环境,不会搭建新的开发环境;

(3)工作需要临时搭建新的、复杂的开发环境,用完即删除;

(4)项目需要不同部门和地点的开发人员使用一致的开发环境。

在这些情况中,如果有云平台,就可以直接在云平台使用已经配置好的开发环境,而不需要更换新的电脑、配置新的开发环境或者搭建临时的复杂环境等。因此,云平台是对本地开发的补充,而不是代替。

云开发环境
CloudIDE

2. 华为软件开发云

华为软件开发云(DevCloud)是集华为近30年研发实践、前沿研发理念、先进研发工具为一体的一站式云端开发平台,面向开发者提供即开即用的云服务,让开发者轻松快速地开启云端开发之旅。

云代码仓库
CodeHub

在云开发中,我们将重点介绍云开发环境 CloudIDE 和云代码仓库 CodeHub。由于云开发环境和相关技术持续迭代更新,书中不再做详细展开。若需深入了解,请扫描本节二维码获取内容。

1.10 鲲鹏平台 openEuler 编译及运行 C 语言程序

购买云
服务器

在鲲鹏平台编译及运行 C 语言程序,需要先购买云服务器,再进行环境登录验证,通过后才能够在鲲鹏云平台编译和运行 C 语言程序。其中,购买华为云服务器的详细步骤和环境登录验证的详细步骤见二维码。下面,详细说明编辑好的 C 语言程序是如何在鲲鹏云平台编译和运行的。

1. 新建目录

环境登录
验证

在 ECS 主机上新建 test 目录,输入命令:mkdir test。在 ECS 主机上建立 test 目录后,输入打印命令:ls,可以看到当前根目录 root 下建立了 test 子目录,如下所示。

```
[root@ ecs -3acf ~]# mkdir test
[root@ ecs -3acf ~]# ls
total 4.0K
drwx------ 2 root root 4.0K Apr 19 15:33 test
[root@ ecs -3acf ~]# cd test
[root@ ecs -3acf test04]#
```

2. 上传源代码

将源代码 hello.c 上传至 ECS 主机的步骤如下：

① 打开 winscp 输入用户名和密码,把本地代码文件 hello.c 上传至 ESC 主机；

② 进入 ECS 主机 test 目录,对已上传的程序文件进行编译；

③ 在华为鲲鹏平台用 gcc 编译程序：

```
[root@ ecs-3acf test04]# gcc -mabi=lp64 -march=armv8-a -o hello hello.c -g -lm
[root@ ecs-3acf test04]# ll
total 48K
-rwx------ 1 root root 73K Apr 21 10:32 hello
-rw-r--r-- 1 root root 565 Apr 21 10:28 hello.c
```

编译程序的命令是：

```
# gcc -mabi=lp64 -march=armv8-a -o test main.c -g -lm
```

其中,参数 -m 是针对 arm 端口,此处是 lp64；参数 -march 是目标结构的名字,此处是 armv8-a。

3. 代码验证调测

确认 gcc 没有报错,并且成功生成可执行文件后运行程序。

4. 跨平台应用开发

本教材以 Visual Studio 2022 作为集成化开发环境,运行在 X86 平台上。实际上,C 语言大多数情况下是可以跨平台开发和使用的,此处以鲲鹏平台为例,说明和 X86 平台开发的差异和应用。

视频讲解

1.11 小　　结

1. 计算机系统由硬件和软件两部分组成。硬件即构成计算机的五大部件,软件是指计算机所使用的各种程序的集合及程序运行时所需要的数据及相关文档。

2. 软件分为系统软件和应用软件两大类。系统软件主要包括操作系统、语言处理程序和各种服务程序,应用软件则是各个应用领域中为解决各类问题而编写的程序。

3. 软件开发过程主要经历 5 个阶段：分析问题,选择一个完整的解决方案的算法,编写程序,测试程序,修正程序。

4. C/C++ 语言提供丰富的数据类型和运算符,具有灵活的表达方式、高效率的代码和良好的程序可移植性等优点,成为系统软件和应用软件开发中不可或缺的工具语言。

5. C 语言是由一系列函数组成的模块结构,程序中有且只有一个名为 main 的函数,这个函数称为主函数,整个程序从它开始执行,在执行时可以调用其他标准库函数或自定义函数。

6. 尽管 C/C++ 语言的书写格式有较大的灵活性,但是为了使程序结构清晰、便于阅读理解和查错,程序员一般应采用一定的格式编写,养成良好的编程习惯。

7. C/C++ 语言的基本语法单位(单词符号)包括标识符、关键字、运算符、常量和分隔符。

字符集(字母表)由英文字母、数字、标点及其他特殊符号组成,通常采用 ASCII 码字符集。C 语言程序中出现的任何一个字符都必须是字符集中的合法字符。

标识符是用来为变量、常量、用户自定义函数及类型命名的,是以字母或下划线开头的字母、下划线或数字的序列。C/C++语言对大小写字母是敏感的,使用的标识符不能与关键字同名。

关键字是 C/C++语言中由编译器预先定义的具有特定含义的标识符,在 C/C++语言中不允许将关键字重新命名另作他用。

C/C++语言中的运算符和分隔符也是基本语法单位。丰富的运算符增强了 C/C++语言的数据处理能力。

C/C++语言中的常量和变量是程序处理数据的主要对象,程序中的每项数据不是常量就是变量。常量与变量的主要区别是,在程序的执行中变量的值可以改变,而常量的值不可改变。

8. C/C++语言是一种编译型的高级程序设计语言,C/C++语言的运行过程包括编辑、编译、链接和运行四个步骤。具体操作应参阅特定操作系统环境中系统提供的有关资料。

1.12 课后作业

1. 输出如图 1-30 所示的由 * 组成的菱形。

```
        *
      *   *
    *   *   *
      *   *
        *
```

图 1-30 由 * 组成的菱形图案

2. 编写 C 语言程序,输入 3 个整数,计算它们的和并将结果输出。
3. 编写输出如图 1-31 所示的 C 语言程序。

```
*******************
   Visual Studio
*******************
```

图 1-31

4. 编程实现 1.5.2 节的 3 道编程题。
5. 借鉴 1.5.2 节中的第二个例子的 if...else 用法(详细的语法规则和使用参考第 3 章的内容),编写一个程序,完成如下功能:

屏幕显示:请输入 1,2,3 中的一个数字,执行对应的功能并显示执行结果。

(1) 显示器屏幕输出多行字符串。

(2) 输入一个整数,输出这个整数的绝对值。

(3) 输入长方体的长、宽和高,计算长方体的体积。

执行程序,根据屏幕提示信息,输入 1,则屏幕会输出多行字符串;输入 2,则要求输入一个整数,然后输出这个整数的绝对值;输入 3,则要求输入长方体三边长度,然后输出长方体的体积。

6. 借鉴 1.5.2 节中的第三个例子自定义函数 volume 的写法,修改第 5 题的代码,使得 3 个功能分别用 3 个函数(函数的详细介绍请参考第 6 章的内容)表示,在 main 函数中输出提示语句后,根据用户的输入数字,调用对应的函数执行,并显示执行结果。

第 2 章 基本数据类型及运算

基础理论

用计算机解决实际问题,最终需要编写程序。程序中处理的数据有不同性质的区分,在程序设计语言中,将数据和对数据的操作(运算)抽象为数据类型的概念,对数据类型的使用,必须通过对数据类型的实例(实体)的使用来体现。在程序中,数据以变量或常量的形式表示。本章将介绍 C 语言的基本数据类型和对基本数据类型的操作,复杂数据类型(构造类型)将在后续章节中介绍。

2.1 基本数据类型

C 语言程序能够用不同方法处理不同类型的数据。例如,在数学运算中,我们需要对数字数据进行整数处理;而在字符串操作中,按字母排列名单则需要对字符(串)数据进行比较运算。另外,某些运算不适合对某些类型的数据进行,例如,将人的名字相加就没有意义。

数据类型在高级程序设计语言中是一个很重要的概念。不同数据类型的数据在内存中的存储方式是不同的,在内存中所占的字节数也不一样。C 语言只允许在确定的数据类型上执行确定的运算。

C 语言提供的数据类型如图 2-1 所示。

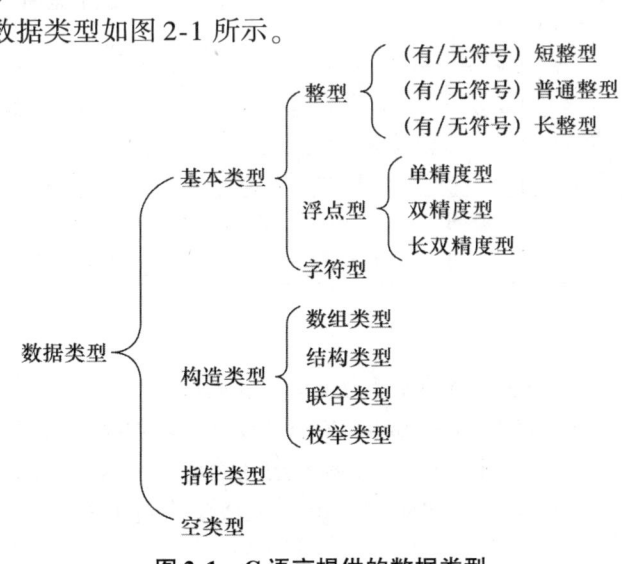

图 2-1 C 语言提供的数据类型

基本类型是 C 语言已经定义的类型，是构造其他类型的基础，可以直接使用；构造类型是由基本类型或其他构造类型构造而成的，是由程序员自己定义的类型；指针类型在 C 语言中使用极为普遍，它提供了动态处理变量的能力，是 C 语言的精髓；空类型是一种特殊类型，该类型没有定义任何数据（值），也没有提供任何的操作，通常作为某些函数的返回类型，表示该函数不需要返回任何数据。

2.1.1 整型

根据整型值的取值范围来划分，整型可以分为 short（短整型）、int（普通整型）、long（长整型）。根据整型值是否带符号位来划分，整型可以分为无符号的整型和有符号的整型。无符号用关键字 unsigned 表示，有符号用关键字 signed 表示（通常可以省略）。

标准 C 语言没有具体规定各类整型数据所占内存的字节数，只要求 long 型的数据长度不短于 int 型的，short 型的数据长度不长于 int 型的。具体如何实现，由各类计算机系统和编译系统决定。在 Visual Studio 2022 中，一个 short 型数据占用 2 个字节的内存空间，一个 int 型数据和一个 long 型数据均占用 4 个字节的内存空间。

根据整型数据所占的位数，可以计算一个整型所能表示的数据取值范围。例如，在 Visual Studio 2022 中，signed short 类型占 16 位，其存储方式为：

其中，第 0 位（最高位）是符号位，如果符号位为 0，则表示的是正整数，当第 1 到第 15 位全为 1 时表示的数最大，即 $(0111\ 1111\ 1111\ 1111)_2 = 2^{15} - 1 = 32\ 767$。如果符号位为 1，则表示的是负整数，当第 1 到第 15 位全为 0 时表示的数最小，即 $(1000\ 0000\ 0000\ 0000)_2$ 是 -2^{15} 的补码表示形式，因此，最小整数是 -2^{15}，即 $-32\ 768$。

表 2-1 列出了 Visual Studio 2022 环境下各整型数据所占的内存空间及其取值范围。

表 2-1 Visual Studio 2022 环境下各整型数据所占的内存空间及其取值范围

类 型	比特数	字节数	数值范围
short	16	2	$-32\ 768 \sim 32\ 767$ 即 $-2^{15} \sim (2^{15}-1)$
unsigned short	16	2	$0 \sim 65\ 535$ 即 $0 \sim (2^{16}-1)$
int	32	4	$-2\ 147\ 483\ 648 \sim 2\ 147\ 483\ 647$ 即 $-2^{31} \sim (2^{31}-1)$
unsigned int	32	4	$0 \sim 4\ 294\ 967\ 295$ 即 $0 \sim (2^{32}-1)$
long	32	4	$-2\ 147\ 483\ 648 \sim 2\ 147\ 483\ 647$ 即 $-2^{31} \sim (2^{31}-1)$
unsigned long	32	4	$0 \sim 4\ 294\ 967\ 295$ 即 $0 \sim (2^{32}-1)$

2.1.2 浮点型

根据数据精度来划分，浮点型可以分为 float（单精度型）、double（双精度型）以及 long double（长双精度型）三类。以 Visual Studio 2022 开发环境为例，一个 float 型数据占用 4 个字节（32 位）的内存空间，一个 double 型数据占用 8 个字节（64 位）的内存空间，一个 long double 型数据占用 8 个字节（64 位）的内存空间。表 2-2 给出了这三类浮点型数据所占的内存空间及其取值范围。

表 2-2　浮点型数据所占的内存空间及其取值范围

类　　型	比特数	有效数据	数值范围	阶的范围
float	32	6～7	-3.4×10^{38}～3.4×10^{38}	-38～38
double	64	15～16	-1.7×10^{308}～1.7×10^{308}	-308～308
long double	64	15～16	-1.7×10^{308}～1.7×10^{308}	-308～308

浮点型数据的取值范围和值的精度与所选用的机器有关。其中,有效数据是指输出每种浮点型数据所对应的十进制的有效位数。

2.1.3　字符型

字符型的类型名为 char,根据是否带符号位来划分,字符型又可以分为有符号字符型和无符号字符型。所有的编译系统都规定了以 1 个字节来存放一个字符,因此,有符号字符型数据的取值范围是 -128～127,无符号字符型数据的取值范围是 0～255,如表 2-3 所示。

表 2-3　字符型数据的取值范围

类　　型	比特数	字节数	数值范围
char	8	1	-128～127,即 -2^7～(2^7-1)
unsigned char	8	1	0～255,即 0～(2^8-1)

2.2　常量

视频讲解

常量是在程序执行过程中值不能够改变的数据,如圆周率 π 等。

在 C 语言中有不同类型的常量,如整型常量、浮点型常量、字符型常量和字符串常量。对于不同类型的常量,表示常量的方法以及常量在内存中的存储方式都是不一样的。

2.2.1　整型常量

整型常量也称作整常量。例如,在 Visual Studio 2022 编译环境中,一个 short 型十进制正整数 127 的二进制形式为 111 1111,它在内存中占用 2 个字节的内存单元,在内存中的存放情况如图 2-2 所示。

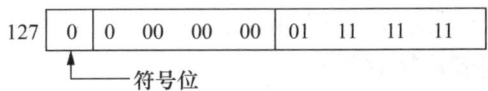
　　　　　　└─符号位

图 2-2　short 型数据 127 在内存中的存放情况

实际上,机器数是以补码形式进行存储的。以最左边的一位作为符号位,该位为 0,表示数值为正;该位为 1,表示数值为负。正数的补码就是该数字在内存中的二进制表示,负数的补码是正数在内存中的二进制形式,再做变反加 1。比如 -127 的补码是 11 11 11 11 10 00 00 00 + 1 = 11 11 11 11 10 00 00 01。

如果在一个整常量后面带有一个字母 u(或 U),则表示该整常量的类型是 unsigned int 型,如 879u、0743u 和 0XFED8U 等;如果在一个整常量后面带有一个字母 l 或 L,则表示该整常量的类型是 long int 型,如 8791、0X34L 等;如果在一个整常量后面同时带有字母 l(L)和

u(U),则表示该整常量的类型是 unsigned long int,如 5789lu、07654LU 等。

2.2.2 浮点型常量

1. 浮点型常量的表示方法

C 语言中的浮点数(floating-point number)有两种表示形式。

(1) 十进制数形式。由数字和小数点组成(注意必须有小数点,并且小数点的前面或后面必须有数字)。例如：3.134、56.89、.89、56. 都是合法的浮点型常量。

(2) 指数形式。例如：3.5e3、6.5e-2、.34e-6、7.e+5 等都是合法的浮点型常量。需要注意的是,字母 e 之前必须有数字,并且 e 后面的指数必须为整数,例如,e3、2.、1e3.5、.e3 等都不是合法的浮点型常量(注意：小写字母 e 也可以改写为大写字母 E)。

一个浮点数的指数表示形式可以有多种。例如,354.78 可以表示为 354.78e0、35.478e1、3.5478e2、0.35478e3、0.035478e4 等形式,而我们将 3.5478e2 称为"规范化的指数形式",即在字母 e 之前的小数部分中,小数点左边应有且只有一位非零的数字。例如,1.5678e2、6.92832e12 都属于规范化的指数形式,而 25.908e10、0.67578e3 则不属于规范化的指数形式。一个浮点数在使用指数形式输出时,应按规范化的指数形式输出。如果浮点型常量不带后缀,则对应的类型是 double 型;如果浮点型常量后面带有后缀 F(或 f),则对应的类型是 float 型;如果浮点型常量后面带有后缀 L(或 l),则对应的类型是 long double 型。

2. 内存中的存储形式

与整型数据的存储方式不同,浮点型数据是按照指数形式存储的。将浮点型数据分成小数部分和指数部分分别存储,小数部分采用规范化的指数形式表示。例如,float 型数据 7.45623 在内存中的存储形式如图 2-3 所示。

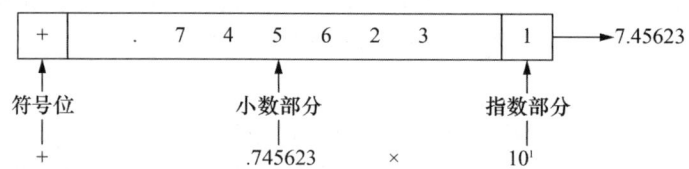

图 2-3 float 型数据 7.45623 在内存中的存储形式

图 2-3 中的数据是用十进制形式来表示的,实际上,在计算机中使用二进制形式表示小数部分,使用 2 的幂次方来表示指数部分。

2.2.3 字符型常量

1. 字符型常量的表示方法

字符型常量是用单引号括起来的一个字符,例如 'A'、'a'、'?' 等。构成一个字符常量的字符,可以是 ASCII 字符集(参见 2.10 节中的内容)中除单引号(')、双引号(")、反斜杠(\)以外的任意字符。

> **注意** 'a' 和 'A' 是不同的字符常量。

除了以上形式的字符常量之外,还有一种以反斜杠(\)开头的字符序列(如 '\n'),称为转义(escape)字符,意思是将反斜杠(\)后面的字符转换成另外的语义。C 语言中的转义字符有三种:简单转义字符、八进制转义字符和十六进制转义字符。

(1) 简单转义字符。常见的转义字符及其含义见表 2-4。

(2) 八进制转义字符。由反斜杠(\)和 1~3 个八进制数字构成。例如:'\071' 代表 ASCII 码(十进制数)值为 57 的数字字符 '9'。

(3) 十六进制转义字符。由反斜杠(\)、字母 x 和 1~2 个十六进制数字构成。例如:'\xFE' 代表 ASCII 码(十进制数)值为 254 的图形字符 '■'。十六进制转义字符可以表示任何可输出的字符、专用字符、图形字符和控制字符,对使用扩展 ASCII 码表中的图形符号字符(128~255)特别有用。

表 2-4 常见的转义字符及其含义

字符形式	含　　义	ASCII 码
\a	响铃	7
\n	换行,将当前位置移到下一行开头	10
\t	水平制表(跳到下一个 tab 位置)	9
\b	退格,将当前位置移到前一列	8
\r	回车,将当前位置移到本行开头	13
\f	换页,将当前位置移到下页开头	12
\\	反斜杠字符(\)	92
\'	单引号字符(')	39
\"	双引号字符(")	34

2. 字符型数据在内存中的存储形式

在存储一个字符型数据时,内存中存储的是该字符所对应的 ASCII 码。例如,字符 'c' 的 ASCII 码是 99,'C' 的 ASCII 码是 67,它们在内存中的存储形式如图 2-4(a)所示,而实际上是以二进制形式存储的,如图 2-4(b)所示。

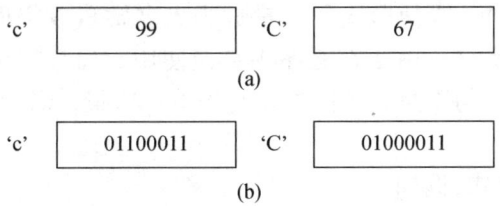

图 2-4 字符型数据在内存中的存储形式

既然字符型数据在内存中以 ASCII 码存储,那么它的存储形式就与整数的存储形式类似,这样字符型数据和整型数据之间就可以通用。

一个字符型数据既可以字符形式输出,也可以整数形式输出。当以字符形式输出时,先将存储单元中的 ASCII 码转换成相应字符后再输出;当以整数形式输出时,直接输出其 ASCII 码值。也可以对字符型数据进行算术运算,此时相当于对它们的 ASCII 码进行算术运算。

2.2.4 字符串常量

字符串常量是用一对双引号括起来的零个或多个字符组成的序列。如 "hello"、"CHINA"、

"b"、"$43.2356"都是字符串常量。字符串常量的存储与字符常量的存储不同。C 编译程序在存储字符串常量时,自动在其末尾加上'\0'作为字符串的结束标志。以字符串"hello"为例,其长度,即字符串的有效字符数为 5,在内存中存储时所占的字节数为 6,如图 2-5 所示。

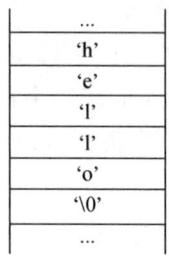

图 2-5　字符串 "hello"在内存中的存储形式

不要将字符常量与字符串常量混淆。例如,'b' 和 "b"是完全不同的。'b' 是字符常量,在内存中占用的字节数为 1;而 "b"是字符串常量,在内存中占用的字节数为 2。它们在内存中的存储形式分别如图 2-6 和图 2-7 所示。

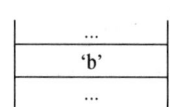　　　　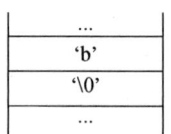

图 2-6　'b' 在内存中的存储形式　　　图 2-7　"b"在内存中的存储形式

C 语言没有字符串类型。如果想将一个字符串存储在变量中,必须使用字符数组(使用一个数组来存储一个字符串,数组中的每一个元素代表一个字符)。字符数组将在第 4 章中介绍。

2.2.5　符号常量

在 C 语言中,常量出现的形式一般有以下两种。一种是在程序中直接使用给定的值,如圆周率 π 的值为 3.1415926,这种形式的常量称为无名常量或字面常量。它的特征是直接书写数值,不必为该数值命名。由于在程序中直接使用数值存在可读性差和可维护性差等问题,因此另一种是用一个与常量相关的标识符来替代常量,该标识符称为符号常量。符号常量的定义有两种形式。

一种是采用宏定义形式,例如:

```
#define PI 3.1415926
```

将 3.1415926 命名为 PI,从而在程序中凡是 3.1415926 出现的地方都可用 PI 来代替。

另一种是采用 const 说明符,例如:

```
        const float PI = 3.1415926;
或
        float const PI = 3.1415926;
```

在使用 const 声明符号常量时一定要赋初始值,而且在程序中间不能改变它的值。

```
const float PI; /*错误*/
PI = 3.1415; /*错误*/
```

符号常量的名字通常用大写字母表示,作为一种良好的程序设计风格,常量应尽量使用符号常量的形式来表示,以提升程序代码的可读性和可维护性。

虽然都可以使用 define 和 const 来定义符号常量,但二者有着本质的区别。

① 用"#define"定义的符号常量只在编译时完成宏替换,在程序运行期间不占内存空间。

② 而用 const 定义的符号常量本质上仍然是一个变量,在程序运行期间要占据内存空间,只是用 const 来指明该内存空间的只读约束,因此用 const 定义的符号常量也称作常变量。

③ 与 define 宏定义相比,const 使用了数据类型,在进行赋值操作或者函数参数传递时可以检查数据类型是否合法,从而减少错误。

2.3 变量

在程序执行过程中其值可以改变的量称为变量。变量用于存储程序要处理的数据,因此变量在内存中要占据一定的存储单元,该存储单元保存的数据称作变量值。为了便于区分不同的变量,需要给变量取一个名字,即变量名。图 2-8 描述了变量名、变量所对应的存储单元,以及变量值三者的概念。

图 2-8 变量名、变量存储单元和变量值

2.3.1 变量的定义

对于变量,需要遵循"先定义,后使用"的原则。也就是说,在程序中使用一个变量之前,需要说明该变量的名称以及数据类型,以便编译系统根据该变量的数据类型为其分配相应大小的内存空间。变量定义的语法格式为:

> 类型名 变量名列表;

类型名指定变量的数据类型,包括基本数据类型、构造类型、指针类型;在变量名列表中使用逗号分隔多个变量,并使用分号结束语句。使用标识符来表示变量名,因此变量名要符合 C 语言中标识符的命名规则。ANSI C 标准没有规定变量名(标识符)的长度(字符个数),变量名的有效长度则依赖于各类计算机系统和编译系统。例如,在 TURBO C 2.0 中,变量名的有效长度为 32 个字符,如果程序中出现的变量名长度大于 32 个字符,则只有前面的 32 个字符有效。而在 Visual Studio 2022 中,未规定变量名的最大有效长度。因此,在编写程序时,应了解所用系统对变量名长度的规定,以免出现上面的情况。

例如,要定义 3 个 int 类型的变量,分别命名为 a、b 和 c,其定义形式为:

```
int a,b,c;
```

在对变量进行定义时,应注意以下几点。

① 不同类型的变量应在各自的数据定义行上定义(尽量不要放在一行),以增加程序的可读性。例如:

```
int i,j,k;
float m,score;
```

② 在同一个函数内,不允许对同一个变量重复定义。例如:

```
int main()
{
    int m,n,sum;
    float sum;
    ……
    return 0;
}
```

在上述 main 函数中,对变量 sum 进行了重复定义,给 sum 的数据类型造成了歧义。

2.3.2 变量的初始化

程序中常常需要对一些变量预先设置初始值。C 语言允许在定义变量的同时对变量进行初始化即赋予变量某个初始值。例如:

```
float m=4.89;         /* 指定 m 为 float 型变量,初始值为 4.89 */
```

在定义多个同类型的变量时,也可以只初始化一部分变量。例如:

```
int i,j,k=50;         /*定义 3 个 int 型变量,但只对 k 初始化为 50 */
```

如果对几个变量都赋予相同的初始值,应写成:

```
int i=50,j=50,k=50;   /* 表示 i、j、k 的初始值都为 50 */
```

而不能写成:

```
int i=j=k=50;
```

2.3.3 变量地址

变量是数据值可以被修改的数据,为方便变量的访问,可为变量取名,即变量名;在程序中,通过变量名就可以访问该变量代表的数据。

变量在内存中占用存储单元,存储单元中的内容称为变量的值。

请注意区分变量名和变量值这两个不同的概念。例如:

```
float j;
short int i;
i=100;                //后定义的变量,但先使用
j=54.678;
```

经 Visual Studio 2022 编译之后,变量 i 和 j 在内存中的存储情况如图 2-9 所示。

在图 2-9 中,右边是变量的名称;中间是变量的值,也就是内存单元的内容;左边是内存单元的编号(内存单元的地址)。

内存是以字节(或字、双字等)为单位的连续存储空间,每个内存单元都有一个唯一的编号,称为内存地址(相当于宿舍楼中的房间号)。根据内存地址可以找到相应的内存单元。

程序中不同数据类型的数据所占用的内存空间的大小

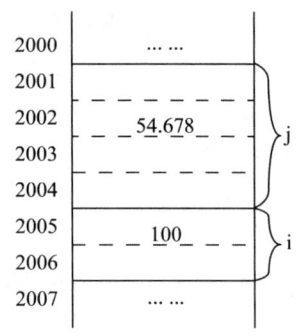

图2-9 变量在内存中的存储情况

是不相同的。例如，在 Visual Studio 2022 环境中，short 型数据占用 2 个字节的内存单元，float 型数据占用 4 个字节的内存单元，char 型数据占用 1 个字节的内存单元。经过 C 语言编译处理，将程序装入内存后，变量就与内存中特定单元的地址联系在一起。如图 2-9 所示，float 型变量 j 占用 2001、2002、2003 和 2004 这 4 个字节，存储浮点数（值）54.678；short 型变量 i 占用 2005 和 2006 这 2 个字节，存储整数（值）100。

在执行程序时，对变量的访问是通过机器内部的内存地址实现的。例如：

```
i = 100;
```

执行过程是：根据变量名与内存地址的映射关系（具体内容请参见"编译理论"课程），找到变量 i 的地址 2005（实际是存储单元的起始地址），然后将整数 100（二进制数）存储到对应单元。变量的值就是对应存储单元中的内容。

2.4 运算符与表达式

C 语言提供了丰富的运算符（如表 2-5 所示），能够代表除控制、输入/输出以外的几乎所有的基本操作。

表 2-5 运算符汇总

运算符类型	优先级	运算符	运算对象的个数	结合性
基本	15	( ) [ ] -> .		自左至右
单目	14	! ~ ++ -- (type) * & sizeof	1（单目运算符）	自右至左
算术	13	* / %	2（双目运算符）	自左至右
	12	+ -	2（双目运算符）	自左至右
移位	11	>> <<	2（双目运算符）	自左至右
关系	10	> >= < <=	2（双目运算符）	自左至右
	9	== !=	2（双目运算符）	自左至右
位逻辑	8	&	2（双目运算符）	自左至右
	7	^	2（双目运算符）	自左至右
	6	|	2（双目运算符）	自左至右
逻辑	5	&&	2（双目运算符）	自左至右
	4	||	2（双目运算符）	自左至右
条件	3	? :	3（三目运算符）	自右至左
赋值	2	= += -= *= /= %= &= |= ^= <<= >>=	2（双目运算符）	自右至左
逗号	1	,		自左至右

根据功能不同，运算符可以分为算术运算符、赋值运算符、关系运算符、逻辑运算符、位运算符、条件运算符、逗号运算符以及特殊运算符等。

根据运算对象(操作数)的数量不同,运算符可以分为单目运算符、双目运算符和三目运算符。单目运算符只需要一个操作数,如++等;双目运算符需要两个操作数,即运算符的左右两侧都需要一个操作数(中缀形式),如+、-、*等;三目运算符需要三个操作数,C 语言仅提供一个三目运算符,即"?:"条件运算符。

表达式就是使用运算符和小括号将数据(变量或者常量)连接起来的式子,该式子表达某种运算,运算方式取决于式子中所使用的运算符的功能。例如:表达式"2 * num + item"的语义为"先将常量值 2 与变量 num 进行乘运算,运算的结果再与变量 item 进行加运算"。一个变量或者常量是最简单的表达式,如 2、num、item 等。

在表达式的末尾加上一个分号,就构成了表达式语句。例如,"y = 6;"是一条赋值表达式语句。某些表达式语句并没有实际意义,例如"6;""num;""i + j;"等表达式语句并没有引起任何存储单元中数据的改变,不会影响到程序的逻辑。因此,应该避免使用无意义的表达式语句。

视频讲解

C 语言规定了运算符的优先级和结合性,在进行表达式求值时遵循"**按运算符的优先级高低次序执行;若优先级相同,则按照结合性规则执行**"的原则。

每个运算符都有一个与之相关的优先级别,如果不同级别的多个运算符同时出现在一个表达式中,则按运算符的优先级高低次序执行。例如,在表达式"item + 2 * num"中,* 运算符的优先级比 + 运算符高,因此先进行"2 * num"运算,运算结果再与"item"进行"+"运算。根据需要,可以使用小括号( )来改变表达式中各个不同运算的顺序(注意:小括号必须配对使用)。以上述表达式为例,如果先希望进行"item + 2"的运算,则表达式可以改写为"(item + 2) * num"。

结合性是指,当操作数左右两边运算符的优先级相同时,该操作数优先和哪个运算符结合起来进行运算,结合性分为自左至右(左结合)和自右至左(右结合)。在图 2-10 中所示的表达式中,data1、data2、data3 分别代表 3 个数据,op1 和 op2 分别代表优先级相同的两个运算符,如果是自左至右,则 data2 先与 op1 结合,进行"data1 op1 data2"运算,所得的结果再与 data3 进行 op2 运算;如果是自右至左,则 data2 先与 op2 结合,进行"data2 op2 data3"运算,所得的结果再与 data1 进行 op1 运算。

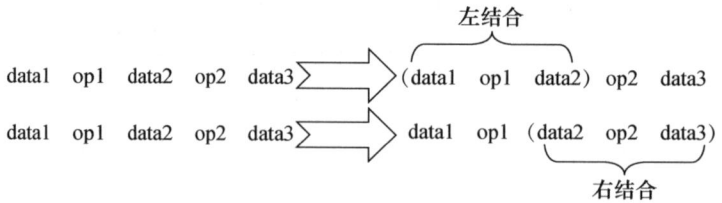

图 2-10 运算的结合性

例如,在表达式"m - n + a"中,+ 和 - 运算符优先级相同且都是自左至右,因此该表达式的运算顺序为:先执行"m - n"的运算,再执行与 a 的 + 运算,相当于表达式"(m - n) + a"。在表达式"*p - -"中,* 和 - - 都是自右至左,其运算顺序为 p 先与 - - 结合,执行"p - -"运算,所得的结果再与 * 进行运算,相当于表达式"*(p - -)"。

在后续章节中将对各运算符的功能语义及使用方式进行详细的介绍。

2.4.1 算术运算符和算术表达式

使用算术运算符和圆括号将操作数连接起来的式子称作算术表达式,算术表达式必须符合 C 语言的语法规则。例如,表达式"i * j/k – 20.9 + 'd' "是合法的算术表达式;表达式"numb * * item"就不合法,因为 C 语言中没有 * * 运算符;表达式"2 * (numb – 100"也不合法,因为在 100 后面缺少右括号")"。

算术运算符分为基本算术运算符和自增/自减算术运算符。

1. 基本算术运算符

在 C 语言中,基本算术运算符有 5 个,它们分别是:

+——加法运算符或正值运算符,如 13 + 50、+ 50;
–——减法运算符或负值运算符,如 50 – 32、– 32;
*——乘法运算符,如 13 * 8;
/——除法运算符,如 23/4;
%——取模运算符或求余运算符,如 23 % 4。

在使用基本算术运算符时,应注意以下事项。

(1) 对于除法运算符,如果是两个整数相除,结果仍为整数(商向下取整)。例如,"20/3"的结果为 6,"5/6"的结果为 0。但是,如果除数或被除数中有一个为负值,则舍入的方向是不固定的。例如,"– 5/3",有的机器上得到的结果是 – 1,有的机器上得到的结果是 – 2。多数机器采取"向零取整"的方法,即取整后向零靠拢。

(2) 如果参加 +、–、*、/运算的两个数中至少有一个数为浮点数,则运算结果是 double 类型数据,自动转换后所有数都按 double 类型进行运算。

(3) 取模运算符%进行余数运算,两个操作对象都必须是整数,结果的符号与运算符 % 左边的操作数的符号相同。例如,"20 % 6"的结果为 2,"– 45 % 8"的结果为 – 5,"45 % – 8"的结果为 5。

(4) 减法运算符还可以进行取负运算,此时该运算符是单目运算符,只需一个操作数。如表达式"num = – num"就是对 num 变量的值取负,如果之前 num 的值为 – 8,那么经过取负运算后 num 的值为 8。

基本算术运算符的优先级次序如图 2-11 所示。例如,在表达式"– i – j * k"中,i 左侧的 – 符号表示取负运算符(不是减法运算符,因为 – 符号前没有操作数),根据算术运算符的优先级顺序,该表达式相当于(– i) – (j * k)。

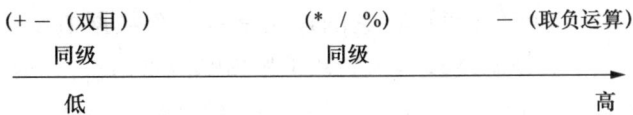

图 2-11 基本算术运算符的优先级次序

算术运算符的结合方向为"自左至右"。例如,在表达式"m – n + a"中,n 先与减号结合,执行"m – n"的运算,之后运算结果再与 a 进行运算。

2. 自增/自减算术运算符

C 语言提供了自增运算符 ++ 和自减运算符 – – 两个特殊的算术运算符,作用是使整型变量的值增 1 或减 1。这两个运算符只能用于变量,而不能用于常量或表达式,例如,表达式"55 ++"和表达式"(i+j)++"都是不合法的。

自增/自减运算符都是单目运算符,可以出现在变量的前面或后面。如果出现在变量的前面(如 ++i,--i),则称为前缀用法;如果出现在变量的后面(如 i++,i--),则称为后缀用法。

表达式"++i"和"i++"的作用都相当于"i=i+1",表示将变量 i 的值在原来的基础上加 1。表达式"--i"和"i--"的作用都相当于"i=i-1",表示将变量 i 的值在原来的基础上减 1。

表达式"++i"将 i 的值加 1,"++i"整个表达式的值为 i 加 1 后的值,即先将 i 的值加 1,后使用 i(的值)。表达式"i++"将 i 的值加 1,但"i++"整个表达式的值为 i 原来的值,即先使用 i(的值),再将 i 的值加 1。--i 和 i-- 相类似,只不过是做减 1 的运算。

例如,如果 i 的原值等于 51,则执行下面的赋值语句后,j 的值会有所不同。

① j=++i。——i 的值先加 1 变为 52,再赋予 j,j 的值为 52。

② j=i++。——先将 i 的值赋予 j,j 的值为 51,然后 i 再加 1 变为 52。

如果直接在表达式 ++i 和 i++ 的后面加上分号构成 C 的表达式语句,则前缀表达式语句和后缀表达式语句并无区别,都是使 i 的值在原来的基础上加 1(-- 运算也一样)。但前缀表达式语句比后缀表达式语句的执行效率更高。因为后缀表达式语句需要一个临时空间暂存表达式的值,然后变量做自增运算;而前缀表达式语句直接将变量做自增运算,然后自增后的结果作为表达式的值,不需要另外的空间暂存,减少了读写数据的过程,因此前缀表达式语句的执行效率更高。

++ 和 -- 是单目运算符,其优先级高于基本算术运算符,与取负运算符 - 的优先级相同。其结合方向是"自右至左"。例如,若 j 的初值为 100,则表达式"-j++"等价于"-(j++)",整个表达式的值为 -100,而 j 变为 101。

2.4.2 赋值运算符和赋值表达式

视频讲解

顾名思义,赋值运算符的作用就是完成对变量(或内存单元)的赋值操作,本质上就是对某块内存单元进行"写"操作,从而改变该内存单元中所存储的数据。如果是对变量进行赋值,就是将一个表达式的值(数据值)存储到该变量对应的内存单元中,即对变量的值进行了修改。在第 5 章中,我们也将会看到可以对某一指针所指向的内存单元进行赋值操作。

C 语言将 = 符号定义为赋值运算符,它的作用是将一个数据值赋予一个变量。由赋值运算符将一个变量和一个表达式连接起来的式子称为赋值表达式,一般形式为:

> 变量 = 表达式

表达式可以是一个常量或一个变量,也可以是包含运算符的表达式。

(1) 在执行赋值表达式时,先计算出表达式的值,再将该值赋予变量。例如:

① 赋值表达式"i=56"是将常量 56 赋予变量 i,如果赋值前 i 的值为 34,那么赋值后 i 的值则变为 56;

② 赋值表达式"i=j"是将变量 j 的值赋予变量 i,如果变量 j 的值为 98,那么赋值后 i 的值变为 98;

③ 赋值表达式"i=j+k"是将表达式"j+k"的运算结果赋予变量i,而j和k的值不变。相应地,在赋值表达式末尾加上分号,就形成了赋值表达式语句。例如,"total = num * 2;"。

(2) 在使用赋值表达式时应注意下述几点。

① 在赋值运算符左边不能是常量或包含运算符的表达式(指针运算的表达式除外)。例如,变量i,j是两个变量,"38 = i"和"j + i = 90"都是不合法的表达式。

② 赋值运算可连续进行,赋值运算符的结合性是自右至左结合。例如,表达式"i = j = k = 120"中有3个赋值运算符,等同于"i = (j = (k = 120))",即先将120赋予k,再将k的值赋予j,最后将j的值赋予i,最终的结果是i、j和k三个变量的值都为120。

③ 赋值运算符的优先级比算术运算符的优先级低,如果在复杂表达式中需要某些赋值操作先完成,则必须加上圆括号。例如,如果有表达式"i = (j = 12) * (k = 8)",则该表达式中i、j、k的值分别为96、12和8。

④ 赋值表达式的值就是变量的值,赋值表达式的值的类型就是目标变量的类型。例如,赋值表达式"i = 120"的值就是赋值操作完成后变量i的值(120),该值的类型取决于变量i的类型(如果i为整型,则该赋值表达式的值也为整型)。

⑤ 如果赋值运算符右边表达式值的类型与左边变量的类型不一致,则在赋值时会将右边表达式的值转换为左边变量类型的值,例如:如果有"int i = 85, j = 7, result; float x = 2.6;",则执行"result = i/x + j;"时,赋值运算符右边表达式值的类型是float型,而变量result的类型为int型,所以赋值表达式的结果类型应为int型,表达式的值为39。

⑥ 赋值表达式能以表达式形式出现在其他语句(如输出语句、循环语句等)中,例如:

```
printf("%d",i=j);
```

如果j的值为78,则输出i的值(也是表达式i=j的值)为78。在一个语句中完成赋值和输出的双重功能。

⑦ 除了赋值运算符 = 外,C语言还提供了 + = 、- = 、* = 、/ = 、% = 、& = 、| = 、^ = 、<<= 、>>= 等复合赋值运算符,它们将"运算"和"赋值"操作结合在一起作为一个复合运算符来使用(后5种与位逻辑运算和移位运算有关,将在2.4.5节和2.4.6节中介绍)。例如,表达式"a + = 56"等价于"a = a + 56",而"x * = y + 23"等价于"x = x * (y + 23)"。复合赋值运算符的优先级与基本赋值运算符的优先级相同。复合运算不仅可以简化程序,使程序精练,也可以提高编译效率。但复合运算符降低了程序的可读性。

2.4.3 关系运算符和关系表达式

C语言提供完整的关系运算符,用于比较两个数据之间的大小关系。关系运算符有6个,它们的优先级如下所示。

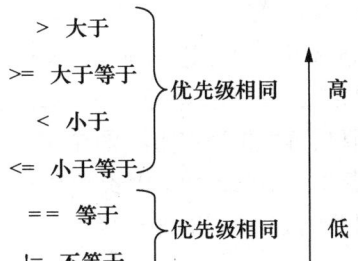

一个变量或者常量就是最简单的关系表达式,使用关系运算符和圆括号将关系表达式连接可以得到新的关系表达式。关系表达式的值是一个逻辑值,即"真"或"假"。关系运算符举例如下:

  a > b 如果 a 大于 b,则结果为真;否则结果为假。
  a >= b 如果 a 大于等于 b,则结果为真;否则结果为假。
  a < b 如果 a 小于 b,则结果为真;否则结果为假。
  a <= b 如果 a 小于等于 b,则结果为真;否则结果为假。
  a == b 如果 a 等于 b,则结果为真;否则结果为假。
  a! b 如果 a 不等于 b,则结果为真;否则结果为假。

例如,a 为 10,b 为 80,那么,关系表达式 a >= b 的结果为假。

由于 C 语言在 C99 标准之前没有逻辑型数据,因而借用整数数值来表示"真""假"逻辑值。C 语言规定:以数值 0 表示假,以非 0 表示真。对于关系表达式来说,结果的"真""假"分别用 1 和 0 表示。C99 标准增加了 bool 类型,但不同的编译器采用的标准不同,所以可能造成使用 bool 类型的编译错误。因为 C++ 语言有 bool 类型,所以不会出现编译错误。

关系运算只判定两个数据是否满足指定的关系,不考虑二者数值相差多少;同时,也没有其他的操作。例如,a 为 200,b 为 80,那么 a > b 的结果是 1;而且,执行关系运算之后,变量 a 和 b 的值都不发生变化。

> **注意** 赋值运算符 = 与比较运算符 == 是有区别的。例如,关系表达式"i == 500"是判断 i 的值是否等于 500;而赋值表达式"i = 500"是将 500 赋予变量 i。

关系运算符的优先级低于算术运算符,高于赋值运算符,其结合性是从左至右。例如,如果有"a = 50,b = 30,c = 68,d = 100",则

① a + b < c + d 相当于 (a + b) < (c + d),整个表达式的值为 1。

② a < b > c 相当于 (a < b) > c,a < b 的结果为 0,0 > c 的结果为 0,则整个表达式的值为 0。

③ x = a < b < c。先判断 a < b < c,结果为 1,然后再将 1 赋予 x。

关系运算符的操作数可以是整型数据(包括字符数据)、浮点型数据,也可以是指针型的数据(将在第 5 章中介绍),但运算结果的类型都是 int 型(1 或 0)的。

对于浮点型数据,由于存储可能存在(极小)误差,不能够直接使用 == 运算符进行是否相等的比较,而应该采用 fabs(fnumb1 - fnum2) < 1.0e - 6。其中,fabs 函数是求浮点型数据绝对值的库函数,使用的时候要包含 fabs 函数所在头文件: #include < math. h >。

2.4.4 逻辑运算符和逻辑表达式

C 语言中逻辑运算符有以下 3 个:"!"(逻辑非),"&&"(逻辑与),"||"(逻辑或)。其中,"!"是单目运算符,"&&"和"||"是双目运算符。由逻辑运算符和操作数构成的表达式称为逻辑表达式。逻辑表达式的值只有"真"和"假"两个值,真用 1 表示,假用 0 表示。逻辑运算符的作用如表 2-6 所示。表 2-6 中的 i 和 j 代表表达式,类型可以是整型、浮点型、字符型和指针型,如 78、'r' + 45、3.14 * y、a > b 和 c! = 0 等。

表 2-6　逻辑运算符的作用

i	j	!i	i&&j	i‖j
假	假	真	假	假
假	真	真	假	真
真	假	假	假	真
真	真	假	真	真

1. 逻辑非运算符(!)

逻辑非运算符(!)表示单个表达式逻辑值的"反"。例如,!i 表示 i 的反,若 i 为真(即 i 的值非 0),则!i 为假;若 i 为假(i 的值为 0),则!i 为真。

在表示逻辑结果时,不管其具体数值是多少,只要不等于 0,逻辑值就为"真",用 1 表示;仅当其值等于 0 时,逻辑值才为"假",用 0 表示。!!x 的值就不等于 x(除非 x 等于 1)。

2. 逻辑与运算符(&&)

逻辑与运算符(&&)表示仅当两个操作数同时为真时,结果才为真;否则,只要其中有一个为假,结果就为假。例如,表达式"50 && 60"的结果是 1。

3. 逻辑或运算符(‖)

逻辑或运算符(‖)表示只要其中有一个操作数为真,结果就为真;仅当二者同时为假时,结果才为假。例如,如果 a 为 68,b 为 90,那么表达式"a>b‖a!=b"的结果为真,因为 a>b 的值虽然为 0,但 a!=b 的值是 1,因此 0‖1 的值仍为 1。

在一个逻辑表达式中如果包含多个逻辑运算符,应按这 3 个逻辑运算符的优先级和结合性进行运算。这 3 个逻辑运算符的优先级是:! 的优先级高于 && 的优先级,&& 的优先级又高于‖的优先级;运算是按照自左至右的顺序进行的,即其结合性为左结合性。

另外,! 与增量运算符 ++、-- 属于同一级,高于算术运算符的优先级;而 && 和‖低于算术运算符和关系运算符的优先级,但高于赋值运算符的优先级。所以:

① 表达式"a>b‖a!=b"等价于表达式"(a>b)‖(a!=b)"。

② 而表达式"(a=35)‖a!=b"与表达式"a=35‖a!=b"是不同的,前一个表达式是逻辑或表达式,即先将 35 赋予 a,然后执行 a‖a!=b。而后一个表达式是赋值表达式,即先执行 35‖a!=b,再将结果赋予 a。由于 35 是非 0 值,所以 35‖a!=b 的结果是 1,最后 a 的值也是 1。

注意　在逻辑表达式的求解中,并不是所有的逻辑运算符都被执行,只有在必须执行下一个逻辑运算符才能求解出表达式的解时,才执行该运算符。即只要得到了结果,求值的过程就停止——短路求值。这是逻辑运算符的一个重要性质。

例 2-1　假设 a=1,b=0,c=-2,求下列表达式的值。

(1) a && b && c

这种情况下,只有 a 为真(非 0)时才需要判别 b 的值,只有 a 和 b 都为真时才需要判别 c 的值。只要 a 为假,就不必判别 b 和 c(此时整个表达式的值已确定为假)。如果 a 为真,b 为假,则不必判别 c。在运算时,先做 a && b,结果为 0,运算终止;运算结束后,表达式的值为 0,a、b、c 的值保持原值不变。

(2) (a++) || ++b && --c

在运算时,先做 a++,由于是后缀形式,先取出 a 的值 1 做逻辑或 ||,然后 a 的值再加 1,因为是做逻辑或 ||,所以表达式的结果为 1,运算终止。在运算结束时,表达式的值为 1,a 的值为 2,b、c 的值保持原值不变。

提示　对于运算符 &&,只要其左侧的表达式为 0,则整个逻辑表达式的值就确定为 0,从而不必再计算其右侧的表达式;只有 && 左侧的表达式不为 0 时,才继续进行右侧表达式的运算。

对于运算符 ||,只要其左侧的表达式为 1,则整个逻辑表达式的值就确定为 1,从而不必再计算其右侧的表达式;只有 || 左侧的表达式不等于 1 时,才继续进行右侧表达式的运算。

(3) a = 4, b = 8, c = 5;

```
d3 = (a < b) || (++a == 5) && (c > b--);
printf("d3=%d,a=%d,b=%d,c=%d\n", d3, a, b, c);
```

在这种情况下,虽然 && 优先级高于 ||,但是 a < b 是真的,故不再计算 || 后面的表达式,因此 d3 = 1,a = 4,b = 8,c = 5。

熟练掌握 C 语言的关系运算符和逻辑运算符,可以巧妙地用一个逻辑表达式来表示一个复杂的条件。

例 2-2　判断某一年(year)是否为闰年,闰年的满足条件是:能被 4 整除而不能被 100 整除,或者能被 400 整除。

因此,可用一个逻辑表达式来表示:

(year%4 == 0 && year%100 != 0) || year%400 == 0

如果上述表达式值为真(为 1),则 year 为闰年;否则为非闰年。

2.4.5 位运算符和位表达式

位运算是指进行二进制位的运算,位运算符分为位逻辑运算符和移位运算符。

为简单起见,假设内存的一个存储单元占用一个字节,一个 short 占用 2 个字节,读者可以自行推广到其他情况(如内存的一个存储单元占用一个字或双字等)。

位逻辑运算符有 4 种:&(按位与),|(按位或),~(按位取反),^(按位异或),其中,按位取反 ~ 是单目运算符,其余 3 个是双目运算符。位逻辑运算符的作用如表 2-7 所示。

视频讲解

表 2-7　位逻辑运算符的作用

i	j	~i	i&j	i|j	i^j
0	0	1	0	0	0
0	1	1	0	1	1
1	0	0	0	1	1
1	1	0	1	1	0

位逻辑运算符按二进制位逐位地进行运算，相邻位之间不发生联系，即没有进位、借位等问题，所以称为位逻辑运算符。对参加逻辑运算的操作数，编译程序以其二进制形式表达。由位逻辑运算符和操作数构成的表达式称为位逻辑表达式。位逻辑表达式中操作数都应该是整型或字符型，不允许是浮点型。

1. 按位与运算符 &

按位与的运算规则是：如果两个相应的二进制位都为1，则该位的结果为1；否则为0。即：

　　1 & 1 = 1　　　1 & 0 = 0　　　0 & 1 = 0　　　0 & 0 = 0

例 2-3　　unsigned int i = 4988，j = 63286；求 i & j 的结果。

i 为：

0001 0011 0111 1100（0x137C 或 011574）

j 为：

1111 0111 0011 0110（0xF736 或 0173466）

则 i&j 的运算为：

0001 0011 0111 1100

1111 0111 0011 0110　　（按位与 &）

0001 0011 0011 0100　　（0x1334 或 011464 或 4916）

& 运算经常用于将特定位清零（屏蔽）。例如，i 的值为 1000 0000 0010 0110，j 的值为 1111 1111 1110 0000，则 i&j 的结果是 1000 0000 0010 0000，相当于将 i 的低 5 位屏蔽，高 11 位不变。可见，若要将某数的某些二进制位取出来，可以将其他位清零，将需要取出来的位同 1 做按位与运算即可。

提醒　注意代码的可移植性。比如 int 可能是 4 字节或者 8 字节。将一个整数的低 4 位清零，4 字节的整数需要和 0xFFFFFFF0 进行位与运算，8 字节的整数需要和 0xFFFFFFFFFFFFFFF0 进行位与运算。如果代码能够适应不同的字节位数，应该和 ~0x0F 进行位与运算，理由参考"4. 按位取反运算符 ~"中的注意内容。

2. 按位或运算符 |

按位或的运算规则是：两个相应的二进制位只要有一个为1，则该位的结果为1；否则为0。即：

　　1 | 1 = 1　　　0 | 1 = 1　　　1 | 0 = 1　　　0 | 0 = 0

例 2-4　　接例 2-3，求 i|j 的结果。

i|j 的结果为：

0001 0011 0111 1100

1111 0111 0011 0110　　（按位或 |）

1111 0111 0111 1110　　（0xF77E 或 0173576 或 63358）

按位或|运算经常用于将一个数据的某些位设值为1。例如,要想使一个数 m 的低4位改为1,只需将 m 与 017 进行按位或即可。

3. 按位异或运算符^

按位异或的运算规则是:如果参与运算的两个相应的二进制位相同,则该位的结果为0;否则为1。即:

| 1^1 = 0 | 0^0 = 0 | 1^0 = 1 | 0^1 = 1 |

例 2-5 接例2-3,求 i^j 的结果。

i^j 的结果为:
  0001 0011 0111 1100
  1111 0111 0011 0110 (按位异或^)
  1110 0100 0100 1010 (0xE44A 或 0162112 或 58442)

按位异或运算符能使特定位按位变反,方法是将这些特定位与1异或。例如,i 的值为 1000 0000 0010 0110,j 的值为 1111 1111 1110 0000,则 i^j 的结果是 0111 1111 1100 0110。凡是与1异或的位都变反了,而与0异或的位不变。

4. 按位取反运算符 ~

将一个二进制数按位取反,即将0变为1,1变为0。即:

| ~1 = 0   ~0 = 1 |

注意 ~0x7 (~07 或~7)在16位机上是:
  1111 1111 1111 1000   (0xFFF8 或 0177770)
  而在32位机上是:
  1111 1111 1111 1111 1111 1111 1111 1000 (0xFFFFFFF8 或 037777777770)
  所以,在 C 程序中,最好采用~0x7 或~07 来表示7的逻辑取反,而不要采用形如 0xFFF8、0177770 或 0xFFFFFFF8、037777777770 等表达式。主要原因是,前一种表达式与机器硬件特性无关,从而保证了程序的可移植性。

注意 如果两个长度不同的数据进行位运算时,系统会将二者按右端对齐后再进行位运算。例如,i 为 int 型,j 为 short 型,要进行 i&j 运算,如果 j 为正数,则左侧16位补满0;如果 j 为负数,则左侧16位补满1;如果 j 为无符号整型数,则左侧16位也补满0。

各个位逻辑运算符的优先级关系是:~ 最高,其余3个运算符的优先级从高到低依次是 &、^、|,但三者都高于逻辑运算符而低于关系运算符。使用时注意加括号。例如:n = ((i&j)|k)。

位逻辑运算符与逻辑运算符之间的区别如下:

(1) 位逻辑运算符是针对二进制位的,而逻辑运算符是针对整个表达式的。

（2）位逻辑运算符要计算表达式的具体数值，而逻辑运算符只判断表达式的真与假。

（3）位逻辑运算符 &、| 和 ^ 的两个操作数交换不会影响运算结果；而逻辑运算符 && 和 || 的两个操作数交换可能影响计算过程，并且它们严格执行自左至右的运算。例如：

① 40 & 8 的结果是 8，而 40 && 8 的结果是 1（真）。

② 40|8 的结果是 40，而 40||8 的结果是 1（真）。

③ 0||x 的结果是 1(若 x≠0)或 0(若 x = 0)。

④ 0 && x 的结果是 0，其中，x 是任意表达式。

2.4.6 移位运算符和移位表达式

C 语言中实现移位功能的运算符有两个：<<（左移位）和 >>（右移位），它们都是双目运算符，并且要求两个操作数都是整型数据。由移位运算符和操作数构成的表达式称为移位表达式。

1. 左移位运算符 <<

左移位运算符的一般使用形式是：

> 表达式 1 << 表达式 2

其中，表达式 1 表示移位的对象，表达式 2 表示移位的位数，表达式 1 和表达式 2 可以是整型常量或整型变量。它的功能是：将移位对象的值（以二进制形式表示）向左移动 n 位，n 的值由表达式 2 确定。整个表达式的值是移位对象移位后的值，如果移位对象是整型变量，那么该变量本身的值不变。

例 2-6 m = 0000 0000 0000 1011，求移位表达式 m << 3 的结果。

向左移 3 位后的结果是 0000 0000 0101 1000，即将 m 的各二进制位全部向左移 3 位，右边空出的位补 0，而左边溢出的位被丢弃不管。运算后 m 的值保持不变，仍然为 0000 0000 0000 1011。

在容许的范围内，对于正数，利用左移位运算可扩大原数的倍数，左移 1 位扩大 2 倍，左移 2 位扩大 4 倍，即可实现移位对象的幂乘功能。例如，m 的值是 11，左移 3 位后，结果值是 88，相当于 $11 \times 2^3 = 11 \times 8 = 88$。

2. 右移运算符 >>

右移运算符的一般使用形式是：

> 表达式 1 >> 表达式 2

其中，表达式 1 表示移位的对象，表达式 2 表示移位的位数，表达式 1 和表达式 2 可以是整型常量或整型变量。它的功能是：将移位对象的值（以二进制形式表示）向右移 n 位，n 的值由表达式 2 确定。整个表达式的值是移位对象移位后的值，如果移位对象是整型变量，那么该变量本身的值不变。

例 2-7 m = 0000 0000 0000 1000，求移位表达式 m >> 2 的结果。

向右移 2 位后的结果是 0000 0000 0000 0010，即将 m 的各二进制位全都向右移 2 位，右边溢出的位被丢弃，而左边空出的位（在本例情况下）补 0。运算后 m 的值保持不变，仍然为 0000 0000 0000 1000。

对于正数,右移 1 位相当于该数除以 2,右移 n 位相当于该数除以 2^n。

在右移时,要注意符号位问题。如果移位对象是无符号数,那么右移时左边空出来的位全用 0 填充,这种方式称为逻辑右移方式;如果移位对象是有符号数,当移位对象是正数(符号位为 0)时,左边空位用 0 填充;当移位对象是负数(符号位为 1)时,左边空位是补 0 还是补 1,要取决于编译系统。有的系统按逻辑右移方式(补 0)处理,有的系统则按算术右移方式(补 1)处理。

2.4.7 条件运算符和条件表达式

C 语言中提供的条件运算符?:是唯一的一个三目运算符,一般构成形式是:

表达式 1?表达式 2:表达式 3

由条件运算符和操作数组成的表达式称为条件表达式,或三目表达式。其计算过程是:先计算表达式 1 的值,若表达式 1 的值为真,则条件表达式的值取表达式 2 的值;否则,条件表达式的值取表达式 3 的值。表达式 1 对整个表达式来说起条件判别作用,根据它的值是否为真来选择执行后面两个表达式中的一个(如图 2-12 所示)。

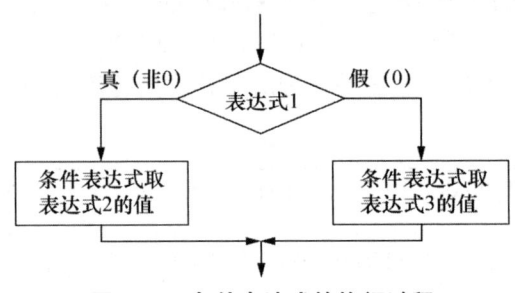

图 2-12 条件表达式的执行过程

例 2-8 求 x 和 y 中较大的一个数。

可使用 x>y?x:y,首先计算表达式"x>y",如果 x 大于 y,那么 x 的值作为整个条件表达式的值;否则,y 的值作为整个条件表达式的值。

使用条件运算符时,要注意以下事项:

(1) 条件运算符优先级(稍)高于赋值运算符,但比关系运算符和算术运算符的优先级低。

(2) 条件运算符的结合性是自右至左的。例如:若 i=15,j=23,k=13,m=26,条件表达式"i>j?i:k>m?k:m"相当于"i>j?i:(k>m?k:m)",该条件表达式的值为 26。

(3) 在条件表达式中,表达式 2 和表达式 3 不仅可以是算术表达式,还可以是赋值表达式或函数表达式。例如:表达式"i>j?(i=189):(j=567)"。

(4) 在条件表达式中,表达式 1 的类型可以与表达式 2 和表达式 3 的类型不同。例如:

```
int x =150;
x?'y':'u'
```

表达式 2 和表达式 3 的类型也可以不同,此时条件表达式值的类型为二者较高的类型。例如:

```
i>j?72:52.56
```

如果 i≤j,则条件表达式的值为 52.56;如果 i>j,则条件表达式的值为 72.0 而不是 72。因为 52.56 是浮点型,比整型数据高,因此要将 72 转换成浮点型。但有的编译器不做这种转换,仍为整型 72。

2.4.8 逗号运算符和逗号表达式

在 C 语言中,逗号不仅可以作为运算符,也可以作为分隔符。

1. 逗号作为运算符

逗号作为运算符是用它将多个表达式连接起来,相应地该表达式称为逗号表达式。逗号表达式的一般形式为:

> 表达式 1,表达式 2,表达式 3, …… ,表达式 n

逗号表达式的求解过程是:从表达式 1 开始,依次求解各表达式,直到求解表达式 n,整个逗号表达式的值为表达式 n 的值。

例如,逗号表达式"49 + 52,61 + 83",先求解表达式"49 + 52",再求解表达式"61 + 83",而整个逗号表达式的值为 144(61 + 83)。

又如,逗号表达式"i = 30 * 5,i * 6",由于赋值运算符的优先级高于逗号运算符,其求解过程为:先求解表达式"i = 30 * 5",经计算和赋值后得到 i 的值为 150,然后求解表达式"i * 6",得 900。即整个逗号表达式的值为 900。

一个逗号表达式可以与另一个表达式组成一个新的逗号表达式,例如:

> (i = 4 * 5,i * 3),i + 50

先计算出 i 的值等于 20,再求解表达式"i * 3"得 60(但 i 值未变,仍为 20),再求解表达式"i + 50"得 70。即整个表达式的值为 70。

逗号运算符的优先级是所有运算符中级别最低的,下面两个表达式的作用是不同的。

① i = (j = 30,5 * 30)

② i = j = 30,5 * i

①式是一个赋值表达式,将一个逗号表达式的值赋予 i,i 的值等于 150。②式是逗号表达式,它包括一个赋值表达式和一个算术表达式,i 和 j 的值都为 30,整个表达式的值为 150。

逗号表达式最常用于循环语句(for 语句)中,详见第 3 章。

2. 逗号作为分隔符

逗号是 C 语言中的标点符号之一,用来分隔多个数据。例如,在定义变量时,具有相同类型的多个变量可在同一行中定义,用逗号隔开:

> int i,j,k;

另外,函数的参数也用逗号分隔,例如:

> printf("%d,%d,%d",a,b,c);

其中,a,b,c 并不是一个逗号表达式,它是 printf 函数的 3 个参数,参数间用逗号间隔。有关函数的详细叙述见第 6 章。如果上面的函数改写为

> printf("%d,%d,%d",(a,b,c),b,c);

则 a,b,c 是一个逗号表达式,它的值等于 c 的值。括号内的逗号不是参数间的分隔符而是逗号运算符,括号中的内容是一个整体,作为 printf 函数的一个参数。

2.4.9 其他运算符

此外,C 语言中还有下面一些运算符,此处简单介绍后续章节中有详细描述。

1. & 和 *

& 和 * 运算符都是单目运算符。& 运算符用来取出其操作数的地址; * 运算符是 & 的逆运算,它将操作数(指针量)所指向的内存单元中的内容取出来。相关内容详见第 5 章。

2. sizeof

sizeof 是关键字,是单目运算符,用来计算某种类型或某种类型数据所占用的字节数。例如,sizeof(float) 的值为 4,表示 float 类型的 1 个数据占用 4 个字节; sizeof(data) 用于计算变量 data 所在内存的大小(例如,data 为 char 类型,则计算结果为 1)。sizeof 也常用来计算数组或结构所需的空间大小,以便进行动态存储空间的分配。

3. 强制类型转换运算符

强制类型转换运算符( )用来强制将某种类型的数据转换为另一种类型的数据。

4. 基本运算符

基本运算符包括[ ]、( )、->、.,其中,[ ]用于数组下标的表示,( )用于标识函数,-> 和.用于存取结构或联合中的成员。它们的优先级在所有运算符中是最高的。

2.5 混合运算与类型转换

视频讲解

在计算表达式时,不但要考虑运算符的优先级和结合性,还要分析操作数的数据类型。一个运算符对不同数据类型数据的计算结果有可能不同。当不同类型的数据进行运算时,需要先转换为相同数据类型的数据,然后再进行运算。

类型转换的实质,是将某种数据类型的值转换为另一种数据类型的值。转换的方式有两种:自动类型转换和强制类型转换。自动类型转换又称为隐式转换,由编译系统自动进行转换;而强制类型转换又称为显式转换,由程序员通过使用强制类型转换运算符( )进行转换。

2.5.1 自动类型转换

对于双目运算符,如果两个操作数的数据类型不相同,则称为混合运算,编译系统会进行自动类型转换。自动类型转换是系统根据规则自动将两个不同数据类型的操作数转换成同一种数据类型的过程。而且,对于某些数据类型,即使是两个操作数的数据类型完全相同,也要同时转换为其他类型(如 float 类型要先转换为 double 类型)。转换的原则是为两个操作数的计算结果尽可能多地提供存储空间。具体规则如图 2-13 所示。

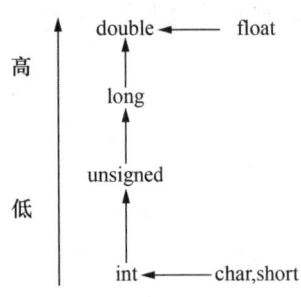

图 2-13 自动类型转换规则

在图 2-13 中,横向向左的箭头表示必定的转换,例如,char 型数据、short 型数据必定先转换为 int 型,而 float 型数据在运算时一律先转换成 double 型,这样可以提高运算精度(即使是两个 float 型数据相加,也都要先转换成 double 型,然后再相加)。

纵向的箭头表示当运算对象为不同类型时转换的方向。例如，int 型与 double 型数据进行运算时，先将 int 型数据转换成 double 型，然后再进行运算，结果为 double 型。

> **注意** 箭头方向只表示数据类型级别的高低，由低向高转换。不要理解为 int 型先转换成 unsigned 型，再转换成 long 型，再转换成 double 型。如果一个 int 型数据与一个 double 型数据进行运算，是直接将 int 型数据转换成 double 型。同理，一个 int 型数据与一个 long 型数据进行运算时，是将 int 型直接转换成 long 型。其他以此类推。

例如，i 为 int 型变量，f 为 float 型变量，d 为 double 型变量，e 为 long 型变量，有表达式"25 + 'c' + i * f - d/e"，其运算次序和类型转换如下：

（1）进行 25 + 'c' 的运算，先将 'c' 转换成整数 99，运算结果为 124。
（2）由于 * 比 + 优先，先进行 i * f 的运算。先将 i 与 f 都转换成 double 型，运算结果为 double 型。
（3）整数 124 与 i * f 的积相加。先将整数 124 转换成 double 型，结果为 double 型。
（4）将变量 e 化成 double 型，d/e 的结果为 double 型。
（5）将 25 + 'c' + i * f 的结果与 d/e 的商相减，结果为 double 型。

自动类型转换只针对某个运算符中的两个操作数，不能对表达式的所有运算符做一次性的自动类型转换。例如，表达式"6/4 + 6.7"的计算结果为 7.7，而表达式"6.0/4 + 6.7"的计算结果为 8.2，原因是 6/4 按 int 型计算，并不因为 6.7 是 float 型而将其按型计算。

对于赋值运算符，如果赋值运算符两侧的数据类型一致，则不需要进行数据类型的转换；如果赋值运算符两侧的数据类型不一致，则需要将赋值运算符右边表达式的类型转换为左边变量的类型。

2.5.2 强制类型转换

强制类型转换要使用强制类型转换运算符()，一般使用形式是：

> （数据类型名）变量　　或　　（数据类型名）（表达式）

其功能就是将变量或表达式的值强制转换成数据类型名所指定类型的值。例如，表达式(double)a 的语义是将 a 的值转换成 double 类型值。

如果是将表达式的值进行强制类型转换，则表达式应该用括号括起来。例如，(int)(x + y)的语义是将 x + y 的值转换成 int 型值。如果写成(int)x + y，则表示将 x 转换成 int 型后与 y 相加，具有不同的语义。

在进行强制类型转换时，得到的是一个所需类型的中间值，而原来变量的类型和值并未发生变化。例如，有以下定义"int num; double dou = 12.4;"，那么在执行"num = (int)dou;"时，是将 dou 的值(double 类型)强制转换为 12(int 类型)，最后 num 为 12，但 dou 仍然为 12.4。

在程序中利用强制类型转换可以将已有变量的值转换为所需类型的值，这样避免在程序中多定义变量，节约内存空间。例如，Visual Studio 2022 的 sqrt 函数建议参数是双精度型浮点数。假设原来定义变量 n 是 int 型，则调用 sqrt 函数时可用"sqrt((double)n);"将 n 的数据类型强制转换成 double 型。

2.6 数据的输入/输出

C 语言中没有提供直接进行输入/输出的语句,所有的输入/输出操作都必须通过函数调用来实现。getchar、scanf、putchar、printf 函数是系统提供的标准输入/输出库函数,要使用这些函数,需要包含 <stdio.h> 头文件,即#include <stdio.h>。标准 C 定义了 15 个标准函数库和相应的头文件。标准函数库中的许多函数都有其专用的数据类型和变量,这些变量和类型的定义是统一放在某些头文件中的,在编写程序时如果需要用到某些库函数,则在调用库函数前,还要包含相应的头文件,使用户程序和库函数能同时编译和链接。

2.6.1 字符输出函数 putchar 和格式输出函数 printf

1. 字符输出函数 putchar

putchar 函数的作用是向终端输出一个字符,函数参数可以是字符变量、字符常量或者字符的 ASCII 码。例如:

```
putchar(97);        /*屏幕显示小写字母 a*/
putchar('A');       /* 输出字符 A */
putchar(x);         /* 输出变量 x 的字符值,x 可以是字符型变量或整型变量 */
```

putchar 函数可以输出其他转义字符,例如:

```
putchar('\101');         /*输出字符'A' */
```

2. 格式输出函数 printf

printf 函数的功能是按指定的格式控制要求,在标准输出设备(通常是屏幕终端)输出相应的参数值。其格式为:

```
printf("格式控制字符串",参数1,参数2,…);
```

格式控制字符串包括两种信息:一种是格式说明,由%和格式字符组成,其作用是将输出的数据转换为指定的格式输出,printf 函数中常用的格式字符及其作用如表 2-8 所示;另一种是普通字符,需要按原样输出。

参数是需要输出的数据,每个格式说明都对应一个参数。例如:

```
printf("a = %d,b = %f\n",a,b);
```

"a = %d,b = %f\n"是格式控制字符串,其中的%d、%f 是格式说明,而其他的字符都是普通字符;参数 a 和 b 是要输出的数据,格式说明中的%d 对应参数 a,%f 对应参数 b。

如果 a 和 b 的值分别为 23 和 3.7,则输出结果为:a = 23,b = 3.700000。

表 2-8 printf 函数中常用的格式字符及其作用

输出的数据类型	格式字符	作　　用
整型数据	d 或 i	以有符号十进制形式输出整型数
	o	以无符号八进制形式输出整型数
	x 或 X	以无符号十六进制形式输出整型数
	u	以无符号十进制形式输出整型数

续表

输出的数据类型	格式字符	作　用
浮点型数据	f	以小数形式输出浮点型数（隐含输出6位小数）
浮点型数据	e 或 E	以指数形式输出浮点型数
浮点型数据	g 或 G	按数值宽度最小的形式输出浮点型数
字符型数据	c	输出一个字符
字符型数据	s	输出字符串

在格式说明中，在%和格式字符间可以插入附加字符（又称修饰符），如表2-9所示。

表2-9　printf函数中的附加字符及其作用

附加字符	作　用
l	输出长整型数据（只可与d、o、x、u结合用）
m	指定数据输出的宽度（域宽）
.n	对实型数据，指定输出n位小数；对字符串，指定左端截取n个字符输出
+	使输出的数值数据无论正负都带符号输出
−	使数据在输出域内按左对齐方式输出

例如：

%ld——输出十进制长整型数据。

%m.nf——输出m位浮点型数据。其中，m为域宽（整数位数+小数位数+小数点），n为小数位数（自动对n位后的小数进行四舍五入）；若输出数本身的长度小于m，则左边补空格，即为右对齐的方式。

%−m.nf——m、n意义同上。只是若输出数本身的长度小于m，则右边补空格，即为左对齐的方式。

在使用printf函数输出数据时，需要注意以下几点：

（1）printf函数格式控制字符串中的格式说明符与输出参数的个数和类型必须一一对应，否则将会出现错误。比如，float a=3.14；printf("%d,%f",a)；语句有2个错误：第一个错误是a是实数，但要求用%d整型输出；第二个错误是有2个格式说明，但只有1个输出参数。因此，程序的运行结果是错误的。

（2）格式说明中的%和后面的格式字符之间不能有空格，除了X、E、G格式字符外，其他格式字符必须用小写字母，如%c不能写成%C。

（3）长整型数应该用%ld（或%lo、%lx、%lu）格式输出，否则会出现输出错误。

（4）printf函数的参数可以是常量、变量或表达式。在计算各参数值时，Visual Studio 2022采用自右至左的顺序求值。

（5）可以在printf函数中的"格式控制字符串"内包含"转义字符"，如'\n'、'\t'、'\r'、'\b'等。

（6）如果想输出字符'%'，则应该在"格式控制字符串"中连续用两个%表示，例如：

```
printf("%f%%",2.0/3);
```

输出：0.666666%

2.6.2 字符输入函数 getchar 和格式输入函数 scanf

1. 字符输入函数 getchar

getchar 函数的作用是从终端输入一个字符，getchar 函数没有参数，其一般形式为：

```
char getchar()
```

函数返回从输入设备上得到的字符。

例 2-9 输入单个字符。

```
1. //2-9.cpp getchar 读取字符数据
2. #include<stdio.h>
3. #include<stdlib.h>
4. int main()
5. {
6.     char i;
7.     i = getchar();
8.     putchar(i);
9.     system("pause");
10.    return 0;
11. }
```

在运行时，如果从键盘上输入字符 t 并按回车键，就会在屏幕上显示输出字符 t。

  t ↵ (输入字符 t 后，按 "回车" 键，字符送到内存)
  t   (输出变量 i 的值 t)

注意 （1）getchar 函数需要交互输入，接收到输入字符之后才继续执行程序。getchar 函数一次只能接收一个字符，它得到的字符可以赋予一个字符型变量或整型变量，也可以不赋予任何变量而作为表达式的一部分。如例 2-9 中的第 7、8 行语句 "i = getchar();" "putchar(i);" 可用下面一行代替：

```
putchar(getchar());
```

因为 getchar() 的值是 't'，因此 putchar(getchar()) 输出 't'。也可用 printf 函数输出：

```
printf("%c",getchar());
```

（2）当连续使用 getchar 函数时，要注意字符的输入形式，例如，执行程序段：

```
char i,j;
i = getchar();
j = getchar();
```

在输入时，必须连续输入两个字符，中间不能有其他字符。如果在程序运行时通过键盘输入 a b↵，则 i 存储字符 a 的 ASCII 码，而 j 存储空格的 ASCII 码，而不是字符 b 的 ASCII 码。如果在程序运行时输入 a↵b↵，则 i 存储字符 a 的 ASCII 码，而 j 存储回车键的 ASCII 码。

2. 格式输入函数 scanf

scanf 函数的使用格式为：

> scanf("格式控制字符串",参数1,参数2,…);

接收用户从键盘上输入的数据,按照格式控制的要求进行类型转换,然后送到由对应参数指示的变量单元中。其中,格式控制字符串的含义同 printf 函数,作用是将输入的数据转换成所指定的输入格式,每个格式说明对应一个参数,scanf 函数中常用的格式字符及作用如表 2-10 所示;参数指明输入数据所要放置的地址,因此出现在参数位置上的变量名前要加上 & 运算符,表示取变量地址。

例如:

> scanf("a=%d,b=%f",&a,&b);

其中,%d 对应参数 &a,%f 对应参数 &b,而参数 &a 和 &b 分别代表取变量 a 和 b 的地址。通过屏幕输入数据的时候,需要输入 a=3,b=3.14。

提醒 如果定义"float a,b;scanf("a=%d,b=%f",&a,&b);",编译程序不会报错,但是会报一个警告:warning C4477:"scanf":格式字符串"%d"需要"int *"类型的参数,但可变参数 1 拥有了"float *"类型。

运行程序后不能得到正确结果。因此,在采用 scanf 进行输入和 printf 进行输出操作的时候,格式说明字符要和对应的输入输出参数完全一致,否则不能正确进行数据的输入和输出。

表 2-10 scanf 函数中常用的格式字符及其作用

输入的数据类型	格式字符	作　　用
整型数据	d 或 i	以有符号十进制形式输入整型数
	o	以无符号八进制形式输入整型数
	x 或 X	以无符号十六进制形式输入整型数
	u	以无符号十进制形式输入整型数
浮点型数据	f	以小数形式输入浮点型数
	e 或 E	以指数形式输入浮点型数
字符型数据	c	输入一个字符
	s	输入字符串

例 2-10 用 scanf 函数输入数据。

```
//2-10.cpp,用 scanf 函数输入数据
#include<stdio.h>
#include<stdlib.h>
int main()
{
    short int a;//定义短整数变量 a
```

```
    char b;//定义字符变量 b
    float c;//定义实数变量 c
    scanf("%d%c%f",&a,&b,&c);/* Visual Studio 2022 要求使用 scanf_s 函数,scanf_s
("%d%c%f",&a,&b,1,&c);标准 C 要求用 scanf 函数输入数据,格式说明字符和输入列表的变
量地址一一对应,但 scanf_s 函数要求对字符和字符串类型指明最长字符个数,我们这里指定 1 个
字符,所以 &b 对应输入的字符数据存储空间,后面的 1 指明字符个数 */
    printf("%d,%c,%f\n",a,b,c);
    system("pause");
    return 0;
}
```

> **注意** scanf("%d %c%f",&a,&b,&c);中的%d 和%c 之间有一个空格。

在运行时,按以下方式输入 a、b、c 的值:

```
20 A 234.896 ↵        (输入 a、b、c 的值)
20,A,234.895996       (输出 a、b、c 的值)
```

> **注意** 如果 scanf 或 scanf_s 函数%d 与%c 之间无空格,而在运行时,输入的数据用空格分开,会将空格的 ASCII 码读入 b 空间,从而造成错误。

scanf 函数的作用是按照 a、b、c 在内存的地址将 a、b、c 的值存进去的,如图 2-14 所示。变量 a、b、c 的地址是在编译和连接阶段分配的。

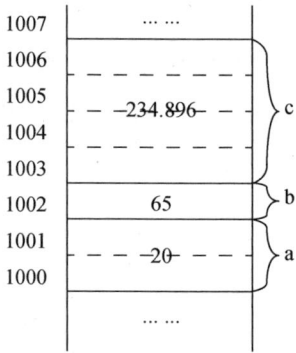

图 2-14 变量在编译和连接阶段的内存分配情况

%d%c%f 表示第一个数按十进制整数形式输入,然后空 1 个或多个空格;第二个数按字符型(或整型)数据输入;第三个数按浮点型数据输入。在输入数据时,两个数据之间可用一个或多个空格隔开,也可用回车键、跳格键 tab 隔开。下面的输入均合法:

① 20　65　234.896 ↵

② 20 ↵

　65　234.896 ↵

③ 20(按 tab 键)65 ↵

　234.896 ↵

在用%d%c%f 格式输入数据时,不能用逗号作为两个数据之间的分隔符,下面输入不合法:

20,65,234.896 ↵

在格式说明中,在%和上述格式字符间可以插入附加字符(修饰符),如表2-11所示。

表 2-11 scanf 函数中的附加字符及其作用

附加字符	作　　用
l	与 d、o、x、u 结合输入 long 型数 与 f 结合输入 double 型数
m	指定数据输入的宽度(域宽) (对 float 型和 double 型,域宽是指整数位数 + 小数点 + 小数位数)
*	忽略读入的数据(不将读入的数据赋予相应变量)

在使用 scanf/scanf_s 函数时,应注意以下问题:

(1) scanf/scanf_s 函数中的参数是地址形式:& 变量名(除数组或指针变量),而不是变量名。

(2) 输入数据是在程序运行中输入的。输入的数据个数和类型必须与格式说明符一一对应。

(3) 格式控制字符串中有普通字符时,必须照原样输入。例如:

```
scanf ("a = %d,b = %d",&a,&b);
```

输入的形式是:a = 32,b = 28   ↵

(4) 格式符之间若无普通字符,则:

① 输入的数值型数据用空白符(空格、tab 键或回车键)分隔,或指定数据输入的宽度,让系统自动按它截取所需数据。例如:

```
scanf ("%d%d%d",&a,&b,&c);
```

输入:34   52   67 ↵
而 34,52,67 为非法输入。

```
scanf ("%4d%d",&a,&b);
```

输入:4567893   ↵
系统自动将前 4 位(4567)赋予变量 a,剩下的数据(893)赋予变量 b。

② 输入的 char 型数据不必分隔。例如:

```
scanf ("%c%c%c",&ch1,&ch2,&ch3);
```

正确输入:abc ↵
错误输入:a b c ↵
因为字符型数据只能容纳一个字符,这时系统将第 1 个字符赋予变量 ch1,将空格字符赋予变量 ch2,将第 2 个字符赋予变量 ch3。

③ 注意数值型数据与 char 型数据的混合输入。例如:

```
scanf ("%d%d",&m,&n);
scanf ("%c",&ch);
```

正确输入:32   28a ↵

错误输入：32 ↵
　　　　 28 ↵
　　　　 a ↵

否则，a 前面的空格或者回车符号会被赋值给字符变量 ch，而不是 'a' 字符被赋值给 ch 字符变量。

（5）在输入浮点型数据时，域宽不能用 m.n 形式的附加说明，即输入时不能指定精度。例如：

```
scanf("%5.3f",&i);
```

是不合法的。

（6）如果在%后有 * 附加说明符，表示忽略它指定的列数。例如：

```
scanf("%3d %*4d %2d",&i,&j);
```

输入数据：345　6789　45 ↵

将 345 赋予变量 i，%*4d 表示输入 4 位整数但不赋予任何变量，然后再输入 2 位整数 45 赋予变量 j。也就是说，第 2 个数据 6789 被忽略。在利用现成的一批数据时，有时不需要其中某些数据，可用此方法将其忽略。

（7）为了减少不必要的输入量，除了逗号、分号、空格符以外，格式控制字符串中尽量不要出现普通字符，也不要使用 '\n'、'\t' 等转义字符。

（8）格式控制字符和输入参数类型要一致，比如实数变量不能用%d 输入，整数变量用%f 仅读入实数的整数部分，等等。

参考答案

2.7　课堂练习题

1. 阅读程序，写出不同进制的数据并按照不同进制方式输出正确答案。

```
#include<stdio.h>
int main()
{
    printf("%d %x %o\n",125,125,125);
    printf("%d %x %o\n",045,045,045);
    printf("%d %x %o\n",0x32,0x32,0x32);
    return 0;
}
```

2. 请指出下面浮点型数据的科学记数法的错误表示形式。

float f；

（1）f = 3.14e7.8；

（2）f = 12.34　e8；

（3）f = 12,345e − 2；

（4）f = 1.3e3

3. 下面是学生写的变量定义程序代码，有语句错误，请找出错误语句并纠正。

（1）char c1，int a2；

（2）INT a，b；FLOATx，y；

(3) a,b:char;

(4) char if;

(5) int a,b

(6) Int a:b:c;

(7) int a,x;float x,y;

4. 已知 x=13,y=20,z=4,请写出下列各表达式计算后的结果。

(1) (z>=y>=x)?1:0;

(2) z>=y&&y>=x;

(3) !(x<y)&&!x‖z;

(4) x<y?x++:++y;

(5) z+=x>y?x++:++y。

5. 用 C 语言的表达式描述下列命题。

(1) i 小于 j 或小于 k。

(2) i 和 j 都小于 k。

(3) i 和 j 中有一个小于 k。

(4) i 是非正整数。

(5) i 是奇数。

(6) i 不能被 j 整除。

6. 编程。输入圆的半径,请计算该圆的周长和面积(c=2*PI*r; area=PI*r*r),其中圆周率的值为 3.1415926。并回答下面的问题:如果圆周率的精度要求变化为 3.14,如何修改程序? 在程序中直接使用常数,会有什么影响? 如何解决该问题?

7. 写出下面等式的运行结果(运算符)并总结运算符/,% 的计算规则。

(1) 11/2 = _____

(2) 11.0/2 = _____

(3) 11/2.0 = _____

(4) 11%2 = _____

(5) (-11)%2 = _____

(6) 11%(-2) = _____

(7) 11.0%2 = _____

(8) (float)11/2 = _____

(9) (float)(11/2) = _____

8. 写出下面程序段的运行结果,分析前缀与后缀操作的变量与表达式的变化规律。

int x,y,z=10;

x = ++z;

y = z++;

printf("x=%d,y=%d,z=%d\n",x,y,z);

9. 下面是 main 函数中的连续 8 行代码,请判断表达式的使用方法是否正确,如果错误说明错误的原因。

(1) int i,j,ival,ia[3];

(2) const int ci = i;
(3) 1024 = ival;
(4) i + j = ival;
(5) ci = ival;
(6) ia = 0;
(7) ival = 0;
(8) ival = 3.14;

10. 输出下列代码，并说明理由。

已知 int x = 100;

printf("%d%d%d\n", x == 100, x < 100, x >= 100);

printf("%d%d%d\n", 'b' < 'f', '9' < '3', 'A' == 65);

11. 已知 x = 0101 1111，请写出完成如下操作后的 x 的值，并说明操作理由。

(1) 对 x 的第 4 位清零；
(2) 对 x 的第 6 位置 1；
(3) 对 x 的第 4,6,8 位都取反；
(4) 对 x 实现快速乘 2 操作。

12. 下面的表达式中哪些是位运算？哪些是逻辑运算？

int x = 12, y = 8;

printf("%d　%d", x&&y, x&y);

13. 找出下面程序中的错误，并予以分析。

```
/* This is a program with some errors.*/
#include "stdio.h"
void main ()
{
  int x,y;
  printf('Input;x = ?\n');
  scanf("%d",x);
  printf("square(x) =%d",x * x);
  printf("Y =%d\n",y);
}
```

14. 已经知道三角形三边边长 a,b,c 和三角形面积计算公式如下。

$$S = \frac{1}{2}(a+b+c)$$
$$area = \sqrt{(S-a)(S-b)(S-c)}$$

请完成下面两个小题。[①]

(1) 判断下面求解三角形面积的代码有哪些错误，并解释错误的原因。

int a,b,c,S,area

① area = sqrt(S * (S - a) * (S - b) * (S - c))
② area = sqrt(S(S-a)(S-b)(S-c))
③ S = 0.5 * (a + b + c)

---

① 本题借鉴了哈尔滨工业大学苏小红老师的 PPT。

④ S = 1.0/2 * (a + b + c)
⑤ S = (a + b + c) / 2.0
⑥ S = (float)(a + b + c) / 2
⑦ S = 1/2 * (a + b + c)
⑧ S = (float)((a + b + c) / 2)

(2) 输入三角形三边长度,编写求任意三角形面积的代码,表 2-12 列出了常用的标准数学函数,程序应增加如下语句: #including < math. h >。

表 2-12 常用的标准数学函数

函数名	功　能
sqrt(x)	计算 x 的平方根,$x \geq 0$
fabs(x)	计算 x 的绝对值
log(x)	计算 $\ln x$ 的值,$x > 0$
log10(x)	计算 $\lg x$ 的值,$x > 0$
exp(x)	计算 e^x 的值
pow(x,y)	计算 x^y 的值
sin(x)	计算 $\sin x$ 的值,x 为弧度值
cos(x)	计算 $\cos x$ 的值,x 为弧度值

15. 编写一个程序,输入 2 个整数 x 和 y,计算并输出和值,格式为 $x + y = ?$ (? 为计算结果)。然后,回答下面的问题。①

视频讲解

(1) 如果要求用空格分隔输入的 2 个整数,应该选择 scanf("%d%d",&x,&y);还是 scanf("%d %d",&x,&y);? 这两个语句的区别是什么?

(2) 如果要求输入用回车分隔,输入语句 scanf("%d\n%d\n",&x,&y);是否能够实现要求? 如果不能,如何修改输入语句?

(3) 如果要求用逗号(,)分隔输入的 2 个数据,如何写输入语句? 如果输入语句为 scanf("%d,%d",&x,&y);,则实际输入的时候是 x = 3,y = 5 还是 3,5?

(4) 如果要求运行时在输入的 2 个整数之间还输入任意一个分隔符,比如输入 3 * 5,应该怎么写输入程序代码?

(5) 如果要求输入为 3 + 5,怎么写输入语句?

(6) 如果运行时输入数据为 3 5,程序输出为 3 + 5 = 8,如何修改程序?

(7) 如果运行时输入为 3 + 5,程序输出为 3 + 5 = 8,如何修改程序?

(8) 如果输入语句为 scanf("%d",&x); scanf("%c",&op); scanf("%d", &y);,则运行程序时输入 3 + 5,程序输出是什么?

(9) 如果输入语句为 scanf("%d,%d",x,y);,程序输出是什么?

16. 编写一个程序,测试你的机器上 int 与 long 类型的最大正数值。

17. 已知闰年判断标准是:

---

① 本题借鉴了哈尔滨工业大学苏小红老师的 PPT。

(1) 能被 4 整除且不能被 100 整除;

(2) 能被 400 整除。

请编程实现：根据输入的年 year 判断其是否为闰年。

18. 李丽设计了一个扫地机器人，可以完成扫地、拖地、吸尘等功能。已知扫地机器人控制变量 x 的初始值为 0110 0101,3 个功能是分别对第 2 位(扫地),第 5 位(拖地),第 6 位(吸尘)做处理。其中,扫地与拖地,对应位置 1 表示开始工作,清 0 表示结束工作,吸尘位取反表示的是开关操作。请为李丽编程实现如下功能:先扫地;结束扫地,开始拖地;停止拖地,进行吸尘。

19. 在战争期间，小张经常采用一种简单的加密规则：把数据的高 8 位和低 8 位交换后输出。现在小张要把探到的情报带出去：36 团队有 173 人。也就是说，按照加密规则把 36 放到高 8 位,173 放到低 8 位进行加密。小张战友知道他的加密规则,因而可以得到真实的情报。请编写一个程序,实现小张的加密规则,根据输入的数据输出加密后的结果。

2.8 小　　结

1. C 语言基本数据类型有整型、浮点型和字符型,整型又分为普通整型、短整型和长整型,关键字分别是 int、short 和 long;浮点型又分为单精度浮点型和双精度浮点型,关键字分别使用 float 和 double;字符型的关键字是 char。

2. 标识符是用来标识 C 程序中的变量、常量(是指符号常量)、数据类型和函数的。在 C 语言中,标识符分为关键字(保留字)、特定字和用户定义字。

3. 变量是程序执行中,值可以变化的数据。常量的数值在程序执行过程中不会发生改变。变量需要定义,常量可以通过宏定义做替换。

4. C 语言的运算符分为：算术运算符、赋值运算符、关系运算符、逻辑运算符、位运算符、条件运算符、逗号运算符及其他一些特殊的运算符。

5. 表达式是用运算符与圆括号将操作数连接起来所构成的式子。在 C 语言中,在一个表达式的后面加上分号";"就构成了语句。

6. 表达式在计算时要考虑运算符的优先级和结合性。复杂表达式最好使用圆括号来明确地指定运算的先后顺序。

7. 当不同类型的数据在一起运算时,自动转换为相同的数据类型。可以按照需要,将数据类型进行强制转换。

8. 当赋值运算符左边变量的数据类型与赋值运算符右边表达式的数据类型不同时,编译系统负责将右边的数据类型转换成左边的数据类型,这属于自动类型转换。

9. printf 函数和 scanf 函数分别可以接收和显示各种数据类型的数据,getchar 函数和 putchar 函数分别接收和显示单个字符。

2.9 课后作业

1.【码图编号 181】输出和值。

题目描述：输入 2 个整数 x 和 y,中间以逗号隔开,输出 $x+y$ 的值。

2.【码图编号 179】温度转换。

题目描述：温度转换。

已知：华氏温度 F 与摄氏温度 C 之间的转换公式是 $C = 5/9 * (F - 32)$。

要求：温度均为整数，将用户输入的摄氏温度转换为华氏温度，并输出结果。

3.【码图编号 280】求圆柱体体积。

题目描述：输入圆柱体半径 r 和高 h，求圆柱体底面积和体积。

（1）pi = 3.14；

（2）输入的半径和高是 float 类型；

（3）输出保留小数点后 2 位精度，输出顺序为：底面积—英文逗号—体积。

测试用例：

输入：

9 12

输出：

area = 254.34, volume = 3052.08

2.10 知识补充与扩展

2.10.1 原码与补码

本节主要补充计算机中数值编码的表示方法与 ASCII 字符编码规范。在数值编码体系方面，计算机系统采用原码、反码和补码三种编码形式：原码通过最高有效位作为符号位实现正负表征，但其符号位与数值分离的表示方式导致零值存在 +0（00000000）和 -0（10000000）的双重编码问题；反码通过对原码数值位逐位取反的方式表示负数，仍无法消除零值的非唯一编码缺陷；补码机制通过对负数反码加 1 的运算，不仅实现零值的唯一编码（00000000），同时利用包含符号位在内的模运算统一化处理，将减法操作转换为加法操作，这种方式不仅简化了计算机内部的数值运算流程，也为计算机中数值存储的标准化奠定了基础。

2.10.2 常用字符的 ASCII 码表

在字符编码领域，ASCII（American Standard Code for Information Interchange，美国信息交换标准代码）采用 7 位二进制数进行编码（编码范围为 0x00 至 0x7F），构建了一个包含 128 个字符的标准编码体系。该方案将 0 到 31 号（0x00 至 0x1F）以及 127 号（0x7F）定义为控制字符（非打印），例如换行符 LF（0x0A）；而 32 到 126 号（0x20 至 0x7E）则对应可打印字符，包括空格、大写字母 'A' 到 'Z'、小写字母 'a' 到 'z' 等字符集。这样，ASCII 码实现了字符集与二进制数据之间的标准化双向映射机制。有关扩展内容的详细信息，请参阅本节附带的二维码资源。

知识拓展

第 3 章　控制语句

基础理论

故事 1　小明与莎莎谈恋爱，周末相约一起看电影。

小明说："亲爱的，今天同时上映《星球大战》和《乱世佳人》，今晚你想看哪一部？如果看《星球大战》，我请你吃冰激凌；如果看《乱世佳人》，我请你吃夜宵。"

莎莎心里知道小明想看《星球大战》，就指向了《星球大战》的海报说："就看这个。"

电影散场后，小明和莎莎去吃哈根达斯冰激凌，两个人还在激烈地探讨着电影里面的情节，不知不觉拉近了两个人的距离。

以后，每个周末两个人都相约去看电影，总是小明提议两部电影名字，莎莎选择，观看后或者去吃冰激凌，或者吃夜宵。直到 12 周后，两个人走进婚姻的殿堂。

故事 2　四川省成都市高三学生 Sam 今年高中毕业，参加高考后，需要填报志愿选择学校与专业。Sam 对父母说："如果我的高考分数高于 700 分，就选择清华大学；如果我的高考分数低于 600 分，就选择复读；否则，选择电子科技大学。专业嘛，就是计算机专业。"

故事 3　莉莉每天放学后，都要去书法班练习书法。书法课结束后才回家吃晚饭，完成当天的家庭作业，她非常忙碌。高三的一天，莉莉面临一个选择——报名参加全国书法大赛，会占用 3 天的学习时间，但如果在书法大赛上能够拿到全国奖项，高考分数会加 20 分。她最终选择了参赛并获得一等奖。高考时，因为这 20 分加分，莉莉拿到了梦寐以求的北京大学建筑与景观设计学院的录取通知书。

从上面的故事可以发现，现实生活中发生的事件总是按照顺序发生的，有时我们会面临选择，有的事情会重复做很多次。所有事件都是由这三种状态组合而成的。程序设计能够解决现实问题，就需要模拟这三种结构：顺序、分支、循环。

3.1　程序的三种基本结构

1. 顺序结构

顺序结构，是指程序中的语句按照编写的顺序执行，无转移、分支和循环，如图 3-1 所示。

2. 分支结构

分支结构，是指根据条件判断，选择不同的语句(或语句组)执行，即改变执行流程，如图 3-2 所示。

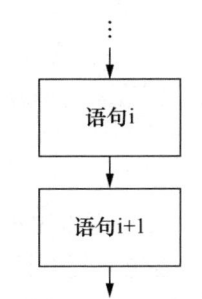

图 3-1　顺序结构流程

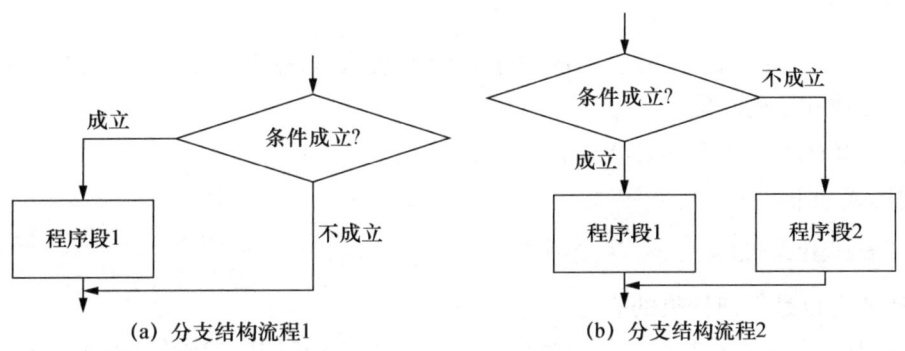

(a) 分支结构流程1　　　　　　(b) 分支结构流程2

图 3-2　分支结构流程

3. 循环结构

循环结构,是指根据条件是否成立,决定是否重复执行某条语句(或语句组),这样可避免重复书写需要多次执行的语句,减少程序长度,如图 3-3 所示。

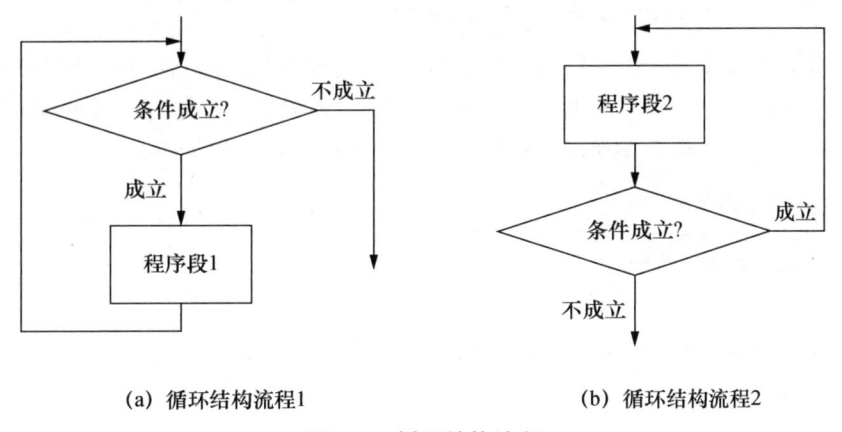

(a) 循环结构流程1　　　　　　(b) 循环结构流程2

图 3-3　循环结构流程

3.2　复合语句

将若干 C 语句使用花括号{}包括起来形成复合语句。花括号内可以包含任何 C 语句,其一般形式为:

```
{
    语句1;
    语句2;
    ⋮
    语句n;
}
```

复合语句在语法上作为一条单语句,凡是可以出现单一语句的地方,都可以使用复合语句。构成复合语句的语句也可以是复合语句。复合语句的花括号必须配对使用,右花括号的后面不加分号。复合语句可以配合控制语句完成流程控制。

3.3 if 条件分支语句

视频讲解

if 语句也称为条件语句,用于实现程序的分支结构,根据条件是否成立,控制执行不同的程序段,完成相应的功能。

3.3.1 if 流程(单选控制结构)

语句形式如下:

```
if (表达式) 语句;
```

其中,表达式可以是任何种类的表达式。

执行过程:若表达式的值为逻辑真(非0值),则执行 if 的内嵌语句;若表达式的逻辑值为假(0值),则跳过该语句,执行 if 语句的下一条语句。

单选控制结构只有 1 条语句可供选择:或者执行,或者不执行,如图 3-2(a)所示。

例如:高考分数大于 700 分,则选择报考清华大学。

```
if (scores >700)
    University = Tsinghua University;
```

这里 if 的内嵌语句是单语句。当表达式的值为真,需要执行若干语句时,应写成复合语句,使其在语法上等效于单语句。例如,报名参加全国书法大赛,会占用三天的学习时间,但如果在书法大赛上能够拿到全国奖项,高考分数会加 20 分,if 语句如下。

```
if (参加全国书法大赛) {
    占用 3 天学习时间;
    if(拿到全国奖励) scores + = 20 ;
}
```

3.3.2 if…else 流程(二选一控制结构)

语句形式如下:

```
if (表达式)
    语句1;
else
    语句2;
```

代表两路分支结构,即二选一控制结构。

执行过程:如果表达式的值为真,则执行语句1;否则,执行语句2,如图 3-2(b)所示。

例如,求 b 的绝对值。

```
    if (b>=0)
        a=b;
    else
        a=-b;
```

当语句1和语句2不需要采用复合语句时,if语句可以用条件运算符?:简化。例如,求b的绝对值可以用条件运算符简化为:

```
    a=(b>=0)?b:-b;
```

例如,判断c是否为大写字母,若是,则转换为小写字母(c+32);否则,不转换。if语句表示为:

```
    if (c>='A' && c<='Z')
        c=c+32;/*32是小写字母与大写字母相应ASCII码的差值*/
    else
        c=c;
```

使用条件运算符,等效的赋值语句为:

```
    c=(c>='A'&&c<='Z')?(c+32):c;
```

例 3-1 输入两个整数a和b,若a小于b,则交换两个整数,并输出交换后的a,b值;否则输出 NO SWAP。

```
//3-1.cpp
#define _CRT_SECURE_NO_WARNINGS
#include<stdio.h>
#include<stdlib.h>
int main(){
    int a,b,x;
    scanf("%d %d",&a,&b);
    if (a<b){   /*  借助x,交换a与b的值   */
        x=a;
        a=b;
        b=x;
        printf("a=%d b=%d\n",a,b);
    }else{
        printf("NO SWAP!\n");
    }
    return 0;
}
```

程序的运行结果为:
输入:32 12
输出:NO SWAP!
再次执行:
输入:12 32
输出:a=32 b=12
若想交换变量a与b的值,也可以采用下面的方式。

```
    a=a+b;
    b=a-b;
    a=a-b;。
```

3.3.3 if...else...if 流程(多选一控制结构)

语句形式如下：

```
if (表达式1)         语句1;
else if (表达式2)    语句2;
else if (表达式3)    语句3;
        :
else if (表达式n)    语句n;
else                 语句n+1;
```

根据条件的判定，进行多路分支选择，即多选一控制结构。

执行过程：依次计算各表达式的值；若某个表达式的值为真，则执行相应的语句，然后执行 if 之后的后续语句。整个 if 语句中只有一个分支被执行，多选一控制流程如图3-4所示。

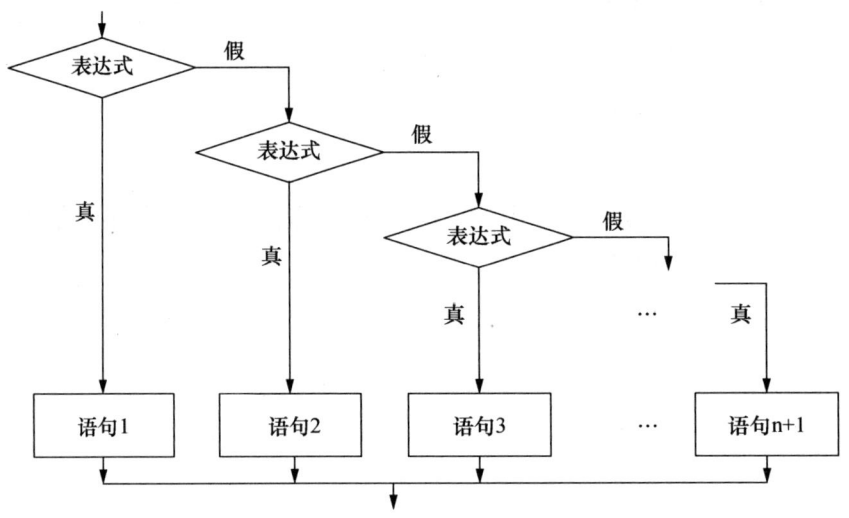

图 3-4　多选一控制流程

if 语句中的最后一条 else 语句用来处理所有条件均不成立的情况，即当所有表达式的值均为假时，执行最后一个 else 后面的语句。如果所有条件均不成立时，不需要完成任何操作，则可省略 else。

例如，根据学生成绩 score，按分数分段评定等级 A～E。如果分数 <0，则输出"错误"信息。编写语句如下：

```
if (score >=90) grade ='A';
else if (score >=80 && score <90)    grade ='B';
else if (score >=70 && score <80)    grade ='C';
else if (score >=60 && score <70)    grade ='D';
else if (score >=0 && score <60)     grade ='E';
else printf("error!\n");
```

例 3-2　求3个不相等的数 a,b,c 中的最大者。

```
//3-2.cpp
#define _CRT_SECURE_NO_WARNINGS
```

```
#include <stdio.h>
#include <stdlib.h>
int main(){
  int a,b,c;
  scanf("%d %d %d",&a,&b,&c);
  printf("a = %d b = %d c = %d\n",a,b,c);
  if (a>b)
     if (a>c)
        printf("a is the largest!\n");
     else
        printf("c is the largest!\n");
  else if (b>c)
        printf("b is the largest!\n");
     else
        printf("c is the largest!\n");
  system("pause");
  return 0;
}
```
程序的运行结果为:
输入: 12 5 7
输出: a = 12 b = 5 c = 7
      a is the largest!
输入: 5 12 7
输出: a = 5 b = 12 c = 7
      b is the largest!
输入: 5 7 12
输出: a = 5 b = 7 c = 12
      c is the largest!

请仿照例3-2,写出"找出3个不相等的数中数值居中的数"的程序,并输入如下数据测试程序的正确性: ① 12 5 7;② 12 7 5;③ 7 12 5。

3.3.4 if 语句嵌套

C语言允许 if 语句嵌套, if 的内嵌语句可以是前面介绍的三种分支结构中的一种。

例如: 在 a>=b 的条件下, 判断 a,c 中的最大值:

```
if (a>=b)
   if (a>=c)
      printf("max = %d\n",a);
   else
      printf("max = %d\n",c);
```

在 if 流程中嵌套了 if... else 流程。

在使用 if 语句嵌套时, 应注意 if 与 else 的配套关系, 以免发生二义性。

例如: 用 if 语句完成一个分段函数的计算:

$$y = \begin{cases} -a & x<0; \\ 0 & x=0; \\ a & x>0。 \end{cases}$$

如果程序段为:

```
y = -a;
if (x!=0)
    if (x>0)
        y = a;
else y = 0;
```

执行结果就是错误的,问题出在 else 和 if 的配对。C 语言采用最邻近配对原则,else 总是与离它最近的 if 配对,尽管形式上写成了 else 与第一个 if 配对,但语法上 else 是与第二个 if 配对的,所以出现错误。当这种情况出现时,可采用复合语句的方法来解决。

程序段改写为:

```
1.  y = -a;
2.  if (x!=0){
3.      if (x>0)
4.          y = a;
5.  }
6.  else
7.      y = 0;
```

采用复合语句,即可从语法上规定程序段第 3~4 行是第一个 if 语句的一条完整的内嵌语句,是一个 if 流程,因此不能再与 else 子句配对,从而使得 else 与第一个 if 语句配对。

3.4　switch 多路开关语句

if...else... 及流程嵌套可以实现多分支,但是用 if 语句实现多路分支常使程序冗长,因而降低了程序的可读性。C 语言提供了 switch 语句,可更加方便、直接地处理多路分支,使程序更简明易读。

switch 语句的一般形式为:

```
switch (表达式)
{
case 常量1:语句1;
    break;
case 常量2:语句2;
    break;
 ⋮
case 常量n:语句n;
    break;
default:语句n+1;
}
```

其中,switch、case 和 default 为关键字。switch 后的表达式可以是整型或字符型表达式,但不能是关系表达式或逻辑表达式。常量 1~n 可以是整数、字符或常量表达式。

执行过程:计算 switch 语句中表达式的值,再依次与 case 后的 1~n 个常量比较,当表达式的值与某个 case 后的常量相等时,则执行该 case 对应的语句;break 语句可以跳出 switch 结构。程序在执行时,从匹配常量的相应 case 入口,一直执行到 break 语句或到达 switch 结构的末尾为止。如果 n 个常量都不等于 switch 中表达式的值,则执行 default 后的语句。

每个 case 后的语句可以是单条语句或空语句,也可以是多条语句构成的一个程序段

(不必加花括号写成复合语句的形式)。

例如:已知整型量 a 和 $b(b\neq 0)$,设 x 为实型量,计算分段函数:

$$y = \begin{cases} a + bx & (0.5 \leq x < 1.5); \\ a - bx & (1.5 \leq x < 2.5); \\ a * bx & (2.5 \leq x < 3.5); \\ a/(bx) & (3.5 \leq x < 4.5)。 \end{cases}$$

用 if 语句完成该分段函数的计算:

```
if (0.5 <= x && x < 1.5)   //注意:在 if(0.5≤x<1.5)条件中,x 为任意值,表达式的值都为真
    y = a + b * x;
else if (1.5 <= x && x < 2.5)
    y = a - b * x;
else if (2.5 <= x && x < 3.5)
    y = a * b * x;
else if (3.5 <= x && x < 4.5)
    y = a/(b * x);
else printf("x error.\n");
```

用 switch case 语句完成同样的计算:

```
switch ((int)(x + 0.5))
{ /* (int)(x + 0.5)   对 x 进行 4 舍 5 入地取整 */
    case 1:y = a + b * x;          break;
    case 2:y = a - b * x;          break;
    case 3:y = a * b * x;          break;
    case 4:y = a/(b * x);          break;
    default:printf("x error.\n");
}
```

在 switch 的表达式中,将 x 进行了四舍五入的取整,使实型量 x 所在的 4 个区间分别转换为整型量 1,2,3,4,再与 case 后的常量比较,进行相应的计算。

break 语句的作用是结束 switch 语句,使流程跳出 switch 结构。注意:缺少 break 语句不能实现多路分支。

3.5 for 循环

视频讲解

C 语言提供的 for 循环结构是使用最广泛、最灵活的一种循环控制结构。在已知循环次数时,通常采用 for 循环结构,通过某个变量(称为循环控制变量)进行循环次数的控制。for 循环结构使用 for 语句表达,一般形式为:

```
for (表达式 1;表达式 2;表达式 3)
    循环体
```

其中:表达式 1—— 一般为赋值表达式,为循环控制变量赋初值;
表达式 2—— 一般为关系表达式或逻辑表达式,作为控制循环结束的条件;
表达式 3—— 一般为赋值表达式,对循环控制变量进行修改(增量或减量);

注意 3 个表达式之间用分号(;)分隔,而不是用逗号。

循环体—— 可以是单语句,也可以是复合语句。

for 循环控制流程如图 3-5 所示。

（1）首先计算表达式 1，为循环控制变量赋初值。

（2）计算表达式 2，检查循环控制条件，若表达式 2 的值为真，则执行一次循环体中的语句；若为假，则跳出循环结构。

（3）执行完一次循环体中的语句后，计算表达式 3，对控制变量进行增量或减量操作，再重复第(2)步操作。

例如：计算 $1+2+3+\cdots+100$。

```
int i,sum;
sum = 0;
for (i = 1;i <= 100;i ++)
    sum = sum + i;
```

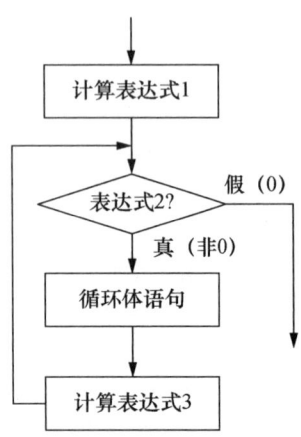

图 3-5 for 循环控制流程

循环控制变量 i 被赋予的初值为 1，当 i<=100 时，将 i 的值累加到求和变量 sum 中，每完成一次累加运算，i 的值增 1，直到 i 的值大于 100 时，循环累加才结束。

视频讲解

3.6 while 循环和 do...while 循环

在已知循环条件时，通常采用 while 循环结构。while 循环结构使用 while 语句和 do...while 语句表达。

3.6.1 while 语句

while 语句的一般形式为：

```
while (表达式)
    循环体
```

循环体可以是单语句，也可以是复合语句。

while 语句执行过程为：首先计算表达式，当表达式的值为真时，执行一次循环体中的语句；重复上述操作直到表达式的值为假时，才退出循环。while 循环控制流程如图 3-6 所示。

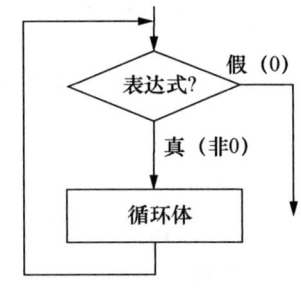

图 3-6 while 循环控制流程

while 循环结构也称为"先判定"循环结构，特点是只要条件成立，就执行循环体中的语句；若一开始条件就不成立，则循环体中的语句一次也不执行。

例如：计算 $1+2+3+\cdots+100$。

```
i = 1;sum = 0;
while (i <= 100)
{
    sum = sum + i;
    i ++;
}
```

由于 while 语句中有控制循环结束的条件表达式，因此要保证循环正常执行，在进入循环之前应先对循环控制变量赋初值(如此例中为 i=1)，并且在循环体内必须有修改循环控制变量的语句(如此例中为 i++;)，以便使循环判定条件表达式的值能由"真"变到"假"，保证循环能达到结束条件，正常退出。

对于循环次数确定的计数循环，采用 for 语句更简便，而 while 语句更适用于循环次数不能确定的条件循环。

例如：读入字符并回显，直到读入#字符为止。

```
char c;
c = getchar();
while(c!='#')
{
    putchar(c);
    c = getchar();
}
```

程序段的功能是输入一个字符并显示出来，直到输入字符#后退出循环操作。该程序段也可写成下面简洁形式：

```
char c;
while ((c = getchar())!='#')
    putchar(c);
```

又如：将读入的小写字母转换成大写字母，当读入其他字符时，结束转换操作。

```
scanf("%c",&ch);
while ((ch>='a')&&(ch<='z'))
{
    ch = ch +'A'-'a';//等价于 ch = ch - 32;
    printf("%c",ch);
    scanf("%c",&ch);
}
```

while 表达式中的两对小括号可以不加，运算优先顺序不变，但多加小括号会使程序更清楚易读。

3.6.2 do...while 语句

do...while 语句的一般形式为：

```
do{
    循环体
}while(表达式);
```

执行过程：首先执行一次循环体，然后再计算表达式，如果表达式的值为真，则再执行一次循环体。重复上述操作，直到表达式的值为假时，退出循环。do...while 循环控制流程如图 3-7 所示。

do...while 语句实现"后判定"循环结构。do...while 语句与 while 语句不同之处是，先执行循环体中的语句，后判断条件，因此无论条件是否成立，至少执行一次循环。而 while 语句先判断条件，后执行循环体中的语句，因此可能一次循环也不执行。

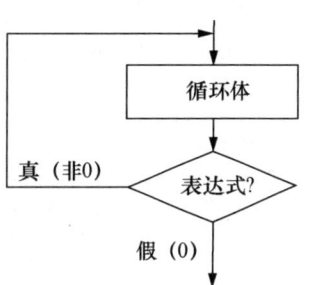

图 3-7 do...while 循环控制流程

例如：跳过输入的任意多个空格字符，读入一个非空格字符。

```
do{
    scanf("%c",&ch);
}while (ch ==' ');
```

读入一个字符,如果为空格,则继续读入字符,直到读入一个非空格字符时退出循环。以上功能也可用 while 语句实现:

```
scanf("%c",&ch);
while (ch ==' ')
    {
        scanf("%c",&ch);
    }
```

在循环之前,先读入一个字符,为循环控制变量赋初值。如果读入的字符为空格符,则继续循环读入下一字符,直到读入非空格字符时退出循环;若读入的第一个字符为非空格字符,则循环一次也不执行。当循环体为单语句时,可不加花括号,但为使程序清晰易读,通常加上花括号。

例 3-3 输入一串字符,以句号(.)作为输入结束标志,显示其中字母和数字的个数。

```
//3-3.cpp
#define _CRT_SECURE_NO_WARNINGS
#include <stdio.h>
#include <stdlib.h>
int main()
{
    char ch;
    int ch_num,dig_num;
    ch_num = dig_num = 0;
    do{
        scanf("%c",&ch);
        if ((ch >='A')&&(ch <='Z') ||(ch >='a')&&(ch <='z'))
            ch_num ++;
        else if ((ch >='0')&&(ch <='9'))
            dig_num ++;
    }while (ch! ='.');
    printf("The number of chars is %d.\n",ch_num);
    printf("The number of digital is %d.\n",dig_num);
    system("pause");
    return 0;
}
```
程序的运行结果为:
输入: I'm a beginer of C programming.
输出: The number of chars is 24.
　　　The number of digital is 0.

程序中用了两个变量 ch_num 和 dig_num 分别对输入的字母和数字字符计数,如果输入的字符数值范围是 A~Z 或 a~z,则它是一个字母,因此 ch_num 加 1。如果输入的字符数值范围是 0~9,则它是一个数字,因此 dig_num 加 1。

3.7 循环嵌套

在一个循环体内又包含另一个循环结构,称为循环嵌套。在内层循环体中又包含新的

循环结构,称为多重循环嵌套。实际应用中常常需要循环嵌套,C 语言中的三种循环结构可以任意组合嵌套,例如:

```
(1) for (…)        (2) do            (3) while(…)       (4) for(…)
    {                 {                   {                  {
      …                 …                   …                  …
      while(…)          for(…)              do{                for(…)
      …                 {…}                 …                  {…}
    }                   …                   }while();          …
                      }while(…);            …                  }
                                          }
```

> **注意** 循环嵌套的内层循环必须完全包含于外层循环内,不允许循环结构交叉出现。

3.8 break、continue 和 goto 语句

for、while 和 do…while 三种循环结构都以某个表达式的结果作为循环条件,当判定表达式的值为 0(假)时,结束循环流程,称为循环的正常退出。C 语言提供跳转语句(break)、继续语句(continue)和无条件转移语句(goto),它们可以在循环的中途结束循环流程,称为循环的中途退出。

3.8.1 break 语句

break 语句可用于 switch 语句中,使某个 case 子句执行完后,跳转出 switch 结构,实现多路分支。break 语句还有一种常用方式:在 for、while 和 do…while 循环结构中,当需要循环在一定条件下提前终止时,break 语句可以跳转出循环结构。break 语句提供了使循环结束的方法。

例如,输入若干整数并求和,直到和值大于等于 3000 或输入数据个数等于 100 时为止。程序段为:

```
sum = 0;
for(count = 1;count <= 100;count ++){
    scanf("%d",&number);
    sum += number;
    if(sum >= 3000) break;
}
```

又如,输入一行字符并回显,长度不超过 80 个字符。如果输入字符 *,程序就结束。

```
for(i = 0;i < 80;i ++){
    c = getchar();
    if(c == '*') break;
    printf("%c",c);
}
```

当输入的字符长度小于 80 时,若输入字符 *,break 语句使控制立即跳转出循环结构。

注意 在多重嵌套循环中,break 语句只能跳出它所在的那一层的循环结构。例如:

```
for(i=0;i<100;i++){
    …
    while(j>0){
        …
        if(j==0) break;
        …
    }
    scanf("%c",&ch);
    …
}
```

在上述代码中,break 语句只能跳出 while 循环结构,从输入语句开始继续往下执行,但不能跳出 for 循环结构。

3.8.2 continue 语句

continue 语句只能用于循环结构,continue 语句可以结束本次循环(即使循环体还没有执行完毕,就忽略 continue 后面的语句),直接进入本循环结构的下一次循环操作。在 while 和 do…while 循环结构中,continue 语句能够将流程转向检测循环控制表达式,以判定是否继续进行循环;在 for 语句中,流程转向计算表达式 3,以改变循环控制变量,再判定表达式 2,以确定是否继续循环。

例如:输入 n 个实型数,将正数输出在显示屏上,忽略负数。

```
for(i=0;i<n;i++)  {
    scanf("%f",&a);
    if (a<0.0) continue;
    printf("%f",a);
}
```

当输入数据为正实数时,显示在屏幕上;当输入数据为负实数时,执行 continue 语句,不执行 printf 语句,控制立即转向执行 i++,开始下一次循环的判定。

例 3-4 编写一个程序,它能将输入的字符复制输出,但如果一个相同的字符连续输入几次,则只将它输出一次,如果读到字符 . 就结束。

```
//3-4.cpp
#define _CRT_SECURE_NO_WARNINGS
#include <stdio.h>
#include <stdlib.h>
int main(){
    char ch_old,ch_new;
    ch_old = '.';
    do{
        scanf("%c",&ch_new);
        if (ch_new == ch_old)
            continue;
        ch_old = ch_new;
        printf("%1c",ch_old);
    }while (ch_new!='.');
    printf("\n");
    system("pause");
```

```
    return 0;
}
```
程序的运行结果为:
输入：aabbcccddef.
输出：abcdef.

程序中用变量 ch_new 来表示当前读入的字符,用变量 ch_old 表示在 ch_new 之前读入的字符,如果这两个相邻读入的字符不相等,则显示 ch_new,并将 ch_new 赋予 ch_old;否则,跳过循环体中的后两个语句,开始下一次循环的判定,再去读取新的字符。

3.8.3 goto 语句

goto 语句是无条件转移语句。goto 语句的一般形式为：

```
goto 标号;
    ⋮
标号:语句
```

在 goto 语句中,必须指明语句标号,语句标号使用标识符表达。在执行 goto 语句后,流程无条件转向标号指定的语句。

结构化程序设计不提倡使用 goto 语句,因为大量使用 goto 语句会使程序结构复杂化,降低程序的可理解性和可维护性。但在特殊情况下,特别是从深层嵌套循环中跳出时,用 goto 语句比用 break 语句简便得多。例如：

```
while(a >'0')
{   ….               //语句段1;
    while(b!=ch && c >'a')
    {   …             //语句段2;
        while(d!=a)
        {
            …         //语句段3;
            if(b==d) goto next;
            …         //语句段4;
        }
        …             //语句段5;
    }
    …                 //语句段6;
}
next:a ='b'+b;
```

如果不用 goto 语句,则需要增加判断语句。上面的程序段改为：

```
while(a >'0')
{…                    //语句段1;
while(b!=ch && c >'a')
{…                    //语句段2;
    while(d!=a)
    {
        …             //语句段3;
        if(b==d) break;
        …             //语句段4;
    }
    if(b==d) break;
    …                 //语句段5;
}
```

```
                if(b==d) break;
                …                           //语句段 6；
            }
            a ='b'+ d;
```

在使用 goto 语句时，应注意以下两点：

① goto 语句只能从循环嵌套内层转向外层，反之则不行。
② 标号代表的语句可以是一个空语句。例如：

```
            next: ;
```

参考答案

3.9 课堂练习题

1. 用循环语句编程测试你的机器上 int 与 long 类型的最大正数。

2. 女生都爱美，特别关注胖瘦问题，请编写一个程序，输入某人的身高和体重，按下式确定此人的体重是否为标准、过胖或过瘦：

（1）计算体重 = (身高 – 110) 千克；
（2）超过计算体重 5 千克为过胖；
（3）低于计算体重 5 千克为过瘦；
（4）否则为标准体重。

3. 编写一个程序，显示所有可见字符的 ASCII 码标准代码。

在使用中经常需要查找字符的 ASCII 码，ASCII 码包括可见字符的代码及若干控制字符的代码。现在编写一个程序按以下方式显示所有可见字符的 ASCII 码：从 ASCII 码 32 开始至 ASCII 码 126 为止。

4. 打印九九乘法表。

5. 假设苹果 0.8 元 1 个，第一天买了 2 个苹果，以后每天买的苹果数量是前一天的 2 倍。直到某一天购买的苹果数量达到不超过 100 的最大值。请编写一个程序，求出平均每天花了多少钱买苹果。

第 4 题视频   第 5 题视频

6. 韩信点兵。韩信有一队兵，他想知道有多少人，便让士兵排队报数。按从 1 至 5 报数，最末一个士兵报的数为 1；按从 1 至 6 报数，最末一个士兵报的数为 5；按从 1 至 7 报数，最末一个士兵报的数为 4；最后，再按从 1 至 11 报数，最末一个士兵报的数为 10。你知道韩信至少有多少兵吗？[①]

视频讲解

7. 猜数游戏[②]

（1）只猜 1 次。计算机想一个 1～100 之间的数，参加游戏者通过输入数据猜测该数。如果猜对了，则输出"Right!"，并输出这个数；如果猜小了，则输出"Wrong! Too low! \n"；如

---

①② 本题借鉴了哈尔滨工业大学苏小红老师的 PPT。

果猜大了,则输出"Wrong! Too high! \n"。

(2) 猜正确为止。计算机想一个 1~100 之间的数,参加游戏者通过输入数据猜测该数。如果猜测错误,则提示输入数据大了还是小了,并继续猜测,直到猜对为止。

(3) 最多猜 10 次。计算机想一个 1~100 之间的数,参加游戏者通过输入数据猜测该数。如果猜对了,则结束游戏;如果猜错了,则继续猜测,最多猜 10 次;如果还猜不对,则结束游戏。

(4) 最多猜 10 次后猜下一个数。计算机想一个 1~100 之间的数,参加游戏者通过输入数据猜测该数。如果猜对了,则询问是否继续猜下一个数;如果猜错了,则继续猜测,最多猜 10 次,如果还猜不对,则猜下一个数。

8. 编写一个程序,输入两个整数 num 和 k,求 num 所对应的十六进制数从右往左数起的第 k 位。

9. 下面的程序表示输入一个整数,然后依次显示该整数的每一位。该程序对输入的正整数可以正常工作,但如果输入负数,则会得到错误的结果。请改进该程序,使它在输入负数时也能工作。例如,如果输入的数是 -4567,则输出 7654-。

```
int main()
{
    int number,digit;
    scanf("%d",&number);
    do{
        digit = number%10;
        printf("%d",digit);
        number/=10;
    }while(number!=0);
    printf("\n");
    system("pause");
    return 0;
}
```

10. 编写一个程序,按下面的要求计算一个整数的各位数字之和。

(1) 例如,输入的数是 2568,该程序计算并输出 21;

(2) 例如,输入的数是 2568,该程序计算并显示 2+5+6+8=21。

11. 编写一个程序,找出 1~100 中的所有素数。

12. 图书管理系统主界面。图书管理系统主界面提供系统功能选择,用户输入相应的选项信息,即可进入相应的功能项进行操作。操作完毕可退回主界面。

输入数据:功能项选择键。

输出结果:子功能界面。

利用循环结构实现功能界面的重复显示和调用。

3.10 上机实验①

题目:简单计算器(循环)。

视频讲解

---

① 本章上机实验借鉴了哈尔滨工业大学苏小红老师的 PPT。实验均可在在线 OJ 网站码图多次提交,得到实时分数。码图题号 268,题目:简单计算器(循环)。

题目详情:按照"操作数1运算符op操作数2"的格式输入数据进行运算。指定的运算符op为+,-,*,/(加减乘除),然后按照:"操作数1运算符op操作数2 = 计算结果"的形式输出。

其中,操作数和计算结果取2位小数,每个数据间隔1个空格,最后输出回车。

然后输入y,则继续按照"操作数1运算符op操作数2"的格式输入数据,并输出计算结果;否则输入n,结束循环。

如果输入错误,则输出"error"(error后面有回车)。再根据输入y或者n(y或者Y表示继续循环,n表示结束循环)决定是否循环计算。

示例1:

```
输入:1 + 2(回车)
输出:1.00 + 2.00 = 3.00
//输出:Do you want to continue(y/n)注意这句话不要在程序中输出,你只要知道有这样一件事即可!该程序只接受y和n进行判断。
输入:n(回车)   //- - - -程序结束。
```

示例2:

```
输入:1 + 2(回车)
输出:1.00 + 2.00 = 3.00
//输出:Do you want to continue(y/n)注意这句话不要在程序中输出,你只要知道有这样一件事即可!
输入:y(回车)//程序继续执行。
输入:1 * 2(回车)
输出:1.00 * 2.00 = 2.00
//输出:Do you want to continue(y/n)注意这句话不要在程序中输出,你只要知道有这样一件事即可!
输入:n(回车)//程序退出。
```

3.11 小　　结

C语言流程控制语句(共8条),分别实现分支结构、循环结构和控制转移。

1. if语句用于实现单路、双路和多路分支。switch语句可以比嵌套的if语句更简便地实现多路分支。for语句常用于循环次数能确定的计数循环结构。while语句和do...while语句常用于循环次数不确定,由执行过程中条件变化控制循环次数。while语句和do...while语句的不同之处是,while语句先判断条件,后执行循环体,而do...while语句先执行循环体,后判断条件。

2. break语句使控制跳出switch结构或循环结构。continue语句只能用于循环结构,使控制立即转去执行下一次循环。两者相同点是需要条件进行跳转,不同点是break语句强制循环立即结束,而continue语句只能立即结束本次循环并开始判定是否进行下一次循环。goto语句无条件转向指定语句继续执行。goto语句应该有限制地使用,多用于直接退出深层循环嵌套。

分支结构和循环结构是程序设计的基础。

3.12 课后作业

1.【码图编号18】判断 n 是否为素数。

题目描述：输入一个大于3的整数 n，判断它是否为素数，输出 yes/no。

例如：输入4，输出 no；输入7，输出 yes。

如果输入错误，则输出 error。所有输出没有回车符号。

2.【码图编号48】冒泡排序。

题目描述：将输入的10个整数，按从小到大的顺序输出［使用逗号(,)作为间隔］。

要求：

(1) 逗号为英文输入法中的逗号；

(2) 任意多余的输出都被视为错误。例如：

输入：

10 9 8 7 6 5 4 3 2 1

输出：

1,2,3,4,5,6,7,8,9,10

3.【码图编号91】计算 e 的 x 次方。

题目描述：编写程序，计算

$$e^x = 1 + x + (x^2)/(2!) + (x^3)/(3!) + (x^4)/(4!) + \cdots + (x^n)/n!$$

要求：

(1) 输入格式：x n ↵；

(2) e^x, x, n 均用 double 类型存储。

(3) 输出小数点后6位。

(4) 只输出运算结果，请不要输出其他字符，遇到异常情况(如 n 为负数)，输出 error。

例如：

输入：3 10 ↵

输出：20.079665

输入：5.24 11 ↵

输出：187.210665

输入：5 -10

输出：error

4.【码图编号220】按要求输出相等字符。

题目描述：补充代码，实现如下功能：输出两个字符串中对应相等的字符。

```
#include<stdio.h>
char x[] = "programming";
char y[] = "Fortran";
int main()
{
  int i = 0;
  while (x[i] != '\0' && y[i] != '\0')
  {
    if (x[i] == y[i])
    {//下面代码填空
```

```
        }
        else i + +;
    }
    return 0;
}
```

3.13 知识补充与扩展

知识拓展

本节介绍了 switch 语句的结构控制与 for 循环的灵活运用,以及如何在华为 CodeArts IDE 与 Visual Studio 中进行基本调试。详细内容请参考本节对应的二维码。

3.13.1 switch 语句

switch 语句通过 case 匹配常量值实现多分支控制,使用 break 控制执行流(如未加 break,则依次穿透后续 case 执行语句),支持多个 case 合并执行同一代码块,并通过 default 关键字处理未匹配场景,可用于菜单功能设计,以增强程序的灵活性和可读性。

3.13.2 for 语句

针对 for 语句介绍了灵活省略部分表达式的用法,但需要保留分号以维持语法结构。如省略初始值或控制变量修改语句;采用逗号表达式同步操作多变量;在循环体内直接修改控制变量以提前终止循环;以及无限循环 for(;;) 的使用技巧等。

3.13.3 使用华为 CodeArts IDE 与 Visual Studio 进行基本调试

程序中的错误(Bug)是指由于代码缺陷或逻辑疏漏导致的异常问题。调试(Debug)用于精准定位、分析并修正这些错误,确保代码按预期工作。以下是调试的一些典型应用场景:

(1) 错误诊断:识别潜在的逻辑缺陷和运行时异常。
(2) 程序理解:跟踪执行流程、观察数据变化,帮助理解复杂算法或系统的运行机制。
(3) 效率提升:减少盲目修改,快速定位问题根源,有效缩短开发周期。
(4) 质量保证:验证边界条件与异常处理逻辑,提高代码的健壮性。

调试不仅是纠错工具,而且是培养计算思维的关键环节。本书鼓励读者通过调试解决编程过程中的各类 Bug。调试的基本环节包括:

(1) 断点:在代码行设置标记,程序执行到此处暂停。
(2) 单步:分为单步步入(Step Into)与单步步过(Step Over),用于逐行跟踪代码执行。
(3) 变量监控:实时查看或修改变量值,验证数据变化是否符合预期逻辑。

第 4 章　数组和结构

视频讲解

基础理论

期中考试结束后，教师想查看班里 C 语言这门课程的最高分，以及有几位同学得到了这个最高分并给予奖励。为简单起见，假设班上共有 10 名学生。

要解决这个问题，可以用 10 个变量，分别取名为 score1，score2，…，score10 来存储 10 名学生的成绩。采用这种方法编写的程序扩展性很差。如果是公选课，班上可能有两三百人，甚至更多人，则需要定义几百个变量存储全班同学的成绩，因此非常不方便。我们可以采用数组解决这个问题。

4.1　一维数组

数组是有序数据的组合，数组中的每一个元素都属于同一个数据类型。用统一的数组名和数据序号(下标)可以唯一地确定数组中的元素。

例 4-1　用键盘输入 10 名学生的成绩，依次存放到一个名为 score 的数组中，并找出最高分，以及最高分学生的序号。

视频讲解

```
//4-1.cpp
#define_CRT_SECURE_NO_WARNINGS
#include <stdio.h>              //预编译命令
#include <stdlib.h>
int main()                      //主函数
{
    int score[10];              //数组,有 10 个整型元素
    int maxScore = 0;           //最高分,并初始化为 0
    int maxStudent = 0;         //得到最高分的学生人数
    int i;                      //循环变量
    for (i = 0;i < 10;i ++)     //计数循环
    {
        printf("请输入第%d 位学生的成绩：",i);
        scanf("%d",&score[i]);  //输入第 i 位学生的成绩,存入 score[i]中
        if (maxScore < score[i])    //如果第 i 位学生的成绩高于原最高分
            maxScore = score[i];    //将最高分修改为第 i 位学生的成绩
    }
```

```c
    printf("本班最高分为%d\n",maxScore);
    printf("得到最高分的学生序号为: \n");
    for (i = 0;i < 10;i ++)           //计数循环
    {
        if (score[i] == maxScore)     //如果第 i 位学生的成绩等于最高分
        {
            maxStudent ++ ;           //得到最高分的学生人数增1
            printf("%d\n",i);         //输出该生序号
        }
    }
    printf("共有%d 位学生得到最高分 \n",maxStudent);
    system("pause");
    return 0;
}
```

分析 （1）定义长度为10的整数数组。

（2）循环输入10名学生的成绩并依次存储在数组中,同时通过比较找到最高分。

（3）循环比较数组中的数据,输出和最高分相同的学生序号。

思考 是否可以只使用一个循环完成该功能?

4.1.1 一维数组的定义

数组是一种构造数据类型,它将相同类型的变量组合起来,用一个名称来表示。数组使用前一定要先定义,以便编译程序能正确地分配内存空间。

一维数组定义的格式为:

> 类型说明符　数组名[整型常量表达式];

其中,类型说明符代表数组的基类型(数组中各元素的类型),整型常量表达式定义了数组中元素的个数(数组长度)。

整型常量表达式的操作数与结果都是整型常量,最简单的形式是整型常数或者整型常量。

在例 4-1 中,语句:

> int score[10];

定义一个长度为10的数组score,数组的每个元素(数组元素)都是整型变量。换句话说,一次定义了10个整型变量,它们存储在连续的存储空间中,名字分别是 score[0],score[1],…,score[9]。

图 4-1 是定义 score 数组后,编译器为 score 数组分配的内存空间的图示说明。需要注意的是:C 语言中数组的第一个元素的序号(下标)是 0,而不是 1 或其他值。

图 4-1 中假设 add 代表数组第一个元素在内存中的位置(地址),如果在 Visual Studio 2022 环境中,那么每个数组元素(整型变量)都占用 4 个字节,数组 score 共占用 40 个字节的内存空间。

在定义一维数组时应注意以下几点:

① 数组名使用标识符表示。
② 使用方括号将整型常量表达式括起来。
③ 整型常量表达式代表数组元素的个数。
④ 数组下标从 0 开始。
⑤ 整型常量表达式中不允许包含变量，下面就是错误的数据定义方式：

```
int n;
int score[n];
```

说明 在使用 Dev C++ 定义数组时，能否使用变量来指定数组长度，取决于不同编译器对 C++ 语言标准的支持程度。Visual Studio 系列都不支持数组长度是变量，所以同学们在使用 Dev C++ 编写代码、进行码图测试时，要注意这个区别。

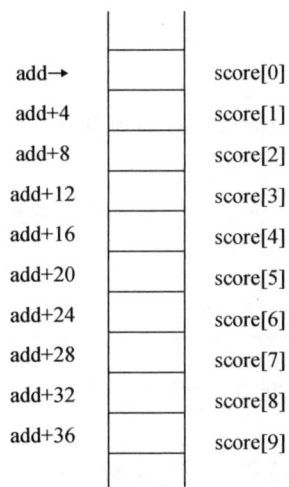

图 4-1 score 数组的内存分配

4.1.2 一维数组元素的引用

同变量一样，数组也必须先定义再使用，而且只能使用单个的数组元素，不能整体使用数组。每个数组元素都相当于一个普通变量，需要通过下标区别数组元素，数组元素也称为下标变量。一维数组下标变量的形式为：

数组名[下标]

其中，下标可以是常量、变量或表达式，但必须是整型数，其取值范围为 0 到数组长度 -1（若超出该范围，称为下标越界）。下标 0 对应数组的第一个元素，最后一个元素的下标为数组长度减 1。

如果有下面的定义：

```
int score[10];
```

则数组的下标变量分别为 score[0]，score[1]，score[2]，…，score[9]。

需要注意的是，C 语言不进行下标越界的检查（因为这样会浪费 CPU 执行程序的时

间)。如果下标是负数或下标超过数组长度,则系统仍然把它们作为正确的下标对待。例如:

```
int a,b;
int arr[10];
int c,d;
```

下标变量 arr[-1]和 arr[11]分别代表了其他的存储单元。比如在某编译器下,arry[-1]可能实际是变量 b 所在的单元。

下标越界可能导致访问不存在的存储单元,或访问不允许访问的存储单元,导致程序运行出错。程序员应该进行必要的边界检查。因此,对数组元素的访问一定要谨慎。

4.1.3 一维数组的初始化

数组元素可直接在定义时进行初始化。

(1) 对全部数组元素赋初值。将数组元素的初值依次放在一对花括号{ }内,初值之间用逗号分隔。例如:

```
int score[3] = {78,89,98};
```

定义了有 3 个元素的数组 score,同时为数组 score 的各个元素赋初值。数组 score 的各个下标变量的值如表 4-1 所示。

表 4-1 数组 score 的各个下标变量的值

下标变量(数组元素)	score[0]	score[1]	score[2]
值	78	89	98

(2) 对部分元素赋初值。当初值的个数少于数组长度数时,C 语言将会自动对后面的数组元素赋初值 0。例如:

```
int score[5] = {78,89,98};
```

定义了 5 个元素的数组 score,对数组 score 的前 3 个元素赋初值,后 2 个元素的初值为 0。数组元素的初值如表 4-2 所示。

表 4-2 数组元素的初值

下标变量(数组元素)	score[0]	score[1]	score[2]	score[3]	score[4]
值	78	89	98	0	0

如果将 score 数组的所有元素的值都初始化为 0,则可以使用: int score[10] = {0}。

(3) 当所赋初值的个数大于数组长度时,则出错。

(4) 当所赋初值的个数与数组长度相等时,则在定义时,可以忽略数组长度。如

```
int score[ ] = {78,89,98};与 int score[3] = {78,89,98};
```

作用相同,即可以通过初值的个数来确定数组长度。

4.2 二维数组

视频讲解

一维数组表示多个有序变量。二维数组表示多个有序的一维数组(每个一维数组当作

一个元素)。

C语言以一维数组作为元素可以构成二维数组,用二维数组作为元素可以构成三维数组,以三维数组作为元素可以构成四维数组,以此类推,可以构成多维数组。例4-2是一个二维数组的典型应用。

例4-2 科考队员在北极发现了一座新的冰山,想算出冰山在水面上的体积,为此需测量冰山的高度。冰山上各处的高度是不同的。可以对冰山打上格子,以海面为参照,测量出冰山上每个格子处的平均高度,即可从整体上描述冰山的地貌,从而计算出它的体积。

冰山(俯视)高度的描述如图4-2所示,图中0表示海面,数字表示高度,单位为米。假设每一格的大小为 10 m × 10 m。

	1	2	3	4	5	6	7
1	0	1	1	2	1	2	1
2	1	4	2	1	4	3	1
3	2	5	3	5	2	2	3
4	2	3	4	1	2	1	0
5	1	0	3	0	1	0	0

图4-2 冰山(俯视)高度的描述

将每行用一个一维数组表示。这样可用5个一维数组 ice1,ice2,…,ice5 表示冰山的高度,每个一维数组均有7个元素,因此可定义为 int ice1[7],int ice2[7]等,一维数组的每个元素都是同样大小的一维数组,可以用二维数组 int ice[5][7]表示。

4.2.1 二维数组的定义

二维数组定义的格式为:

类型说明符　数组名[整型常量表达式1][整型常量表达式2];

例4-2中用于描述冰山高度的数组可以定义为

int ice[5][7];

定义了一个名为 ice 的二维数组,它含有5个一维数组,每个一维数组含有7个元素;二维数组 ice 共有35个元素,这些元素都是整型变量。

一维数组的下标只有一个,而二维数组有两个下标。二维数组定义中的常量表达式1规定了一维数组的个数,常量表达式2规定了每个一维数组中元素的个数。在使用二维数组元素时,二维数组的第一个下标规定了一维数组的序号,第二个下标规定了一维数组中元素的序号。

为了便于理解,可将二维数组视为行列式或矩阵,第一个下标为行号,第二个下标为列号,例如二维数组 ice[5][7]代表一个5行7列的矩阵。

在计算机中,C语言程序的二维数组的元素是按行存储的(某些程序语言的二维数组的元素是按列存储的,如 FORTRAN 语言):先存储二维数组第一行的元素,再存储二维数组第二行的元素,以此类推。

例如,二维数组 ice[5][7],就是先存储 ice[0]的7个元素,再存储 ice[1]的7个元素,以此类推,如图 4-3 所示。

系统为二维数组分配连续存储区,数组名可以作为存储区首地址的符号地址。详细内容请见第 5 章。

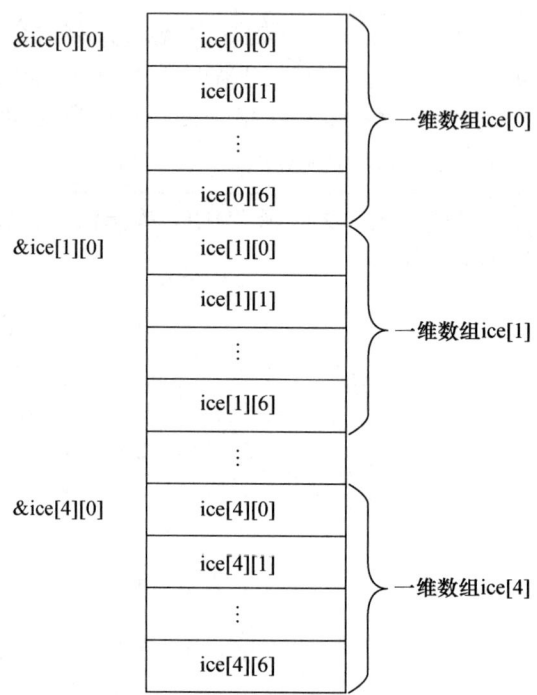

图 4-3　二维数组元素的存放顺序

4.2.2　二维数组元素的引用

二维数组元素以二维下标变量的形式表达。二维数组下标变量的形式为:

> 数组名[下标1][下标2]

其中,下标1和下标2可以是常量、变量或表达式,但必须是整型数。下标1的取值范围为0到常量表达式1的值减1,下标2的取值范围为0到常量表达式2的值减1。

比如,在例 4-2 中,冰山第三行第四列的高度为5,则 ice[2][3]=5。

与一维数组类似,引用二维数组元素时也要避免数组下标越界。

4.2.3　二维数组的初始化

由于二维数组是按行存储的,因此二维数组的初始化也是按行进行的。

(1)对二维数组的全部元素赋初始值。对于例 4-2,可以在定义二维数组 ice 时初始化所有元素。

```
int ice[5][7] = {{0,1,1,2,1,2,1},
                 {1,4,2,1,4,3,1},
                 {2,5,3,5,2,2,3},
                 {2,3,4,1,2,1,0},
                 {1,0,3,0,1,0,0}};
```

初始化是按5个一维数组的顺序进行的。最先对 ice[0] 的 7 个元素按序号赋初值,然后对 ice[1] 的 7 个元素依次赋初值,以此类推。

赋过初值的二维数组 ice 中的元素如图 4-4 所示。

	[0]	[1]	[2]	[3]	[4]	[5]	[6]
ice[0]	0	1	1	2	1	2	1
ice[1]	1	4	2	1	4	3	1
ice[2]	2	5	3	5	2	2	3
ice[3]	2	3	4	1	2	1	0
ice[4]	1	0	3	0	1	0	0

图 4-4　赋过初值的二维数组 ice 中的元素

另外,也可以对 ice 按行连续赋初值:

```
int ice[5][7] = {0,1,1,2,1,2,1,
                 1,4,2,1,4,3,1,
                 2,5,3,5,2,2,3,
                 2,3,4,1,2,1,0,
                 1,0,3,0,1,0,0};
```

(2) 对二维数组的部分元素赋初值。如果对二维数组的部分元素赋初值,则剩余元素的值将被初始化为 0。例如:

```
int a[3][3] = {{1},{2,3}};
```

初始化后各元素的值依次为 1,0,0,2,3,0,0,0,0。

又如:

```
int a[3][3] = {1,2,3};
```

初始化后各元素的值依次为 1,2,3,0,0,0,0,0,0。

(3) 在对数组的全部元素赋初值时,可以省略第一维的长度,但不能省略第二维的长度。例如:

```
int a[2][2] = {1,2,3,4};
```

可以为:

```
int a[ ][2] = {1,2,3,4};
```

在对例 4-2 中的冰山体积进行计算时,可以累加冰山各格的高度,再乘以每格的面积即可得到冰山的体积。定义整型变量 totalHeight,用两重计数型循环来累加总高度。参考程序为:

```
1.  //4-2.cpp
2.  #define _CRT_SECURE_NO_WARNINGS
3.  #include<stdio.h>          //预编译命令
4.  #define ROW 5
5.  #define COL 7
6.     int main()               //主函数
7.     {
8.        int i,j;              //定义行号,列号
```

```
9.      int ice[ROW][COL] = {{0,1,1,2,1,2,1},        //定义二维数组,赋入冰山高度
10.                          {1,4,2,1,4,3,1},
11.                          {2,5,3,5,2,2,3},
12.                          {2,3,4,1,2,1,0},
13.                          {1,0,3,0,1,0,0}};
14.     int totalHeight = 0;                 //用于累加高度,初始化为 0
15.     for (i = 0;i < ROW;i ++)
16.         for (j = 0;j < COL;j ++)         //用两重循环累加高度
17.             totalHeight + = ice[i][j];
18.     printf("冰山的体积为:%d 立方米\n",totalHeight *100);
19.     return 0;
20. }
```

4.3 字符数组

程序设计中经常需要对字符串进行处理,C 语言没有提供专门的字符串类型,需要使用字符数组表示字符串。字符数组是以字符作为元素的数组,可用于存储和处理字符型数据。字符数组中的一个元素代表一个字符变量。

4.3.1 字符数组的定义和初始化

定义并初始化字符数组有以下两种方法。

(1) 用字符为字符数组赋初值。例如:

```
char word1[4] = {'t','r','e','e'};
```

定义了一个长度为 4 的字符数组 word1,其下标变量对应的值如图 4-5 所示。

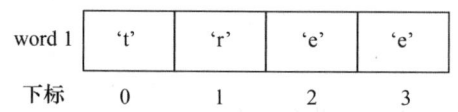

图 4-5 字符数组 word1 数组下标变量对应的值

(2) 用字符串常量为字符数组赋初值。例如:

```
char word2[5] = "tree";//word2[] = "tree";自动计算字符数组的长度为 5
```

定义了一个长度为 5 的字符数组 word2,其下标变量对应的值如图 4-6 所示。

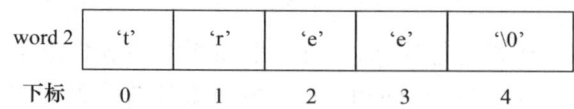

图 4-6 字符数组 word2 数组下标变量对应的值

> **注意** word1 和 word2 都是字符数组,但由于赋初值的方式不同,因此数组的大小是不同的。这是由于 C 语言会自动在字符串常量的结尾添加一个终止符 '\0',因此,word2 中的有效字符数(字符串长度)为 4,而数组长度为 5。

在用字符串初始化字符数组时,如果在定义时字符数组的长度比字符串长度大,则自动为多余的元素赋初值 '\0'。例如:

```
char word3[10] = "tree";
```

对应的字符数组 word3 下标变量对应的值如图 4-7 所示。

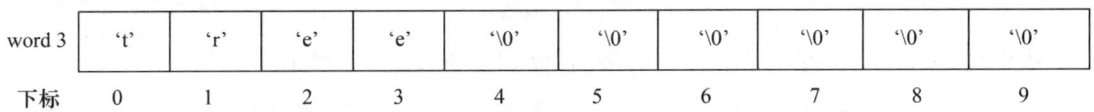

图 4-7　字符数组 word3 数组下标变量对应的值

如果初始化时,字符数组的长度小于或等于字符个数,则会产生错误。为了避免这种错误的发生,可以使用:

```
char word4[] = "tree";
```

省略数组的长度,系统会根据初始化字符串的长度自动补上数组的长度。例如,字符数组 word4 的长度为 5。

在使用字符数组时,也必须避免下标越界。下面的程序可以通过编译,但可能在运行中产生错误。

```
#include <stdio.h>
int main(){
    char word[] = "tree";
    word[0] = 'f';
    word[2000] = 'a';            //下标越界
    …
    return 0;
}
```

4.3.2　字符数组的输入/输出

字符数组的输入输出有以下两种方式。

一种是像其他类型数组一样,依次使用%c 格式进行数组元素的输入或输出,但使用起来很不方便。

另一种通常是将整个字符数组作为一个整体来进行的,但要保证字符数组存储的数据有字符串结束符 '\0'。为此,输入输出操作要使用 scanf 函数和 printf 函数的%s 格式。此外,C 语言还提供了 gets 和 puts 两个函数,可以更方便地进行字符串的输入和输出。

1. 输入字符串函数 scanf/scanf_s 和 gets/get_s

使用 scanf/scanf_s 函数输入字符串,需要在格式字符串中使用%s,例如:

```
scanf("%s",word);   //scanf_s("%s",word,n);
```

用于从键盘输入一个字符串,输入的字符串长度不能超过 $n-1$,存储到 word 数组中,该字符串从第一个非空白的字符开始,到第一个空白字符(如空格、制表符或换行符)且长度小于 n 为止。系统自动为 word 加上 '\0' 结束标志。

也可以一次输入多个字符串,例如:

```
scanf("%s%s",word,word1);   //scanf_s("%s%s",word,n,word1,m);
```

用于从键盘输入两个长度分别小于 n 和 m 的字符串,分别存储到 word 和 word1 数组中,这两个字符串之间需要使用空白字符分隔。

另外,也可以用 gets/get_s 函数来输入一个字符串,其一般形式为:

```
gets(字符数组名);   //gets_s(字符数组名,n);
```

从终端输入一个长度小于 n 的字符串,存储到字符数组中,例如:

```
gets(word);   /* gets_s(word,10);不带 s 的 gets 函数本身不计算读入的字符串长度,可能会出现越界错误 */
```

表示用于从键盘输入一个长度小于 10 的字符串,存储到 word 数组中,该字符串由换行符以前的所有字符组成,系统也自动加上 '\0' 结束标志。

2. 输出字符串函数 printf 和 puts

使用 printf 函数输出字符串,需要使用%s 格式,例如:

```
printf("%s",word);
```

将字符数组 word 以字符串的形式输出。输出时,如果遇到结束标记 '\0',就停止输出。

也可以一次输出多个字符串,例如:

```
char word[ ] = "abc", word1[ ] = "def";
printf("%s%s",word,word1);
```

输出结果为:

```
abcdef
```

也可以使用 puts 函数来输出一个字符串,其格式为:

```
puts(字符数组名)
```

其作用是将一个字符串输出到终端,并在输出时将字符串结束标记 '\0' 转换成 '\n',即输出完字符串后换行,例如:

```
char word[ ] = "abc", word1[ ] = "def";
puts(word); puts(word1);
```

输出结果为:

```
abc
def
```

注意 在使用 printf 函数时,需要注意以下几点:

① 在输出字符数组的值时,字符数组必须以 '\0' 结束,否则可能会显示很多其他字符。这是因为 C 语言在用 printf 的%s 格式输出字符数组的值时,系统会从字符数组的第一个元素开始依次输出字符,直到遇到终止字符 '\0',才会结束输出。

② 对于没有使用 '\0' 结束的字符数组,必须像其他类型的一维数组一样,使用循环依次输出字符数组中的各个元素。

例 4-3 请按以下规则将英语规则名词由单数变成复数:

(1) 以字母 y 结尾,且 y 前面是一个辅音字母,则将 y 改成 i,再加 es;

(2) 以字母 s、x、ch、sh 结尾,则加 es;

(3) 以字母 o 结尾,则加 es;

(4) 其他情况直接加 s。

要求用键盘输入英语名词,在屏幕上输出该名词的复数形式。

使用字符数组 word[100]存放单词,用整型变量 len 表示原单词的长度。

分析 (1) 以字母 y 结尾,且 y 前面是一个辅音字母,即

```
len >1&&word[len-2]!='a'&& word[len-2]!='e'&&word[len-2]!='i'&&
word[len-2]!='o'&&word[len-2]!='u'&&word[len-1]=='y'
```

则将 y 改成 i,再加 es,即

```
word[len-1] = 'i',word[len] = 'e',word[len+1] = 's',word[len+2] = '\0';
```

(2) 以字母 s、x、ch、sh 结尾,即

```
len >1&&((word[len-1] == 's')||(word[len-1] == 'x')||(word[len-1] == 'h'&&
(word[len-2] =='c'||word[len-2] == 's')))
```

则加 es,即

```
word[len] = 'e',word[len+1] = 's',word[len+2] = '\0';
```

(3) 以字母 o 结尾,即

```
word[len-1] == 'o'
```

则加 es,即

```
word[len] = 'e',word[len+1] = 's',word[len+2] = '\0';
```

(4) 其他情况直接加 s,即

```
word[len] = 's',word[len+1] = '\0'
```

参考程序为:

```cpp
//4-3.cpp
#define _CRT_SECURE_NO_WARNINGS
#include <stdio.h>
#include <string.h>          //用于处理字符串
#include <stdlib.h>
int main(){
    const int MAXLEN =100;
    char word[MAXLEN];       //用于存放单词
    int len;                 //单词长度
    printf("请输入一个单词: ");
    scanf("%s",word);        //读入单词
    len = strlen(word);      //求单词的长度
    if (len >1&&word[len-2]!='a'&&word[len-2]!='e'&&word[len-2]!='i'
        &&word[len-2]!='o'&&word[len-2]!='u'&&word[len-1]=='y')
    {            //如果以字母 y 结尾
        word[len-1] = 'i';
        word[len] = 'e';
```

```
        word[len +1] = 's';
        word[len +2] = '\0';
    }
    else if (len >1&&((word[len -1] == 's') ||(word[len -1] == 'x') ||(word[len -1] ==
'h'&&(word[len -2] =='c' ||word[len -2] == 's'))))
    {               //如果以字母 s,x,ch,sh 结尾
        word[len] = 'e';
        word[len +1] = 's';
        word[len +2] = '\0';
    }
    else if (word[len -1] =='o')
    {               //如果以字母 o 结尾
        word[len] = 'e';
        word[len +1] = 's';
        word[len +2] = '\0';
    }
    else
    {
        word[len] = 's';
        word[len +1] = '\0';
    }
    printf("单词的复数形式为:%s\n",word);
    system("pause");
    return 0;
}
```

程序的运行情况如图 4-8 所示。

图 4-8 求单词复数

视频讲解

4.4 结构及结构变量

期中考试结束后,班主任想查看每名同学的英语、语文、数学三门课程的成绩,找出不及格同学进行学习辅导。我们可以用数组变量 float english[STUNUM],chinese[STUNUM], math[STUNUM]分别定义这三门课程的成绩;但更好的办法是使用结构形式,包括每名学生的学号,姓名,英语、语文、数学三门课程的成绩,例如:

```
struct student
{
    unsigned long id;       //学号:长整型
    char name[21];          //姓名:最多 20 个字符
    float english;          //英语成绩
    float chinese;          //语文成绩
    float math;             //数学成绩
};
```

结构是多种数据的组合,结构中的数据可能为不同类型的变量(这与数组不同)。为了处理方便将这些变量组织在一个名字之下,而不是各自独立的实体。因此,结构有助于组织复杂的数据,特别是在大型的程序中。

4.4.1 结构及结构变量的定义

对于学生信息,我们定义一个名为 student 的结构类型,将这 5 项信息包容在一起构成学生的整体信息:

```
struct student{
    unsigned long id;        //学号:长整型
    char name[21];           //姓名:最多20个字符
    float english;           //英语成绩
    float chinese;           //语文成绩
    float math;              //数学成绩
};
```

其中,struct 是结构类型的标志,它是 C 语言的关键字(不能省略)。student 是结构名,由标识符表达。花括号{ }所包括起来的部分是结构类型中成员的定义,成员可以是任何数据类型的变量。struct student 为该结构的类型名(结构名 student 不能够直接作为结构类型名)。

结构类型定义的一般格式为:

```
struct 结构名
{
    类型名   成员名1;
    类型名   成员名2;
    ……
    类型名   成员名n;
};
```

注意　(1) 结构名和各成员名都应是 C 语言合法的标识符,结构名不得与其他变量的名字相同,但成员名可以与变量名相同。例如,在程序中也可以定义一个名为 name 的变量,它与 student 结构中的 name 成员互不干扰。

(2) 结构类型定义之后一定要在右花括号}后面跟一个分号。

(3) 结构名不是结构类型名。

(4) 结构类型名相同的多个成员可以一起定义。

在定义结构类型后,就可以用该结构类型定义结构变量,通常可以采用以下三种方法。

第一种方法。

```
struct student stu1,stu2;
```

定义了该结构类型的 2 个变量:stu1 和 stu2,它们在内存中的情况如图 4-9 所示(假设 char 类型数据占用 1 个字节,unsigned long 类型数据占用 4 个字节,float 类型数据占用 4 个字节;内存 1 个字节作为 1 个存储单元)。

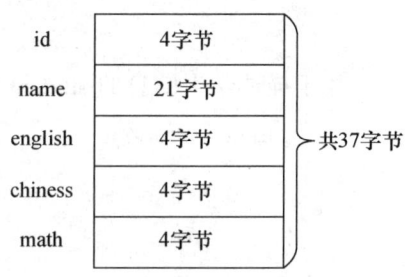

图 4-9　student 类型中的变量占用的内存空间

> **注意** 如果内存2个字节作为1个存储单元,虽然char类型数据只需要1个字节,但也需要占用2个字节(因为1个数据需要占用至少1个存储单元)。比如,struct student在Visual Studio 2022环境下,因4个字节为1个存储单元,因此实际占用40个字节空间。

第二种方法。

也可以在定义结构类型的同时定义变量,一般形式为:

```
struct 结构类型名
{
    类型名    成员名1;
    类型名    成员名2;
    ……
    类型名    成员名n;
}变量列表;
```

它的作用与第一种方法相同。

第三种方法。

另外,也可以不定义结构名,直接定义结构变量,一般形式为:

```
struct
{
    类型名    成员名1;
    类型名    成员名2;
    ……
    类型名    成员名n;
}变量列表;
```

用这种方法定义的结构变量称为匿名结构变量。但在实际的程序设计中,却很少使用。

结构类型的成员可以是任意数据类型,也可以是一个结构类型。例如,在前面定义的student结构类型中增加生日属性,可以将生日信息用结构类型来描述。

生日包括年、月、日三个信息,它们都是整数。因此,可以定义一个date结构类型,用于描述日期:

```
struct date
{
    int  year;       //年
    int  month;      //月
    int  day;        //日
};
```

用于描述学生信息的student结构类型,可修改为:

```
struct student
{
    unsigned long id;         //学号:长整型
    char name[21];            //姓名:最多20个字符
    struct date birthday;     //生日
    float english;            //英语成绩
    float chinese;            //语文成绩
    float math;               //数学成绩
};
```

> **注意** date 结构类型一定要在 student 结构类型之前定义。

4.4.2 结构成员的访问

结构变量中各成员的引用方式为：

> 结构变量名.成员名

例如，stu1.name 表示结构变量 stu1 的 name 成员。"."是成员(选择)运算符(可以将"."读成"的")。

如果结构类型的成员也是结构类型，则需使用成员(选择)运算符逐级地找到最低级的成员变量。例如：

> stu1.birthday.year

就代表 stu1 结构变量的 birthday 成员的 year 成员。

可以直接将一个结构变量的值赋予与之同类型的另一个结构变量。例如：

> stu1 = stu2;

输入、输出结构变量都需要对结构成员进行访问，不能对结构变量进行整体访问。

比如，输入 stu1 的个人信息并输出的程序代码如下：

```
scanf("%s%d%f%f%f", stu1.name, & stu1.id, & stu1.chinese, & stu1.english, & stu1.math);
printf("% s % d %.2f %.2f %.2f \n", stu1.name, stu1.id, stu1.chinese, stu1.english, stu1.math );
```

> **注意** stu1.name 是字符数组，数组名字就是数组的首地址，所以当 scanf 输入字符串的时候，stu1.name 前面不能够有 &，否则就是地址的地址，会出现运行错误。

struct student 是数据类型，说明了类型成员的组成情况，系统不会为 student 分配内存空间(就像系统不会为 int 和 float 等类型本身分配内存空间一样)，系统只会为结构变量(如 stu 1)分配空间。

4.4.3 结构变量的初始化

结构变量可以在定义时进行初始化。结构的初始化可以在定义变量的后面使用初值表进行。例如：

```
struct point{
    int x;
    int y;
}pt = {32,20};
```

其中，struct point 是结构类型名，表示平面的一个点的信息，pt 是 struct point 结构类型的变量，花括号中的两个初始值按顺序分别对应结构变量中的两个成员，初始化后，pt.x 的初值为 32，pt.y 的初值为 20。

定义和初始化同时完成了以下 3 项任务：

① 定义了名为 struct point 的结构类型；

② 定义了名为 pt 的 struct point 结构变量；

③ 对结构变量 pt 的 2 个成员赋初值。

上面变量的定义也可以分 2 步进行,即先定义结构类型,再定义该类型的变量并初始化。

```
struct point{
    int x;
    int y;
};
struct point pt = {32,20};
```

也可以分 3 步完成该功能:

```
struct point{
    int x;
    int y;
};
struct point pt;
pt.x = 32;
pt.y = 20;
```

注意 初始化是对结构变量的成员进行的;不能够在定义结构类型时直接对结构成员进行初始化,如

```
struct point
{
    int x =32;      //错误
    int y =20;      //错误
};
```

4.5 结构数组

如果数组的数组元素类型是结构类型,称为结构数组。结构数组与其他类型的数组一样,只是它的元素是结构变量,可以描述多个复杂数据的组合。

假设班上存储的学生共有 40 个,则语句

```
struct student stu[40];
```

定义了 40 个元素的结构数组,它的每个元素都是 struct student 结构类型的变量。

引用结构数组的方式就是引用数组元素和引用结构成员两种方式的结合。例如:

```
printf("%s ",stu[1].name);
```

用于输出 stu 数组的第 2 个数组元素(下标为 1)的 name 成员。

注意 stu[1].name 和 stu.name 的意义是不同的。stu.name 是错误的,因为 stu(数组名)不能表示数组中一个具体的数组元素,所以也不能访问其数据成员 name。

4.6 课堂练习题

1. 求 100 以内的所有素数。

2. 新生军训第一天,教官要求小组中的 7 个人按照身高顺序(假设身高单位是厘米,身高是整数)迅速排好队。请编写一个程序将新生按照身高由矮到高的顺序排队。

第 1 题视频

第 2 题视频(1)

第 2 题视频(2)

3. 教官想在小组 7 个人中寻找身高为 185 厘米的新生。请根据下面两种情况,编程协助教官完成该功能:

(1) 小组没有按序排队;

(2) 小组 7 个人已经按照身高由矮到高的顺序排好队。

视频讲解

4. Kate 编写了一个程序存储她的英文藏书(有 20 本书)信息。该程序可以根据书名查找该书的详细信息(如书名、作者、出版社、出版日期),还能够实现模糊查找,即只输入部分书名,就能够找到所有含有这些字符串的书名。

5. 在战争期间,地下工作者 A 与其上级 B 之间常通过电报联系。为了保密,A 发给 B 的电文需首先翻译成英文(明文),再将英文按一定规律加密,然后将加密后的电文(密文)通过电报局发给 B;B 接到电文后,需先解密,再翻译,才能读出 A 发给 B 的信息。

假设 A 和 B 之间约定的英文加密规律如下:

为所有的字母规定一个顺序,a,b,c,d,…,z,A,B,C,…,Z,依次编号为 1,2,3,…,52;A 要发出的英文加密方式为:将任何一个字母转换成序号为这个字母 3 倍的字母,如果序号的 3 倍超过了 52,则进行取余运算,使值在 52 之内,对应相应的字母。例如:字母 a 的序号为 1,转换为 c;字母 b 的序号为 2,转换为 f;字母 A 的序号为 27,转换为序号为 27*3%52=29 的字母,即字母 C;以此类推,字母 Z 依然转换为字母 Z。

试编程将从键盘中输入的明文转化为相应的密文。

6. N 盏灯排成一排,从 1 到 N 依次编号。有 N 个人也从 1 到 N 依次编号。第 1 个人(1 号)将灯全部打开,第 2 个人(2 号)将凡是 2 和 2 的倍数的灯关闭,第 3 个人(3 号)将凡是 3 和 3 的倍数的灯做相反处理(将打开的灯关闭,关闭的灯打开),以后的人都和 3 号一样,将凡是与自己编号相同的灯和是自己编号倍数的灯做相反处理。请问,当第 N 个人操作之后,哪几盏灯是点亮的?试编程求解这个问题,N 由键盘输入。

7. 所谓幻方,就是一个 n 行 n 列的正方形。当 n 为奇数时,称为奇数阶幻方。共有 n^2 个格子,将 1,2,3,…,n^2 这些数字放到这些格子里,使其每行的和、每列的和及两条对角线的和都是一个相同的数。

(1) 试编写一个程序,由键盘输入一个奇数 n,输出一个 n 阶幻方。

(2) 改编成游戏,玩家填写 n 阶幻方,完成后程序自动判断玩家填写的幻方是否正确。如果正确,则询问玩家是否挑战下一阶,$n+=2$,继续游戏;否则,退出游戏。

提示　　许多数学家都在研究这个古老而有趣的问题,试图找出一般的解法,但仅仅解决了当 n 是奇数和 n 是 4 的倍数的情况。现在介绍当 n 是奇数时的解法。

(1) 将 1 放在第一行中间的格子里。

(2) 依次将后一个数放到前一个数的右上格,例如,将 2 放到 1 的右上格,将 3 放到 2 的右上格等。

可能出现下面的情况:

① 若右上格从上面超出,则将后一个数放到与右上格同列的最后一行。

② 若右上格从右面超出,则将后一个数放到与右上格同行的第一列。

③ 若右上格既从右面超出又从上面超出,则将后一个数放到前一个数的下面。

④ 若右上格已被数字填充,则将后一个数放到前一个数的下面。

这只是其中一个答案,而不是唯一答案。例如,下面就是一个 5 阶幻方。

17	24	1	8	15
23	5	7	14	16
4	6	13	20	22
10	12	19	21	3
11	18	25	2	9

8. 编写一个程序,对一个长度为 6 的 person 结构数组 allone 中的元素进行"冒泡法"排序,工资高的排在后面。person 结构定义如下:

```
#include <stdio.h>
struct person
{
    char name[20];
    unsigned long id;
    float salary;
};
struct person allone[6] = {{"jone",12345,3390.0},
                           {"david",13916,4490.5},
                           {"marit",27519,3110.0},
                           {"jasen",42876,6230.5},
                           {"peter",23987,4000.2},
                           {"yoke",12335,5110.0}};
```

9. 有一对兔子,从出生后第 3 个月起每个月都生一对兔子。小兔子长到第 3 个月后每个月又生一对兔子。假设所有的兔子都不死,问第 n 个月时有几对兔子($n \leq 15$)。即求第 n 个 Fibonacci 数。(用循环,非递归方法)

例如:输入 1,输出 1;
　　　输入 2,输出 1;
　　　输入 3,输出 2;
　　　输入 4,输出 3。

10. 编写一个程序,将模拟的数字时钟显示在屏幕上。时钟结构体类型定义如下:

```
struct clock
{
    int hour;
    int minute;
    int second;
};
typedef struct clock CLOCK;
```

11. 从键盘输入学生的学号,分析其年级、学院、专业、班级、编号。学号格式如下:
2025060204030,其中,2025 表示年级,06 表示学院,02 表示专业,04 表示班级,030 表示班级里面的编号。

4.7 上机实验

题目:学生管理系统

题目详情:

某学校要开发一个学生管理系统,其中,学生的信息有姓名(汉语拼音,最多20个字符)、性别(男/女,用 1 表示男,2 表示女)、生日[20060101(年月日)]、身高(以 m 为单位),还需要处理 C 语言、微积分两门课的成绩。

请编写程序实现以下功能:

输入学生的人数和每个学生的信息;输出每门课程的总平均成绩、最高分和最低分;获得最高分学生的信息。

需要注意的是:某门课程得最高分的学生可能不止一人。

输入输出格式要求:

身高在输出时保留 2 位小数,请按照例子进行输出,不要输出其他字符。

例如:

```
输入:3 zhangsan 1 19910101 1.85 85 90 lisi 1 19920202 1.56 89 88 wangwu 2 19910303 1.6 89 90 ↵
输出:
C_average:87 ↵
C_max:89 ↵
lisi 1 19920202 1.56 89 88 ↵
wangwu 2 19910303 1.60 89 90 ↵
C_min:85 ↵
Calculus_average:89 ↵
Calculus_max:90 ↵
zhangsan 1 19910101 1.85 85 90 ↵
wangwu 2 19910303 1.60 89 90 ↵
Calculus_min:88 ↵
```

实验均可在在线 OJ 网站码图多次提交,得到实时分数。码图题号是 110,题目:4.7 学生管理系统 。

4.8 小　　结

1. 数组是若干个数据的组合,用于描述同一种类型的数据的集合,属于构造类型的数据结构。
2. 数组的所有元素按顺序存放在一个连续的存储空间中,数组名就是这个存储空间的首地址(第一个元素的存放地址)。
3. 下标访问是常见的数组访问方法。
4. 在定义数组时,需要确定数组元素个数(数组长度)。因此,在定义时必须用整型常量表达式来定义数组长度,而且不允许修改数组大小。
5. 在 C 语言中,数组的下标是从 0 开始,最后一个下标是数组的长度减 1。在使用时,数组下标不应该超过这个范围,否则会出现数组越界问题。
6. 数组的元素可以是任何已定义的类型。如果数组的元素也是数组,则构成二维数组;如果数组的元素是二维数组,则构成三维数组;以此类推,可以构成多维数组。
7. 数组元素是字符(char)型的数组,称为字符数组,字符数组可用于存储字符串。字符数组只有在定义时才允许整体赋值,其赋值和比较操作都应该使用 C 语言的库函数。
8. C 语言中的字符串以'\0'为结束标记,而没有最大长度的制约。存储字符串的字符数组的长度必须大于字符串的长度。在使用字符串时,一定要考虑有效空间、'\0'、界限这三方面的关系。
9. 结构是若干数据元素的集合,这些数据元素可以是同一数据类型,也可以是不同的数据类型。结构一般用于描述有内在逻辑关系的多个数据的组合。结构也是一种构造类型。
10. 结构在使用时,一般是先定义结构类型,再用这个类型来定义和初始化结构变量。
11. 结构变量的每个成员都有自己独立的存储空间,所有成员都是连续存放的。
12. 可以将某结构变量直接赋予另一个同种类型的结构变量,在对结构变量进行输入输出时,必须通过对结构变量的各成员的访问来进行操作。此外,可以使用成员选择运算符来访问结构的某个成员。
13. 元素类型为结构的数组称为结构数组。在实际的程序设计中,一般使用结构数组来描述顺序存储的包含多种信息的序列,如多个学生的信息等。

4.9 课后作业

1.【码图编号93】输出 N 以内的所有素数。

题目描述:找出 $1 \sim N$ 中的所有素数,其中 $1 < N$,N 为整数。

要求:

(1) 每个数后面都要输出逗号,不要输出其他字符。

(2) 当遇到异常情况时,输出 error。

例如：
输入1：5
输出1：2,3,5,
输入2：a
输出2：error

2. 【码图编号143】统计字符串中字符 a 和 d 的个数。

题目描述：输入一个字符串，分别输出该字符串中的字母 a 和 d 的个数。

例如：
输入1：thedaythemonththeyear123 ↵
输出1：a:2,d:1
输入2：a
输出2：a:1,d:0

3. 【码图编号189】折半查找。

题目描述：输入 $n(n<100)$ 个有序正数，请用折半查找算法查找 x 在其中的位置。

例如：
输入：
5
1,2,3,4,5
2
输出：2

在测试集合中，x 一定在正数数组中，即程序不用处理错误逻辑。

4.10 知识补充与扩展

本节介绍了字符串处理技术、复合数据结构类型、文件操作的实现，以及如何使用华为 CodeArts IDE 和 Visual Studio 中的条件断点调试功能，详细内容请参考本节对应的二维码。

知识拓展

4.10.1 字符串

在字符串处理模块，系统阐述安全输入函数(scanf_s、gets_s)及核心操作函数：strlen(获取有效字符长度)、strcpy_s(字符串安全复制)、strcat_s(字符串安全拼接)、strcmp_s(字符串安全比较)。特别强调输入函数特性差异：scanf_s 自动过滤空白符，而 gets_s 保留完整输入内容(含空格字符)；针对字符串的复制与拼接操作禁止使用赋值运算符，必须通过安全函数实现内存安全操作。

4.10.2 复合数据类型——位域、结构嵌套、联合体、枚举及类型别名

复合数据类型涵盖以下核心类型如下：

(1) 位域(Bit-field)：通过结构体成员按位分配机制，有效优化存储空间，常用于状态寄存器编码，需遵循位域分配不跨字节边界原则及无名位域填充规则。

(2) 结构嵌套(Nested Structure)：允许在结构体定义中嵌入次级结构体，采用分层访问机制实现成员操作。

(3) 联合体(Union)：通过共享内存存储区域实现多类型数据复用，其存储空间由

最大成员数据类型决定,访问时需严格保证类型一致性,常与结构体嵌套构建灵活的数据存储体系。

(4)枚举(Enumeration):用于声明有序整型常量序列,默认采用从0开始的隐式编号规则,并支持显式赋值以进行常量映射,显著增强代码可读性与类型安全性。

(5)类型别名(typedef):为现有数据类型定义新的数据类型名,简化复杂类型的使用。

4.10.3 使用华为CodeArts和Visual Studio的条件断点调试功能

在掌握基础断点与单步调试技术后,我们已能通过命中断点"暂停"程序状态来观察代码执行细节。但面对长循环、高频执行的核心逻辑或偶发性错误时,简单断点会导致程序频繁中断,开发人员需在断点命中时手动筛选有效信息,极大降低了问题排查效率。

以基本调试技术的案例为例:计算1到5的累加和程序,可通过设置断点配合单步运行跟踪整个循环过程。但若将案例改为计算1到1000的累加和程序,再采用单步运行的调试方式,效率将显著降低。

```
#include <stdio.h>

int main() {
    int sum = 0;
    for (int i = 0; i < 1000; i++) {
        sum += i;
    }
    printf("1到1000的和为:%d\n", sum);
    return 0;
}
```

条件断点技术恰恰是为解决这类问题而出现的,它允许开发人员为断点附加逻辑条件,程序仅在满足条件时暂停执行,避免在循环或高频事件中频繁中断,从而赋予开发人员精准拦截的能力,将原本依靠断点的"广撒网"转化为"精确制导"。

在本案例中,我们只需要关注边界附近的情况,但是如果逐行单步运行999次来查看变量i的值为999时程序的状态过于烦琐,此时则应使用条件断点。

条件断点通过精准拦截目标状态,将调试从"逐行排查"升级为"按需捕获",极大地提升了复杂场景下的问题定位效率。其核心价值在于让开发人员主动定义中断逻辑,而非被动接受程序暂停点。希望读者能在不断实践中理解其在高频循环、递归或并发调试中的不可替代性。

第 5 章 指针

基础理论

视频讲解

知道电子科技大学清水河校区在哪儿的人,通过学校名字就可以找到学校,但更多的人是通过地址——四川省成都市高新西区西源大道 2006 号找到电子科技大学的。同一个地方,既可以通过名字也可以通过地址访问。C 语言中对变量的访问也是如此。我们可以通过变量名字找到所在的存储空间,读写数据。比如,定义变量 char uni[ ] = "uestc",则在内存当中分配一块空间,给这块空间取名叫 uni,里面放的数据值是"uestc"。打印语句 printf("%s\n",uni);将 uni 里面的数据"uestc"输出到标准输出设备上显示。

此外,我们还可以通过存储这块存储空间的地址直接找到这个存储空间读写数据,访问的速度很快。在 C 语言中,存储空间的地址称为指针,存储地址的变量称为指针变量。

char uni[ ] = "uestc";char *p = uni;语句完成下面功能:在内存当中分配 6 个字节的空间,这块空间里面放的数据值是"uestc"。这块空间的地址存放在 p 指针当中。printf("%s\n",p);则将 p 指针所指空间里面的数据"uestc"输出到标准输出设备上显示。

指针是 C 语言的一大亮点。指针提供了强大灵活的处理数据的方式。指针的优点包含两个方面:其一,指针可以更好地完成某些特定的编程工作,如果不使用指针,有些功能将很难实现;其二,指针可以使编写的程序简便,更能提高程序的执行效率。

5.1 指针的概念和定义

视频讲解

5.1.1 指针的概念

指针就是地址,如前所述:

```
char uni[] = "uestc";
char *p = uni;
printf("%s\n",p);
```

uni 是字符数组名称,也是数组的首地址。p 是字符指针变量,存放的是 uni 数组的首地址。指针变量是一种特殊的变量,它存放的不是数据,而是另一个变量的地址。存放地址的变量通常被称为指针变量,它指向目标变量。通过指针变量中存储的地址可以直接访问它指向的目标变量。

常将指针变量简称为指针,指针变量也具有变量的要素:

① 指针变量的命名,与一般变量命名相同(遵循 C 语言的标识符规则)。
② 指针变量的类型,是指针变量所指向的目标变量的类型。
③ 32 位微机系统,不同类型的指针变量在内存中都占 4 个字节,而目标变量自身占用的内存大小是不同的。

若 v 是某种数据类型的变量,p 为指向变量 v 的指针,则 p 和 v 的逻辑关系如图 5-1 所示。

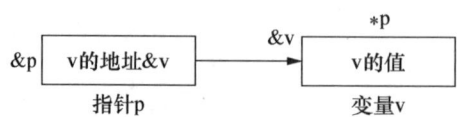

图 5-1　指针 p 及其目标变量 v 的关系

5.1.2　指针的定义

指针变量也必须先定义后使用,指针变量定义的一般形式是:

```
类型说明符 * 指针变量名；
```

其中,类型说明符代表了指针变量所指向的目标变量的数据类型,可以是 C 语言中允许的基本类型或结构类型。*表示定义的是指针变量而不是一般变量,例如:

```
int * ptr;
char * name;
float * pf;
```

定义 ptr 是一个指向整型数据的指针变量,用于存放整型变量的地址;定义 name 是一个指向字符型数据的指针变量,用于存放字符型变量的地址;定义 pf 是一个指向浮点型数据的指针变量,用于存放浮点型变量的地址。

指针变量可以单独定义,也可以与其他一般变量一起定义,例如:

```
int * a, * b, * c;//a,b,c 都是整型指针变量
float * pf,num1,num2;      //pf 是浮点型指针变量,num1 和 num2 是浮点型变量
char ch, * p, * q;//ch 是字符型变量,p,q 都是字符型指针变量
```

5.1.3　指针的赋值

指针变量定义,说明了指针变量的名字及其所指向的变量的数据类型。使用指针变量前还必须确定指针变量所指向的目标变量。由于指针变量的值为地址,因此对指针变量赋值应该是目标变量的地址值。

如有定义:

```
int num, * pn;
char color, * pc;
```

赋值语句:

```
pn = &num;
pc = &color;
```

将已定义的变量 num 的地址赋予指针 pn,即将指针 pn 指向整型变量 num,将已定义的字符变量 color 的地址赋予指针变量 pc,使指针 pc 指向字符型变量 color。

> **注意** 指针变量通常只能为编译程序赋予已定义的变量所分配的合法地址,而不能将指针变量赋予任意一个地址。

以下语句非法:

```
scanf("%d",pn);
pn=2000;
pn=0XFED8u;
```

指针变量不能与普通变量相互赋值,下面的赋值语句都是非法的:

```
pn=num;  或  num=pn;
pc=color;  或  color=pc;
```

若要访问指针指向的目标变量,则可将目标变量表示为:

```
*指针变量名
```

其中,*是间接访问目标变量的单目运算符,它与定义指针使用的指针说明符*的意义不同。*与指针作为一个整体,代表指针指向的目标变量,而不是目标变量的值。

例如,*pn 代表了变量 num,而

```
*pc='r';
```

等效于

```
color='r';
```

指向同一种数据类型的指针变量可以相互赋值,即一个已赋值的指针变量可以赋予另一个指针变量。

例如:

```
int a,*pa,*pb;
pa=&a;
pb=pa;
```

将已赋值的指针变量 pa 赋予指针变量 pb,使指针 pa 和 pb 都指向同一个变量 a,如图 5-2 所示。

指向不同类型的指针变量,不可以直接进行赋值,必须进行强制类型转换。例如:

```
int *pi;  float *pf;
...
pi=pf;           //错误
pi=(int *)pf;    //正确
```

与普通变量一样,指针变量在定义的同时也可赋初值。例如:

```
int a,b,c;
int *pa=&a, *pc=&c;
```

表示将已定义的变量 a、c 的地址 &a 和 &c 作为初始值赋予指针变量 pa 和 pc。

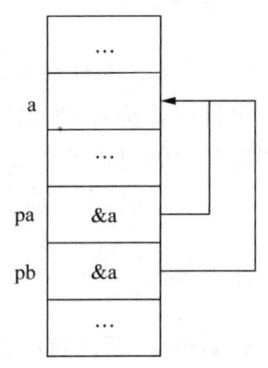

图 5-2 两个指针指向同一变量

> **注意** 指针变量初始化,其初值只能是已定义变量的地址。

可以将指针初始化为空指针。空指针对指针赋予一个特殊的值,即值为 0 的 NULL,空指针代表指针没有指向任何的目标变量。例如:

```
char * p = NULL;
```

空指针的概念与指针未赋值的概念不同。当指针变量未赋地址值时,指向的目标不确定,对目标单元进行访问可能导致不可预见的结果。例如:

```
int * ptr,x,y;
ptr = &x;
x = 1;
y = * ptr;
```

指针 ptr 被赋予 x 的地址,即指向 x。变量 y 被赋予指针 ptr 所指向的目标变量 x 的值。

若将上面的程序段改为:

```
int * ptr,x,y;
x = 1;
y = * ptr;
```

由于指针变量 ptr 在使用前没有被赋予确定的地址值,因此对这个地址所代表单元的访问将得到一个随机值或出现运行错误。Visual Studio 2022 报 C4700 错误:局部变量 ptr 没有初始化。

应该指出的是,指针变量所指向的数据类型,必须与定义该指针时规定的目标变量类型一致。例如:

```
int * p, * q;
float x,y;
double z;
```

则下面的赋值语句都是错误的:

```
p = &x;
q = &z;
```

视频讲解

5.2 指针运算

5.2.1 取地址运算(&)和取内容运算(*)

单目运算符 & 的功能是获取变量的地址。单目运算符 * 与指针一起作为一个整体,代表指针指向的目标变量。如程序片段:

```
int num, * ptr;   /* 变量定义, * ptr 表示 ptr 是一个指针变量,不是 ptr 指向目标变量
                     值的意思 */
ptr = &num; * ptr = 100;  /* 其中,&num 获取变量 num 的地址; * ptr 代表指针 ptr 指向
                             目标变量 num */
```

在编程时,要注意区别 & 和 * 的意义。例如:

```
&( * ptr)
```

代表指针 ptr 的目标变量(num)的地址值,即指针 ptr 的值;而

```
* (&num)
```
代表变量 num。

5.2.2 指针与整数的加减运算

指针变量加上或减去一个整数 n，是指针由当前所指向的位置向前或向后移动 n 个数据的位置。通常，这种运算用于指针指向数组中的情况，由于各种类型数据的存储长度不同，因此在数组中加减运算使指针移动 n 个数据后的实际地址与数据类型有关。

例如，如果编译器定义整型数据占 32 位(4 字节)，对指针加 1 操作的含义是：

① 对字符型，相当于当前地址加 1 个字节。

② 对整型，相当于当前地址加 4 个字节。

③ 对双精度型，相当于当前地址加 8 个字节。

一般来说，如果 p 是一个整型指针，n 是一个正整数，则对指针 p 进行 ±n 操作后的实际地址是：

```
p ± n * sizeof(数据类型)
```

同样，指针自增(加 1)、自减(减 1)的运算是地址运算。当指针进行加 1 运算后，指针指向下一个数据；当指针进行减 1 运算后，指针指向上一个数据。

指针自增、自减单目运算也分前置和后置运算。当它们与其他运算符组成一个表达式时，应注意其优先顺序和结合性。例如，p 为指针变量：

```
v = *p++;
```

* 与 ++ 的优先级高于 =，而 * 与 ++ 两个单目运算符的优先级相同，其结合性为从右到左。以上赋值语句相当于：

```
v = *(p++);
```

由于 p++ 是后置运算，运算规则为"先引用后增值"，等价于下面两个语句的执行顺序：

```
v = *p; p++;
```

又如：

```
v = *++p;
```

则指针 p 先进行自增 1 的运算，即指针 p 指向下一个目标变量，再将目标变量的值赋予 v。它等价于下面两个语句的执行顺序：

```
++p; v = *p;
```

下面两个表达式具有不同的含义：

```
v = (*p)++;
v = ++(*p);
```

前者是将目标变量 *p 的值赋予变量 v，然后变量 *p 自增 1；后者是将目标变量 *p 的值自增 1 后赋予变量 v。

5.2.3 指针相减运算

在一定条件下，两个指向同种数据类型的指针可以相减。例如，指向同一数组的两个数组元素的指针相减，其差表示这两个指针所指向的数组元素之间相差的元素个数。可见，指

针相减的运算并不是两个指针的值单纯相减,而与数据类型的存储长度有关,编译程序按下式进行运算:

(两指针地址值之差)÷(一个数据项所需要的存储字节数)

例 5-1 指针相减的运算。

```
//5-1.cpp
1. #include <stdio.h>
2. #include <stdlib.h>
3. int main()
4. {
5.     int *px,*py;
6.     int a[6]={10,20,30,40,50,60};
7.
8.     px=&a[0];
9.     py=&a[5];
10.    printf("px=%x  py=%x\n",px,py);
11.    printf("py-px=%x",py-px);
12.    system("pause");
13.    return 0;
14. }
```

程序的运行结果为:
px=f29000 py=f29014
py-px=5

程序第 8、9 行分别将 a[0] 和 a[5] 的地址赋予指针变量 px 和 py。根据运算结果,编译程序对数组 a 分配的首地址为 f29000(十六进制),即为 a[0] 的地址,亦即指针 px 的值。而 a[5] 的地址,即 py 的值为 f29014。由于 px、py 定义为指向整型数组 a 的指针,每个数组元素占 4 个字节的长度,故 py−px=(f29014−f29000)÷4=5,即指针 py 与指针 px 之间相差 5 个整型数组元素。

5.2.4 指针的关系运算

指向同种数据类型的指针可进行关系运算,表示它们所代表的地址之间的关系。

指针间允许以下 4 种关系运算:

① < 或 > ——比较两个指针所指向地址的大小关系。

② == 或 !=——判断两个指针是否指向同一个地址,即是否指向同一个数据。

若有指针 p 和 q 指向同一个类型的数据,则关系表达式为:

p<q

当 p 指针所指向变量的地址(p 的值)小于 q 指针所指向变量的地址(q 的值)时,表达式值为真;否则,为假。

又如:

p==q: 若表达式为真,则表示指针 p、q 指向同一个变量。
p!=q: 若表达式为真,则表示指针 p、q 指向不同变量。

指针不能与一般数值进行关系运算,但可以和零(NULL 字符)之间进行等于或不等于的关系运算。如:

p==0 或 p!=0 或 p==NULL 或 p!=NULL

用于判断指针 p 是否为空指针。

综上所述,由于指针的运算实质上是地址运算,因此,指针运算的范围是很有限的,除了以上 4 种运算外,其他运算都是非法的。

5.3 指针和数组

5.3.1 指针与一维数组

对数组元素的访问,可以利用数组元素的序号进行(下标法);也可以利用一个指向数组的指针进行(指针法)。

在 C 语言中,指针和数组之间存在密切的联系。一个数组名实际上代表了数组的第一个元素的起始地址(首地址),数组名就是数组首地址的符号地址。例如:

```
int data[10];
```

数组 data 占用 10 个整型数据所需要的连续存储空间,依次存放 data[0]~data[9] 数组元素,数组名 data 代表了存储空间的首地址。即

```
data        与 &data[0] 等效
data + i    与 &data[i] 等效
```

在程序执行过程中,数组 data 所分配的存储空间不会改变。在程序中,data 作为常量地址,不允许修改。

若定义一个指针变量 p 及数组 data:

```
int * p,data[10];
```

执行操作:

```
p = data;    或   p = &data[0];
```

则将指针 p 指向数组 data 的第一个元素,如图 5-3 所示。由于表达式 p+i 表示的地址值与 &data[i] 表示的地址值相同,因此可以通过表达式中 i 值的变化(i = 0,1,2,…,9)来实现对数组 data 中各元素的访问。

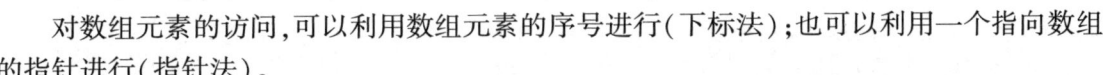

图 5-3 指针与数组元素之间的关系

注意　当指针变量指向一维数组的第一个元素时,指针变量名可以作为一维数组名使用。data[i] 与 p[i] 是等效的。

```
*p=100;        等效于  data[0]=100;
*(p+1)=200;   等效于  data[1]=200;
*(p+i)=500;   等效于  data[i]=500;
```

若指针 p 当前指向数组的起始地址,执行语句:

```
p=p+4
```

则将指针从指向数组的第一个元素改变为指向数组的第 5 个元素 data[4]。此时:

```
*p        表示  data[4]
*(p+1)    表示  data[5]
*(p-1)    表示  data[3]
```

因此,对数组元素的访问可用下标方式,也可以用指针方式,通常下标方式适合于随机访问数组。在 C 语言中,用指针自增、自减的操作可实现对数组的快速顺序访问,提高程序的运行效率。

> **注意**　虽然数组名 data 和指针 p 都代表地址值,但 data 是一个常量地址,不能改变,而指针 p 是一个指针变量,它可以指向任意一个数组元素。下面的语句是合法的:
> ```
> p=data;
> p++;
> p=p+3;
> ```
> 但以下语句是非法的:
> ```
> data=p;
> data++;
> data=data+3;
> ```

指针可访问一维数组,也可访问多维数组。指向多维数组的指针的概念和使用方法比指向一维数组的指针要复杂一些。

以二维数组为例,二维数组可以当作若干个按行主序存放的一维数组。例如,有定义:

```
int a[5][4],*pa;
```

视频讲解

二维数组 a,共包括 20 个整型数据;二维数组 a 由 a[0]~a[4] 共 5 个数组元素构成;而每个数组元素又是一个由 4 个数组元素构成的一维数组(如表 5-1 所示)。

表 5-1　二维数组的构成

一维数组名	数组元素			
a[0]	a[0][0]	a[0][1]	a[0][2]	a[0][3]
a[1]	a[1][0]	a[1][1]	a[1][2]	a[1][3]
a[2]	a[2][0]	a[2][1]	a[2][2]	a[2][3]
a[3]	a[3][0]	a[3][1]	a[3][2]	a[3][3]
a[4]	a[4][0]	a[4][1]	a[4][2]	a[4][3]

根据二维数组由一维数组构成的组织结构及二维数组按行主序连续存放的存储结构，可以将指向一维数组的指针推广到指向二维数组的指针。例如：

    pa = a[0];

表示将一维数组 a[0] 的起始地址赋予指针 pa，即 pa 指向一维数组 a[0] 的第一个元素 a[0][0]。

与该赋值语句等效的语句有：

    pa = &a[0][0];

而语句：

    pa++;

表示 pa 自增 1，即将指针 pa 指向元素 a[0][1]。

同理，若执行

    pa = a[4];

表示将一维数组 a[4] 的地址赋予指针 pa，即将指针指向数组元素 a[4][0]。*pa 代表数组元素 a[4][0]。

例 5-2 用指针变量输出数组元素的值。

```
//5-2.cpp
#include <stdio.h>
#include <stdlib.h>
#define ROW 3
#define COL 4
int main()
{
    int a[ROW][COL] = {1,3,5,7,9,11,13,15,17,19,21,23};
    int *p;
    for (p = a[0];p < a[0] + ROW * COL;p++)
    {
        if ((p - a[0])%COL == 0) printf("\n");
            printf("%4d",*p);
    }
    system("pause");
    return 0;
}
```

程序的运行结果为：
```
   1   3   5   7
   9  11  13  15
  17  19  21  23
```

5.3.2 指针与结构(数组)

可以使用指向结构数据的指针访问结构变量，定义结构的一般形式为：

```
struct info
{
    short num;
    char name[5];
};
```

视频讲解

定义一个该结构类型的变量：

    struct info myinfo;

定义一个指向 info 结构的指针：

    struct info *p_info;

p_info 指向结构变量 myinfo：

    p_info = &myinfo;

图 5-4 说明了结构变量和指向结构变量的指针之间的关系。

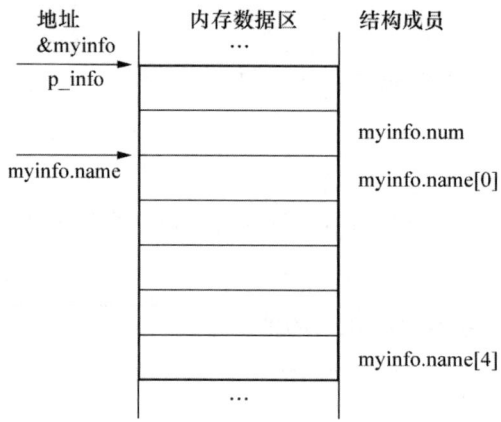

图 5-4 指向结构的指针

当 p_info 指向结构变量 myinfo 之后，*p_info 就代表了 myinfo。p_info 指针可采用以下两种方式引用结构变量 myinfo 的成员。

（1）使用结构成员选择运算符。例如：

    (*p_info).num = 101;
    scanf("%s",(*p_info).name);
    //scanf_s("%s", (*p_info).name,4);

> **注意**　由于结构成员选择运算符.的优先级比间接运算符 * 的高，因此必须用圆括号将 *p_info 括起来。

（2）使用结构成员选择运算符 ->。例如：

    info->num = 101;
    scanf("%s",p->info->name);
    //scanf_s("%s", p_info->name,4);

因此，有以下三种存取结构成员的方式：

① 通过结构变量名和成员选择运算符；
② 通过指向结构的指针和成员选择运算符.；
③ 通过指向结构的指针和成员选择运算符 ->。

如果 p_info 是指向结构变量 myinfo 的指针，则下面的 3 种访问方式是等价的：

```
myinfo.num
(*p_info).num
p_info->num
```

可以将指针和结构数组结合起来使用,通过指针来存取结构数组中的元素及各元素的成员。

请将第 4 章例 4-1 简化后用指针处理。

例 5-3 输入学生的信息,并按身高从低到高排序;同时,输出姓名、生日和身高。

```
//5-3.cpp
#define _CRT_SECURE_NO_WARNINGS
#include<stdio.h>          //预编译命令
#include<stdlib.h>
struct date                //定义结构类型 date,表示日期
{
    int year;              //年
    int month;             //月
    int day;               //日
};
struct student
{
    char name[21];         //姓名:最多 20 个字符
    struct date birthday;  //生日
    double height;         //身高:以米为单位
};
#define n 2                //学生人数
int main()                 //主函数
{                          //主函数开始
    struct student stu[n+1];
    /* 定义 stu 为 student 类型的结构数组,用于存储学生的信息,下标 i 处存储第 i 位学生的
信息,不使用 stu[0] */
    struct student *p_stu = 0;
    int i,j;               //循环变量
    int changed=0;         //交换标志,为 0 表示本遍排序中未进行交换

    p_stu = stu+1;         //p_stu 指向 stu[1]
    for (i=1;p_stu<=stu+n;p_stu++,i++)     //顺序输入每学生的信息
    {
        printf("请输入第%d 位同学的信息:\n",i);
        printf("姓名:\t\t\t\t");           //输入姓名
        scanf("%s",p_stu->name);
        printf("生日\t年\t");               //输入生日
        scanf("%d",&p_stu->birthday.year);
        printf("\t月\t");
        scanf("%d",&p_stu->birthday.month);
        printf("\t日\t");
        scanf("%d",&p_stu->birthday.day);
        printf("身高(m):\t\t\t");           //输入身高
        scanf("%lf",&p_stu->height);
    }
    //按身高从低到高对这 n 位同学排序
    for (i=1;i<n;i++)                       //一共 n 个学生,需扫描 n-1 遍
    {
```

```
            changed = 0;                       //置交换标志为0,表示未交换
            for (j=1;j<=n-i;j++)               //每遍比较n-i次
            {
                if ((stu[j].height) > (stu[j+1].height))
                {              //逆序时,以stu[0]为临时变量交换stu[j]和stu[j+1]
                    stu[0] = stu[j];
                    stu[j] = stu[j+1];
                    stu[j+1] = stu[0];
                    changed = 1;               //置交换标志为1
                }
            }
            if (changed==0)                    //如果本遍排序中未交换,则退出循环
                break;
        }
        p_stu = stu+1;                         //p_stu重新指向stu[1]
        for (; p_stu<=stu+n; p_stu++)
        {              //依次输出每个学生的信息
            printf("\n个人信息如下:\n");
            printf("姓名:\t\t%s\n",p_stu->name);
            printf("生日:\t\t%d年%d月%d日\n",p_stu->birthday.year,
                   p_stu->birthday.month,p_stu->birthday.day);
            printf("身高:\t\t%f(m)\n",p_stu->height);
        }
        return 0;
    }
```

> **注意** 在程序运行到 for (i=1;p_stu<=stu+n;p_stu++,i++){...}结束后,p_stu已经移到了数组stu的末尾。所以,在p_stu=stu+1处要使p_stu重新指向数组的开头元素stu[1]。

对于指针指向数组,常见的编程错误有以下几种:
(1) 对不是指向数组的指针进行算术运算,是一个逻辑错误。
(2) 将两个不是指向同一数组的指针相减或进行关系比较,是一个逻辑错误。
(3) 使用指针算术运算对指针进行自增或自减,以致该指针引用超出数组边界的元素,通常会形成一个逻辑错误。

5.4 字符串指针

对字符串的处理可用两种方式实现:字符数组或字符串常量的指针。使用指针及指针运算处理字符串,可以提高程序效率。

5.4.1 指向字符数组的指针

视频讲解

与其他类型数组一致,字符数组的数组名也代表字符数组的首地址(并且是常量地址)。使用指向字符数组的字符指针,可实现对字符串的操作。

例 5-4 用字符指针输出字符串。

```
//5-4.cpp
#include<stdio.h>
#include<stdlib.h>
int main()
{
    char str[ ]="CD";
    char *ps=str;
    while(*ps)
    {
        putchar(*ps);
        ps++;
    }
    system("pause");
    return 0;
}
```
程序的运行结果为：
CD

标准函数 putchar 包含在头文件 stdio.h 中。

程序定义了一个字符数组 str 并对其赋初值"CD"，并且将数组的首地址赋予字符指针变量 ps，即将指针 ps 指向数组 str。

例 5-4 中的数据存储情况如图 5-5 所示。

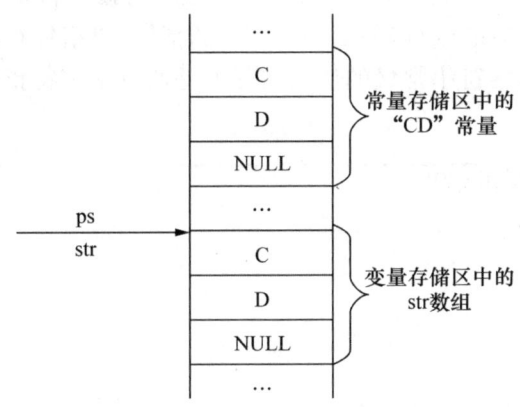

图 5-5　例 5-4 的数据存储情况

while 循环的条件 *ps 等价于 *ps!='\0'。在 while 循环中，指针 ps 做自增运算 ps++，依次输出指针指向的各字符直至遇到字符串结束符 '\0'。

例 5-5 本例不使用 C 语言的字符来处理库函数 strcat，请合并字符串 s1 和 s2，假设处理的字符串长度不超过 30。

```
//5-5.cpp
#define _CRT_SECURE_NO_WARNINGS
#include<stdio.h>
#include<stdlib.h>
#define STRLEN 30
int main()
```

视频讲解

```
{
    char s1[2*STRLEN+1],s2[STRLEN+1];
    char *p=s1,*q=s2;          //指针p指向字符串s1,指针q指向字符串s2
    scanf("s1=%s s2=%s",s1,STRLEN,STRLEN);
    while(*p!='\0')            //计算s1的长度
        p++;
    while(*q!='\0')            //将s2合并到s1的后面
        *p++=*q++;
    *p='\0';                   //对合并后的字符串s1置结束标志
    printf("%s\n",s1);
    system("pause");
    return 0;
}
```
输入:
s1=turbo_pascal
s2=&turbo_C
输出:
turbo_pascal&turbo_C

在程序中,*p++=*q++;等价于语句:
*p=*q;
q++;
p++;

5.4.2 指向字符串常量的指针

当在C语言中使用一个字符串常量时,C编译程序对该字符串常量分配一片连续的存储空间,并设置了一个指向该字符串的第一个字符的指针,该指针存放了字符串常量在内存数据区中的起始地址。对字符串常量的访问实际上是通过该字符指针进行的,因此,字符串常量具有地址特性。

例 5-6 字符串常量的输出。

```
//5-6.cpp
#include <stdio.h>
#include <stdlib.h>
int main()
{
    char *point;
    point="This is a string";   //字符串常量"This is a string"存放于常量数据存储区
    printf("%s\n",point);       /*point本身是变量,指向字符串常量;通过point不能够
修改指向的字符串*/
    system("pause");
    return 0;
}
```
程序的运行结果为:
This is a string

将字符串赋予字符指针point,并不是将字符串存放到指针point中,而是将指向字符串的首地址赋予指针变量point。

在使用printf函数输出时,%s表示输出字符串,输出项为指针变量point。printf函数首先输出point所指向的第一个字符,然后point自动加1。然后指向第二个字符并输出该字符

……如此直至遇到字符结束标志'\0'为止。因此,输出指针变量就是输出指针变量当前指向的整个字符串,输出*指针变量就是输出指针变量当前指向的单个字符。

在使用字符数组处理字符串时,由于数组的长度是固定的,若要在程序中多次使用同一数组来存放不同长度的字符串,则必须按可能的最大长度来定义数组。当不能预知字符串长度时,如果定义的长度过长,则会造成存储空间的浪费;如果定义的长度过短,则可能出错。

使用指针来处理字符串比较灵活。由于指针在程序中可以被重复赋值,而且每一次都只存储一个新字符串的首地址,故不必关心这个字符串的长度。

例 5-7 改写例 5-6 指向的字符串常量的指针。

```
//5-7.cpp
#include <stdio.h>
#include <stdlib.h>
int main()
{
    char *point = "Theory and problems";
    printf("%s\n",point);
    point = "Theory and problems of programming";
    printf("%s\n",point);
    system("pause");
    return 0;
}
```

程序的运行结果为:
```
Theory and problems
Theory and problems of programming
```

程序输出了不同长度的两个字符串。因此,使用字符串指针处理字符串,不仅效率高且灵活方便。但当 point 指针指向第 2 个字符串常量时,第 1 个字符串虽然还在常量存储区,但其存储地址没有被存储下来,因此不能再被访问。

5.4.3 字符指针和字符数组

字符数组可以整体初始化和赋值,但不允许直接赋值。例如:

```
char str[] = "hello";  //对字符数组可以整体初始化
scanf("%s",str);       //需要注意输入的字符串长度不能超过 5 个字符
str = "love";          //错误,数组首地址是常量,不能被修改
```

字符指针变量可以用字符串直接初始化和赋值:

```
char *a = "hello";
a = "I love China!";
```

下面的程序片段分析见注释:

```
char a[] = "House";
char *b = "House";
a[2] = 'r';    //正确,字符数组的元素可以被修改
b[2] = 'r';    //错误,字符串常量不能被修改
b = a;         //正确,b 指针指向 a 数组首地址
b[2] = 'r';    //现在正确,字符数组的元素可以被修改
```

5.5 指针数组

视频讲解

指针数组是指数组的每一个元素都是指针变量的数组,与普通数组一样,必须先定义再使用。在定义指针数组时,应在数组名前加上 * 号。定义指针数组的一般形式为:

```
数组类型标识符    *指针数组名[整型常量表达式];
```

例如:

```
int * pd[5];
```

定义了指针数组 pd,它由 pd[0]~pd[4] 共 5 个数组元素组成,每个数组元素都是一个指向整型数据的指针。

例如,为了将一个整型变量 value 的地址存放在指针数组 pd 的第 3 个元素中,可使用语句:

```
pd[2] = &value;
```

要取出这个指针所指向的整数并赋予整型变量 i,可使用语句:

```
i = *pd[2];     等效于   i = value;
```

通常,有两种方法处理多个字符串:一种是使用二维字符数组,一种是使用字符指针数组。

例如,定义二维字符数组:

```
char status[ ][16] =
{
    "write error",
    "read error",
    "calculate error",
    "other error"
};
```

status 是一个 4×16 的字符数组。每行存放一个字符串,其列数 16 是根据字符串的最大长度确定的。status[i] 可访问字符串,例如:

```
printf("%s\n",status[2]);
```

输出为

```
calculate error
```

例如,定义指针数组:

```
char * status[ ] =
    {
        "write error",
        "read error",
        "calculate error",
        "other error"
    };
```

如图 5-6 所示,指针数组 status 包含了 4 个数组元素,每个数组元素指向一个字符串常量(它们都存储在常量存储区),可通过数组元素 status[0]~status[3] 访问字符串。

使用指针数组比用二维数组存放字符串更方便、更有效。

用status[i]可访问第i+1个字符串,用*(status[i]+j)可访问第i+1个字符串中的第j+1个字符。

例如:

```
printf("%c\n",*(status[2]+4));
```

输出字符为:u,即第3个字符串"calculate error"中的第5个字符。

用%s输出指针,是指输出指针指向的整个字符串;用%c输出指针指向的目标变量,是指输出指针当前所指向的一个字符。

指向字符串的指针数组常用于代码查询、错误信息显示及处理多个字符串等功能。

图5-6 指向字符串的指针数组

例 5-8 指针数组的应用。输入一个数字,查询它所对应的颜色(假定一个图形显示系统可以采用10种不同的颜色来显示图形,并为每种颜色规定了相应的数字代码)。

```cpp
//5-8.cpp
#define _CRT_SECURE_NO_WARNINGS
#include<stdio.h>
#include<stdlib.h>
int main()
{
    int i;
    char *color[]=
    {
        "black",
        "brown",
        "red",
        "orange",
        "yellow",
        "green",
        "blue",
        "violet",
        "gray",
        "white"
    };
    printf(" Enter a number \n");
    scanf("%d",&i);
    printf("i = %i \n\n",i);
    printf("%s \n",color[i]);
    return 0;
}
```

程序的运行结果为:

```
Enter a number
输入：8
输出：i=8
      gray
```

5.6 课堂练习题

1. 写出下列程序的运行结果。

(1)
```
int main()
{
    char *point[]={"one","two","three","four"};
    while(*point[2]!='\0')
        printf("%c",*point[2]++);
    return 0;
}
```

(2)
```
int main()
{
    char *point[]={"one","two","three","four"};
    point[2]=point[0];
    printf("%s",point[2]++);
    return 0;
}
```

(3)
```
int main()
{
    char *point[]={
    "111111111","222222222","333333333","444444444","555555555"};
    int i,j;
    for(i=1;i<3;i++)
    {
        for(j=1;j<5;j++)
            printf("%c",*(point[j]+i));
        printf("\n");
    }
    return 0;
}
```

2. 指出并更正以下程序的错误。
```
1.  main(){
2.      char data[]="There are some mistakes in the program";
3.      char *point;
4.      char array[30];
5.      int i,length;
6.      length=0;
7.      while(data[length]!='\0')
8.          length++;
9.      for(i=0;i<length;i++,point++)
10.         *point=data[i];
11.     array=point;
12.     printf("%s\n",array);
13. }
```

3. 请对以下程序进行修改，用指针完成对数组元素的访问。
```
main()
```

```
    {
        int data[12] = {12,34,56,12,34,56,3,54,6,7,89,12};
        int i,sum;
        sum = 0;
        for(i = 0;i < 12;i ++)
            sum + = data[i];
        printf("The sum is %d\n",sum);
    }
```

4. 编写一个程序,输入两个字符串 string1 和 string2,检查在 string1 中是否包含 string2。如果包含,则输出 string2 在 string1 中的起始位置;如果没有,则显示"NO";如果 string2 在 string1 中多次出现,则输出 string2 在 string1 中出现的次数以及每次出现的起始位置。例如:

```
string1 = "the day the month the year";
string2 = "the"
```

输出结果应为:出现 3 次,起始位置分别是 0,8,18。

又如:

```
string1 = "aaabacad"
string2 = "a"
```

输出结果应为:出现 5 次,起始位置分别是 0,1,2,4,6。

视频讲解

5. 编写一个程序,输入一个字符串,分别统计输出该字符串中的字母个数和数字个数。

6. 按字典顺序对多个字符串排序。

7. 编写一个程序,统计英文文稿的稿酬,给出稿件名称、单词稿费,按照稿件的单词数量计算稿酬。

8. 编写一个程序,显示内存中指定区域的存储内容。

假定使用的是 IBM PC 及其兼容机,我们需要设计一个程序,它能根据用户输入的起始地址和结束地址,显示出内存中相应区域的存储单元信息。

IBM PC 的内存地址可以用一个 5 位的十六进制数或 20 位的二进制数来表示,其最大数值可达 0xfffff 或 1 048 575。在编制程序时,需要用长整型变量来存储地址值。用长整型变量 b_addr 来存储起始地址,用长整型变量 e_addr 来存储结束地址。

内存中的信息用十六进制数显示。由于机器的内存组织是每个字节对应一个地址,在显示时最好每次显示一个字节,并且在字节间加上空格隔开。为此,使用一个字符指针 point,每次显示该指针所指的一个字符(占一个字节)。初始时,令指针 point 指向起始地址,并在显示完当前单元的内容后对 point 进行加 1 操作,直到它等于结束地址为止。

9. 击鼓传花。小明今年生日邀请了一群朋友,总共 n 人($5 \leqslant n \leqslant 20$ 人)一起玩击鼓传花的游戏。假设用生成的随机数代替敲鼓的次数 x($2 \leqslant x \leqslant 5$),当鼓点停止时,手中拿花的这个人需要随机喝 y 杯啤酒($1 \leqslant y \leqslant 3$),每瓶啤酒可以倒 3 杯,每瓶啤酒 5 元钱,玩了 z($10 \leqslant z \leqslant 30$)次之后,进行结账。如果给这些人按照 $1 \sim n$ 编号,请列出哪些人喝过啤酒?按照编号的递增顺序输出喝过啤酒人的编号及他们各自喝掉的啤酒总杯数。最后,输出小明需要支付的总金额。

5.7 上机实验

题目:建立单链表

题目详情:

建立带头结点的单链表,结点结构如下定义:

```
struct node
{
  int data;
  struct node *next;
};
```

struct node * createList(int data[ ],int n)函数实现建立单链表功能,具体说明如下:

输入参数:data 是一个长度为 n 的数组,里面存储的是建立单链表所需要的数据。

返回值:带头结点的单链表的首地址。

注意:单链表存储的数据及顺序要与 data 一致。

比如,n=3,data 存放的数据是 1 2 3,则建立的单链表 header 所指的数据结点的数据依次为 1,2,3。

如果出现错误,则输出"error",并返回 NULL。

此外,读者也可以用下面程序中的函数来测试 createList 得到的链表是否正确建立。

```c
#define _CRT_SECURE_NO_WARNINGS
#include<stdio.h>
#include<stdlib.h>
struct node
{
  int data;
  struct node * next;
};
struct node * createList(int data[], int n);
void freelst(struct node * h);
void printlst(struct node * h);
int main()
{
  struct node * header = NULL, * p;
  int * data, n, i;
  scanf("%d", &n);
  data = (int *)malloc(n * sizeof(int));    /*动态分配 n 个整数空间*/
  if (!data)return 0;
  for (i = 0; i < n; ++i)scanf("%d", data + i);    /*读入 n 个数据存储在 data 中*/
  header = createList(data, n);    /*调用 createList 函数,结果存储在 header 指针中*/
  printlst(header);
  freelst(header);
  free(data);
  return 0;
}
```

```
void freelst(struct node * h)
{
  struct node * p = h ->next;
  while (p)
  {
    h ->next = p ->next;
    free(p);
    p = h ->next;
  }
  free(h);
}
void printlst(struct node * h)
{
  struct node * p = h ->next;
  while (p)
  {
    printf("%d ",p ->data);
    p = p ->next;
  }
}
```

> **提示** 实验均可在在线 OJ 网站的码图多次提交,得到实时分数。码图题号 586,题目:建立单链表 。

5.8 小　　结

指针类型是 C 语言中的一种特殊的数据类型,指针变量中存放的是另一个变量的地址。
1. 指针变量的定义
(1) 一般定义形式。

> 类型说明符 *指针变量标识符;

其中,类型说明符代表了指针变量所指向的目标变量的数据类型,可以是 C 语言中各种基本数据类型及结构类型。

> **注意** 说明符 * 用于定义指针变量,应与乘法运算符和取内容运算符相区别。

在定义指针的同时可对其进行初始化,初始化的值只能是已定义变量的地址。
(2) 二级指针的定义。

> 类型说明符 **指针变量标识符;

指针型指针又称为指向指针的指针(多级指针),它指向的是一个指针变量,对指针型指针所指向的目标变量的访问是多重间接访问。(详见本章的"知识补充与扩展"内容)
(3) 指针型数组的定义。

> 类型说明符 *指针数组名[整型常量表达式];

2. 指针变量的运算

指针运算的实质是地址运算,指针可以进行 4 种运算。

(1) 取地址运算和取内容运算。

取地址运算 & 一般用于对指针变量赋值,使指针指向确定数据的存储单元。指针变量必须先赋值再使用。取内容运算的一般形式是:

```
*指针变量名
```

用于引用指针所指向的目标变量,取地址和取内容互为逆运算。

(2) 指针与整数 n 的加减运算(包括增 n 和减 n 运算)。

指针与整数做加减运算的实质是用于调整指针所指向的对象,即从指针当前位置向前或向后移动 n 个数据项。指针移动的实际地址与数据项所占的存储长度有关,它的一般形式是:

```
p±n
```

(3) 指针相减的运算。

指针相减的运算是用于求指向同一个数据对象的两个指针之间数据项的个数。

(4) 指针的关系运算。

> 和 < 运算用于比较两个同型指针的地址值的大小。== 和 != 用于判断两个指针是否指向同一个数据。

3. 指针与数组

指针与数组有密切的关系,数组名是指向数组起始地址的指针常量,当将数组名 a 赋予指针变量 p 时,即将指针 p 指向数组的起始地址,则 *(p+i) 与 a[i] 等效。因此,使用指针访问数组元素与使用下标法一样方便,但使用指针更加高效灵活,尤其是当使用指针及其运算处理字符数组时更为方便灵活。

在用指针访问数组元素时,要注意指针的当前位置。

指针数组是指针的集合,它的各个元素都是指向同种数据类型的指针,指针数组常用于处理多个字符串。第 6 章介绍的命令行参数是指针数组的一个重要应用。

5.9 课后作业

1. 【码图编号 109】统计一行字符的单词数。

题目描述:输入一行字符,统计其中的单词数量,单词之间用空格分隔。

要求:

(1) 输入格式:a b c d ↵(空格可在任意位置,如行头行尾可能会有空格。另外,数字和字母一样,也可作为单词)。

(2) 输出格式:单词数。输入的字符串长度最长为 256 个字符。

例如:

输入:a a 112 c ↵

输出:4

2. 【码图编号 232】指针练习之复制字符串。

题目描述：利用指针编写 C 语言程序，实现如下功能：

接收从键盘输入的一个字符串，并将其所有的字符依次复制到另一个字符串中，要求在复制的过程中每两个字符后面增加一个 * 符号，完成复制后输出新的字符串和回车符符号。

注意：如果该字符串已到末尾，则不再加 * 符号。

输入 1：ab2d3c

输出 1：ab * 2d * 3c ↵

输入 2：ab2d3

输出 2：ab * 2d * 3 ↵

输入 3：ab * cde

输出 3：ab * * c * de ↵

3. 【码图编号 235】动态内存分配。

题目描述：编写一个程序，输入整数 n，动态分配保存 n 个整数的内存空间。然后，输入 n 个整数并保存到该内存空间中。最后，将这 n 个整数按照从小到大的顺序输出。例如：

输入：

10 ↵

10 9 8 7 6 5 4 3 2 1 ↵

输出：

1,2,3,4,5,6,7,8,9,10

5.10　知识补充与扩展

本节主要补充多重指针与动态内存管理的核心原理及实现机制，详细内容可扫描本节配套二维码获取扩展资料。

5.10.1　二重指针

二重指针（也称为"双级指针"）可以通过双重间接寻址机制（如 int * * pp）实现多级地址引用，其本质为存储指针变量地址的二级地址容器，用于通过双重间接寻址机制访问目标数据。多重指针在指针数组操作及多层级地址引用场景中具有重要应用价值，其典型应用场景包括动态二维数组构建与复杂数据结构解析。

视频讲解

5.10.2　动态内存分配函数

动态内存分配函数通过运行时灵活适配内存需求，有效突破了静态数组的固定长度限制，为非线性数据结构（如链表、树和图等）的实现提供了基础支撑。C 语言中动态内存分配的核心操作函数包括：

知识拓展

（1）malloc 函数：在堆区分配指定字节数的连续内存空间，所分配内存区域未经初始化。由于返回值为 void * 型指针，需要通过显式类型转换操作实现指针类型匹配（例如，(int *) malloc(n * sizeof(int)))。

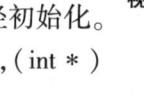
视频讲解

（2）calloc 函数：执行内存分配的同时对存储单元进行零值初始化，其参数采用元素数量与单元素字节数的二元组形式，特别适用于数组结构的创建（例如：calloc (5, sizeof (int)))。

(3) realloc 函数:实现对已分配内存空间的容量调整,该操作可能引起内存块的地址迁移,需注意指针引用的有效性维护。

(4) free 函数:执行堆内存的显式释放以防止内存泄漏,建议释放完成后立即将指针变量赋值为 NULL,以免后续代码无意中再次使用该指针造成安全隐患。

编程实践中须遵循以下规范:在每次内存分配函数调用后需验证返回值是否为 NULL(系统内存不足);建立内存管理责任制,原则上要求在同一抽象层次内完成内存分配与释放操作。

5.10.3 文件操作

fopen/fopen_s 函数(其中 fopen_s 为 C11 标准推荐的安全版本函数)根据指定访问模式执行文件开启操作,并通过 FILE 类型指针进行文件对象访问。核心操作函数包括:

(1) fread/fwrite:实现二进制数据块读写功能,特别适用于结构体数组等复合数据类型的批量存取;

(2) fscanf_s/fprintf:实现格式化文本读写操作功能,需确保格式字符串与输入参数严格匹配以避免运行时出现错误;

(3) fseek:通过设置偏移量(offset 参数)和基准点参数(SEEK_SET/SEEK_CUR/SEEK_END)精确定位文件指针;

(4) fclose:完成文件操作后必须及时关闭文件并释放系统资源。

在编写文件操作类程序的代码时,需对文件操作状态进行全程校验,包括但不限于验证文件是否打开成功、检查读写操作返回值、确认资源释放,从而有效预防程序异常终止及数据残留问题。

第 6 章 函数

基础理论

视频讲解

在课堂中,教师要求学生编程完成成绩管理系统,具体要求如下:
从文件读入某班学生三门课程(语文、数学、英语)的成绩,实现如下功能:
① 统计平均分不及格的人数并打印不及格学生名单;
② 统计成绩在全班平均分及以上的学生人数并打印学生名单;
③ 统计平均分各分数段的学生人数及所占的百分比;
④ 按总分成绩由高到低排出名次;
⑤ 打印出名次表,表格内包括学生编号、各科分数、总分和平均分;
⑥ 任意输入一个学号,能够查找出该学生在班级中的排名及其考试分数。
某同学的部分程序如下:

```
#define N 10    //最大学生人数
int main()
{
    printf("处理数据需要大量时间,请耐心等待……\n\n");
    int i = 0,Numb = 0;
    struct student allone[N], * p[N];
    int section[5] = {0};    //用来存储各个分数段的人数
    FILE * fp = NULL;
    fp = fopen("score.txt","r");    //自己编写的存储学生信息和分数的文件
    //fp = fopen("stuScores.txt","r");    //教师给定的文件
    //请一次只打开一个文件
    if (fp == NULL)
    {
        printf("无法打开文件\n");
        return -1;
    }
    //默认分数的范围是0～100,不再进行检验
    while(!feof(fp))
    {
        fscanf(fp,"%d",&allone[i].numb);
        fscanf(fp,"%s",allone[i].name);
        fscanf(fp,"%f",&allone[i].chinese);
        fscanf(fp,"%f",&allone[i].maths);
        fscanf(fp,"%f",&allone[i].english);
```

```c
            i ++;
        Numb ++;    //可用于记录 txt 文件中同学个数
    }
    if (fp) fclose(fp);
    for (i = 0;i < Numb;i ++)
    {
        p[i] = &allone[i];
        //计算三门成绩各自的平均分
        chinese_avg + = allone[i].chinese;
        maths_avg + = allone[i].maths;
        english_avg + = allone[i].english;
        //计算不及格的人数
        if (allone[i].chinese < 60) ++chinese_fail_numb;
        if (allone[i].maths < 60) ++maths_fail_numb;
        if (allone[i].english < 60) ++english_fail_numb;

            //分别计算每个人的总分和平均分
        allone[i].sum_score + = allone[i].chinese + allone[i].maths + allone[i].english;
        allone[i].sum_avg_student = allone[i].sum_score/3;
        sum_avg + = allone[i].sum_score;         //计算总平均分
        //计算各分数段的人数
        if (allone[i].sum_avg_student <= 60) section[0] ++;
        else if (allone[i].sum_avg_student <= 70) section[1] ++;
        else if (allone[i].sum_avg_student <= 80) section[2] ++;
        else if (allone[i].sum_avg_student <= 90) section[3] ++;
        else section[4] ++;
    }
    //计算各科目的平均分以及总平均分
    chinese_avg = chinese_avg/Numb;
    maths_avg = maths_avg/Numb;
    english_avg = english_avg/Numb;
    sum_avg = sum_avg/Numb;
    //用指针实现选择排序,用来排名
    for (i = 0;i < Numb;i ++)
    {
        //偷个懒,顺便统计平均分不及格的人数
        if (allone[i].sum_avg_student < 60) avg_fail_numb ++;
        max = p[i] -> sum_score;
        remainder = i;
        for (j = i;j < Numb;j ++)
        {
            if (p[j] -> sum_score > max)
            {
                max = p[j] -> sum_score;
                remainder = j;
            }
        }
        if(reminder != i)
        {
            p_temp = p[i];
            p[i] = t[reminder];
            p[reminder] = p_temp;
        }
    }
```

程序中很多地方都有打印学生名单的功能,所以程序里面有很多相同功能的重复代码。如果这些代码有错误,一旦改错,则所有重复代码都需要修改;如果修改代码过程中出现遗漏,则又会造成新的错误。而且,main 函数的代码非常多,程序的可读性也特别差。我们可以采用在多个函数中分别实现各个功能,然后在 main 函数中调用这些函数的方式,就可以让程序结构清晰、可读性强,相同功能只需要写一次,减少重复代码及改错遗漏等。

如果一个程序需要实现多个功能,则可以采用"自顶向下分析,自下向上编程"的模块化程序设计方法,下面我们进一步了解模块化程序设计方法。

人们在求解一个复杂问题时,通常采用的是逐步分解、分而治之的方法,也就是将一个大问题分解成若干个比较容易求解的小问题。程序员在设计复杂的应用程序时,往往也是将整个程序划分为若干功能较为单一的程序模块,然后分别予以实现,最后再将所有的程序模块像搭积木一样装配起来,这种策略称为模块化程序设计方法。

在 C 语言中,函数是程序的基本组成单位,可以方便地用函数作为程序模块来实现 C 语言程序。程序员不仅可以利用函数实现程序的模块化,使程序设计简单和直观,提高程序的易读性和可维护性,而且可以将程序中常用的一些计算或操作编写成通用的函数,方便调用,大大减轻程序员的代码实现工作量。

函数是 C 语言的基本构件,程序由一个或多个函数组成。虽然在前面各章的程序中都只有一个 main 主函数,但实用程序往往由多个函数组成。因此,也将 C 语言称为面向函数的语言,其通过对函数模块的调用实现特定的功能。

C 语言提供了极为丰富的库函数,也允许用户建立自己定义的函数。

由于采用了函数模块式的结构,C 语言易于实现结构化程序设计,使程序的层次结构清晰,便于程序的编写、阅读和调试。在编写复杂程序时,应该特别注意程序的功能分解,在这里是指函数分解。也就是说,应该将程序写成一组较小的函数,通过这些函数的协作(相互调用)完成所需要的工作。

在 C 语言的程序设计过程中强调函数分解是必要的。没有合理的函数分解,复杂程序将花费更多的时间完成;编写出的程序通常也更难理解,更难发现错误和进行改正。

划分函数的基本原则如下。

① 程序中可能有重复出现的相同或相似的程序片段,可以将该程序片段定义为函数。这将使某项工作只定义一次,可以多次使用。这样做不但可以缩短程序,而且可以提高程序的可读性和易修改性。

② 程序中具有逻辑独立性的片段。即使这种片段只出现一次,也可以考虑将它们定义为独立的函数,在原来需要这段程序的地方写函数调用。这种做法的主要作用是分解程序的复杂性,使之更容易理解和把握。

将程序分解为相应的功能模块,在设计好它们之间的信息联系方式之后,就可以用独立的函数分别实现。显然,与整个程序相比,各部分函数的复杂性都更低了。

对一个程序来说,它可能有许多种可行的分解方式,寻找比较合理或有效的分解方式是需要不断学习和实践的。程序设计的经验准则是:如果一段计算或工作可以定义为函数,那么应该将它定义为函数。

以成绩管理系统为例,我们分析具有如下功能:读文件(将文件中的数据读入内存)、统计不及格人数,打印学生信息,统计平均分及以上学生,统计分数段占比,排序,查找等。然后,我们对每一个功能用一个函数实现。

比如,读文件的函数原型如下:

```
status ReadInfo(char *name,struct student stu[],int *num);
```

输入参数:文件名称。
输出参数:学生人数 num;学生详细信息存储在结构数组 stu 中。
函数返回值:是否成功读入学生信息。
函数定义,也就是具体功能编程如下:

```
status ReadInfo(char *name,struct student stu[],int *num){
    status s = fail; /*status 是自定义的枚举类型,有 fail,success,fatal 等状态*/
    int i = 0;
    FILE *fp = fopen(name,"r");
    if(fp == NULL)return s;
    while(!feof(fp))
    {
        fread(&stu[i],sizeof(struct student),1,fp); /*每次读入 1 个学生信息*/
        ++i;
    }
    *num = i;
    s = success;
    return s;
}
```

我们在主函数 main 当中要实现读取文件功能,只需要将实际数据作为参数传递给 ReadInfo 函数,再调用函数就能够执行函数的具体功能。

```
#define MAXNUM 40
int main()
{
    char *name = "stuScores.txt";   /*存储学生信息的文件名为 stuScores.txt */
    struct student[MAXNUM];   /*假设一个班不超过 40 人*/
    int n;
    if(ReadInfo(name,student,&n) == fail)
    {printf("open file error\n");return -1;}
    ……
}
```

每个 C 语言程序里有且只有一个名为 main 的特殊函数,称为主函数。主函数规定了整个程序执行的起点,程序执行从 main 函数开始,一旦 main 函数执行结束,整个程序的执行也就结束。程序里不能调用主函数,它将在程序开始执行时被自动调用。

除了主函数外,程序里的其他函数只有在被调用时才能开始执行。因此一个函数要在程序执行过程中起作用,要么它是被主函数直接调用的,要么是被另外一个函数调用的(也允许函数自己调用自己)。没有被调用的函数在程序执行过程中不会起任何作用。函数之间允许相互调用,也允许嵌套调用。习惯上将调用者称为主调函数。函数还可以自己调用自己,称为递归调用。

1. 从返回值的角度,函数分为有返回值函数和无返回值函数

(1) 有返回值函数。此类函数被调用执行完后将向调用者返回一个执行结果,称为函数返回值,例如数学函数即属于此类函数。有返回值的函数,必须在函数定义时明确指明返回值的类型(返回类型)。

(2) 无返回值函数。此类函数用于完成某项特定的处理任务,执行完成后不向调用者返回函数值。用户在定义无返回值函数时,必须指定返回类型为空类型 void。

2. 从主调函数和被调函数之间数据传送的角度,函数分为无参函数和有参函数

(1) 无参函数。函数定义、函数调用中均不带参数。主调函数和被调函数之间不进行数据传送。无参函数不需要外部的数据信息,就可以完成函数的功能。无参函数可以返回或不返回函数值。

(2) 有参函数。在函数定义中的参数,称为形式参数(简称"形参"),可以代表任意数据。在函数调用时也必须指明参数,称为实际参数(简称"实参"),代表实际数据。主调函数和被调函数之间需要进行数据传送;函数在调用时,主调函数将实参数据传递给形参,供被调函数使用。

6.1 函数定义和调用

6.1.1 函数定义

函数定义的一般形式是:

```
返回类型  函数名(形参表)
{
    变量说明
    执行语句
}
```

返回类型描述函数的返回值的类型,定义函数时必须表明返回值类型。如果函数没有返回值,则该函数返回类型必须使用关键字 void 说明。

函数名用标识符表示。函数名代表了函数体和函数的功能,通过函数名进行函数调用。

形参表描述函数各个形参的类型和名字,各参数之间用逗号间隔。无参函数没有形参表。

花括号括起来的部分称为函数体,它描述被函数所封装的计算过程。函数体可以包括变量说明语句和执行语句。

返回类型 函数名(形参表) 称为函数原型(或函数头,函数首部),它描述了函数外部与函数内部的联系。

C 语言中所有的函数定义(包括主函数 main 在内)都是平行的,也就是说,在一个函数的函数体内,不能再定义另一个函数,即不能嵌套定义。

函数内定义的变量,称为该函数的局部变量。局部变量只能在定义该局部变量的函数体内被访问,而不能够被其他函数访问。当函数被调用时,才分配局部变量的存储空间(称为函数的数据存储区),函数执行结束,释放局部变量的存储空间。局部变量的分配,属于动态存储分配。

形参属于局部变量,因此只能在函数体内被访问。

在任何函数体以外定义的变量,称为全局变量,可以被所有函数访问。程序在执行之前,系统会先分配全局变量的存储空间(称为全局数据存储区),直到整个程序执行结束,才会释放全局变量的存储空间。全局变量的分配,属于静态存储分配。

例 6-1 求两个数中较小的数的函数。

```
//6-1.cpp
#include <stdio.h>
#include <stdlib.h>
int min(int a, int b)
{
    if (a > b) return b;
    else return a;
}
int main()
{
    int a = min(3,4);
    printf("%d",a);
    system("pause");
    return 0;
}
```

int min(int a,int b)说明 min 函数的返回类型是 int(函数需要返回一个整数)。形参为整型变量 a 和 b。a 和 b 的具体值由主调函数在调用时进行传递。在 min 函数的函数体内,int a 是局部变量说明,其他语句是执行语句。return 语句将 a(或 b)的值作为函数的值返回给主调函数。有返回值的函数至少有一个 return 语句。

一个函数的定义可以放在任意位置,既可放在主函数 main 之前,也可放在主函数 main 之后,但该函数的原型说明应在主调函数前面,否则编译时会出现错误信息。

6.1.2 函数原型说明

主调函数在调用某个函数之前,应该对被调函数进行函数原型说明。目的是使编译系统明确被调函数的返回类型及形参类型,便于对函数的返回值按照返回类型进行处理和对实参和形参进行类型检查。

函数原型说明就是在函数原型后面加上分号。一般形式为:

> 返回类型　函数名(类型形参名1,类型形参名2,…);

也可以在形参表中只保留参数类型,省略参数名,如:

> 返回类型　函数名(类型1,类型2,…);

为了避免产生函数定义和函数调用不一致的错误,需要注意以下几点:

① 如果使用库函数,则必须将该函数对应的头文件用 include 命令包含在源文件前部(实际上在头文件中有库函数的原型说明)。

② 对所有未能在使用前进行定义的函数,都应进行函数原型说明。

③ 将函数原型说明放在所有函数的定义之前(尽量不要放在函数内部),以使函数的定义点和所有使用点都能使用该函数原型说明。

6.1.3 函数调用

1. 函数调用的形式

函数调用的一般形式为：

> 函数名(实参表)

实参可以是常数、变量或其他构造类型的数据及表达式,各实参之间用逗号分隔。调用无参函数时没有实参表。利用函数的调用来执行函数体。

在 C 语言中,可以用 3 种方式调用函数。

(1) 函数表达式。函数调用作为表达式中的一个操作数,以函数返回值参与表达式的运算。这种方式要求函数有返回值。例如：

```
z = min(x,y);
```

是一个赋值表达式,将 min 的返回值赋予变量 z。

(2) 函数语句。函数调用的一般形式加上分号即构成函数语句。例如：

```
printf("%d",a);
```

这种方式一般要求函数没有返回值。

(3) 函数实参。函数作为另一个函数调用的实际参数出现。这种情况是将该函数的返回值作为实参进行传送,因此要求该函数必须具有返回值,例如：

```
printf("%d",min(x,y));
```

即将 min 函数的返回值作为 printf 函数的实参来使用。

在函数调用过程中还应该注意求值顺序的问题。求值顺序是指实参表中各个实参进行求值的顺序,可以自左至右,也可以自右至左。不同的编译系统的规定不一定相同(如 Visual Studio 2022 规定是自右至左求值)。无论是从左至右求值,还是从右至左求值,输出顺序都是不变的,即输出顺序总是和实参表中实参的顺序相同。

2. 函数返回值

函数被调用之后,将执行函数体中的程序段,取得计算结果并返回给主调函数,该计算结果称为函数返回值。

(1) 函数返回值只能通过 return 语句返回主调函数。return 语句的一般形式为：

> return 表达式;或者 return (表达式);

return 语句的功能是将表达式的值保存到 CPU 的结果寄存器中,供主调函数使用。

在函数中允许有多个 return 语句,但每次只能有一个 return 语句被执行,因此只能返回一个函数值。函数一旦执行了 return 语句,就结束整个函数的执行。

(2) 函数值的类型和函数定义中函数的类型应保持一致。如果两者不一致,则以函数定义类型为准,自动进行类型转换。

(3) 没有计算结果的函数(无返回值的函数),必须明确定义返回类型为空类型 void。

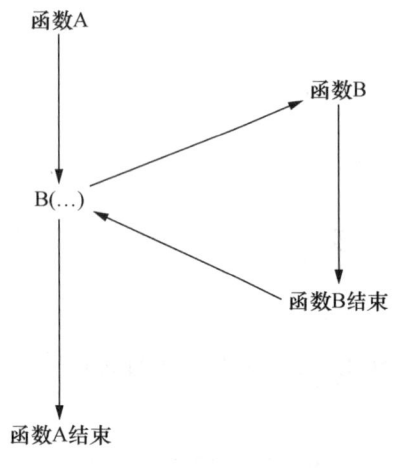

图 6-1　函数调用与返回

3. 函数调用与返回

如果主调函数 A 在执行过程中调用被调函数 B,则程序暂停执行函数 A,而将程序的执行流程转移到函数 B,开始执行函数 B;函数 B 在执行结束后,再将程序的执行流程返回到函数 A 的中断处,继续执行函数 A,如图 6-1 所示。

主调函数 A 在调用函数 B 之前,需要在函数 B 的数据存储区中保存返回地址(流程返回到函数 A 后,继续执行的指令地址)和 CPU 寄存器当前的内容(也称为保存 CPU 现场;因为函数 B 可能也需要使用有限的寄存器);函数 B 执行结束,需要恢复 CPU 现场,并取出返回地址,使得程序流程返回到函数 A。保存 CPU 现场和返回地址,恢复 CPU 现场和返回地址,由系统自动完成。

6.1.4　函数的数据存储区

当函数被调用时,需要为函数分配数据存储区,进行返回地址、主调函数的 CPU 现场和函数的局部变量的存储。函数的局部变量包括形参变量和函数体内定义的变量。数据存储区的内容如图 6-2 所示。

当函数执行结束后,需要释放函数数据存储区。按照函数的调用情况依次分配和释放函数的数据存储区。如果 main 调用函数 fun1,函数 fun1 调用函数 fun2,则当程序流程转移到函数 fun2 时,数据存储区的内容如图 6-3 所示。

> **注意**　main 函数的数据存储区没有返回地址和 CPU 现场。当函数 fun2 执行结束后,程序流程返回到函数 fun1 时,数据存储区的内容如图 6-4 所示。

图 6-2　数据存储区的内容　　图 6-3　当程序流程转移到 fun2 函数时,数据存储区的内容　　图 6-4　当程序流程返回到函数 fun1 时,数据存储区的内容

6.2　函数参数传递

C 语言函数参数传递的方法包括传值调用和传地址调用。传值调用就是将实参的值传递给形参,作为形参的值。传地址调用就是将实参保存的地址传递给形参。

6.2.1 传值

在调用函数时,主调函数将实参的值(单向)复制给被调函数的形参,实现函数间的数据传递。在进行传值时,需要注意以下几点:

① 形参变量只有在被调用时才分配内存单元,在调用结束后,释放所分配的内存单元。形参只有在函数内部有效。主调函数不能访问形参变量。

② 实参可以是常量、变量、表达式和函数调用等,无论实参是何种类型的数据,在进行函数调用时,它们都必须具有确定的值,以便将这些值传递给形参。因此,应预先用赋值和输入等办法使实参获得确定值。

③ 实参和形参的数量、类型和顺序应严格一致,否则会发生"参数不匹配"的错误。

④ 函数调用中发生的数据传送是单向的,即只能将实参的值传递给形参,而不能将形参的值反向传递给实参。因此,在函数调用过程中,形参发生的改变不会影响到实参,例 6-2 可以说明这个问题。

例 6-2 平方运算。

```
//6-2.cpp
#include<stdio.h>
#include<stdlib.h>
int sqr(int x);//函数原型声明
int main(){
    int t =10;
    printf("%d是%d的平方",sqr(t),t);    /* sqr 是求平方的库函数 */
    system("pause");
    return 0;
};
int sqr(int x ) /* 函数定义,x 是形式参数 */;
{
    x = x * x;
    return (x);;
}
```
程序的运行结果为:
100 是 10 的平方

传递给函数 sqr 的参数值复制给形参 x,函数体对形参 x 的修改不影响实参 t。

结构类型的数据变量,以传值的方式传递。

数组元素与普通变量并无区别,数组元素作为函数实参,与普通变量作为实参是完全相同的;在发生函数调用时,将作为实参的数组元素的值单向传递给形参。

传值的一个缺点是,如果有一个大的数据项需要传递,那么复制数据需要花费大量的时间和内存空间。

6.2.2 传地址

当函数的形参是指针类型时,要求对应的实参是地址(值)。在调用函数时,将地址(值)传递给形参指针,作为形参指针的值,使得形参指针指向实参所保存的地址值。这样函数就可以通过间接访问的方式来修改对应的数据。

1. 简单数据类型的地址传递

编写 swap 函数,希望能交换两个变量的值。由于操作中需要改变两个变量,因此不能靠返回值(因为函数返回值只有一个)实现此功能。例如,函数定义:

```
void swap(int a, int b)
{
    int temp = a;
    a = b;
    b = temp;
}
```

和程序片段:

```
int m = 1, n = 2;
...
swap(m, n);
```

但 swap 函数并没有交换变量 m 和 n 的值。原因在于,在采用传值的方式调用 swap 函数时,m 和 n 的值被复制给形参 a 和 b,函数交换的是 a 和 b 的值,不会影响实参 m 和 n,m 和 n 的值没有交换。

如果要真正实现数据的交换,则应采用传地址值的方法。

例 6-3 交换两个整型变量的值。

```
//6-3.cpp
#include <stdio.h>
#include <stdlib.h>
void swap(int *a,int *b);
int main(){
    int m, n;
    printf("please input two numbers:\n ");
    scanf("%d%d",&m, &n);
    swap(&m, &n);
    printf("after swap two numbers is:%d,%d\n ",m,n);
    system("pause");
    return 0;
}
void swap(int *a,int *b)
{
    int temp;
    temp = *a;
    *a = *b;
    *b = temp;
}
```

当 swap 函数被调用时,传递给形参指针 a 和 b 的是实参 m 和 n 的地址(值),因此,在 swap 函数被调用时,形参指针 a 指向的目标变量为 m,形参指针 b 指向的目标变量为 n。将 *a 和 *b 交换,实质上就是通过间接访问方法对 m 和 n 进行交换。swap 函数实现了两个数据的交换。

如果函数交换的是实参指针的值,就不能交换两个目标变量的值,如例 6-4 所示。

例 6-4 交换两个整型变量的值,失败。

```cpp
//6-4.cpp
#include <stdio.h>
#include <stdlib.h>
void swap(int *c,int *d);
int main(){
    int a, b;
    printf("please input two number :\n ");
    scanf("%d%d",&a, &b);
    swap(&a, &b);
    printf("after swap two number is:%d,%d\n ",a,b);
    system("pause");
    return 0;
}
void swap(int *c,int *d)
{
    int *temp;
    temp = c;
    c = d;
    d = temp;
}
```

当 swap 函数被调用时,传递给 swap 函数的形参是地址值,swap 函数中交换的是形参的地址值(指针的指向),但没有进行 a 和 b 的交换。

2. 结构变量的地址传递

结构变量的地址和普通变量的地址传递一样,也是通过形参指针访问指向的实参数据,这样可避免普通结构变量分配形参变量空间和复制数据的操作,节约时间与空间。因此,结构变量的数据传递优先选用地址传递作为参数。

3. 数组与指针的地址传递

(1) 形参指针指向实参数组。将实参数组的首地址传递给形参指针,形参指针指向实参数组。通常,还需要给函数传递需要处理的数据个数的信息。例如:

```cpp
long sum(int *pi,int num)    //数组求和,这里省掉了参数的合法性检查代码
{
    int n;
    long s = 0;
    for (n = 0;n < num;n++)
        s = s + pi[n];    //指针作数组名使用
    return s;
}
int main()
{
    int arr[20];
    float ave;
    …      //输入数组元素值
    ave = sum(arr,10)/10;
    …      //输出结果
    Return 0;
}
```

（2）函数的形参和实参都是数组。用数组作为函数参数与用数组元素作为实参有以下几点不同：

① 当用带下标的数组元素作为实参时，只要数组类型和函数的形参变量的类型一致，那么对数组元素的处理就是按普通变量对待的。当用数组名作为函数参数时，则要求形参和相对应的实参必须是类型相同的数组，都必须有明确的数组说明。

② 在普通变量或数组元素作函数参数时，形参变量和实参变量存储在两个不同的内存单元中。在函数调用时发生的传递值操作，是将实参变量的值赋予形参变量。在用数组名作为函数参数时，不进行值的传递（不是将实参数组的每一个元素的值都赋予形参数组的各个元素）；数组名代表数组的首地址，数组名作为函数参数时所进行的传递只是地址的传递，也就是说，将实参数组的首地址赋予形参数组。实际上，形参数组和实参数组为同一数组，共同拥有一段内存空间，对形参数组的操作就是对实参数组的操作。

例 6-5 数组 a 中存放了一个学生 5 门课程的成绩，求平均成绩。

```
//6-5.cpp
#include <stdio.h>
#include <stdlib.h>
float aver(float a[],int n)
{
    int i;
    float av,s = a[0];
    for (i = 1;i < n;i ++)
        s = s + a[i];
    av = s/n;
    return av;
}
int main()
{
    float sco[5],av;
    int i;
    printf("\ninput 5 scores:\n");
    for (i = 0;i < 5;i ++)
        scanf("%f",&sco[i]);
    av = aver(sco,5);
    printf("average score is %6.2f\n",av);
    system("pause");
    return 0;
}
```

aver 函数的形参为实型数组 a，长度为 n。在 aver 函数中，将各元素值相加求出平均值，返回给主函数。主函数 main 中首先完成 sco 数组的输入，然后以 sco 作为实参调用 aver 函数，函数返回值传递给 av，最后输出 av 值。

（3）用数组名作为函数参数时应注意以下问题：

① 形参数组和实参数组的类型必须一致，否则将引起错误。

② 形参数组和实参数组的长度可以不相同，因为在调用时，只传递首地址而不检查形参数组的长度。需要注意的是，当形参数组的长度与实参数组不一致时，虽然没有语法错误（编译能通过），但程序执行结果将与实际不符。

③ 在函数形参表中,允许不给出形参数组的长度,或用一个变量来表示数组元素的个数。
例如:可以写为:

```
void nzp(int a[])
```

或写为:

```
void nzp(int a[],int n)
```

其中,形参数组 a 没有给出长度,而由 n 值动态地表示数组的长度。n 的值由主调函数的实参进行传递。

④ 多维数组也可以作为函数的参数。在定义函数时,对形参数组可以指定每一维的长度,也可以省去第一维的长度。因此,

```
int fun(int a[3][10])
```

或

```
int fun(int a[ ][10])
```

都是合法的。

传地址调用对性能很有帮助,因为它可以减小采用传值调用时复制大量数据的开销,提高程序的执行效率。

6.3 函数返回指针

函数通过参数进行数据的输入和输出,输出的一种方法是通过指针间接修改调用函数中的参数变量空间;另外一种方法就是通过函数的返回值。当函数内部数据的地址需要返还给调用函数时,就叫作函数返回指针。

视频讲解

函数返回指针的一般形式如下:

```
类型定义符   *函数名(形参列表)
{函数体}
```

其中,"类型定义符"是指返回指针指向的数据类型,如果函数内部动态分配空间或者函数内部处理后的地址需要给调用函数,就可以通过函数返回值传递地址。下面的例子展示了如何利用函数来检测字符串是否包含某个字符的功能,其中的函数返回值是指针。

例 6-6 实现匹配函数 match:程序在输入字符串中查找一个给定的字符,如果找到,则从该字符开始输出剩余子字符串,以及该字符是字符串的第几个字符;否则输出"no match found"。

分析 (1) match 函数有 2 个输入参数:输入字符串和待查找的字符。
(2) match 函数有 1 个输出:待查找的字符在输入字符串的位置或者 NULL(查找失败)。
(3) 功能:从输入字符串的第一个字符开始与待查找字符进行比较,如果相同,则返回该字符在字符串的位置,结束函数;否则,继续查找字符串的下一个字符,直到找到匹配项或者遍历完字符串中的所有字符,此时返回 NULL。最后,根据返回结果,如果找到匹配项,则输出从该字符开始的剩余子字符串;否则,输出"no match found"。

根据分析,给出函数原型:char *match(char *sp,char c);程序代码如下:

```
//6-6.cpp
#include <stdio.h>
#include <string.h>
constint LEN = 80;
char *match(char *sp, char c);//函数声明
int main()
{
    char s[LEN],ch,*p;//s 是存储字符串的字符数组,最长 80 个字符
    int pos;
    gets(s); //输入字符串
    getchar();//将 gets 的回车符号扔掉
    ch = getchar();//输入待查找的字符
    p = match(ch,s);      /* 函数调用,返回地址赋 p 指针 */
    if(p)
    {
      pos = strlen(s) - strlen(p) + 1;    /*strlen 是字符串函数,需要用 string.h 头
                                            文件 */
      printf("%s %d\n",p,pos);
    }
      else
      printf("no match found");
}
char *match(char *sp, char c)    /* 定义返回值是指针型的函数 */
{
    if(sp = = NULL)return NULL;
    int count = 0;
    while(c ! = sp[count] &&sp[count] ! = '\0')
        count ++;
    if(sp[count])
        return(&sp[count]);    /* 返回子字符串的地址 */
    return NULL;
}
```

主程序的功能就是读入字符串和字符,然后调用 match 函数,根据 match 函数的结果进行进一步处理。在 match 函数中,定义了局部变量 count,并将其初始化为 0。然后,count 遍历字符串 sp 的每一个字符。只要这个字符不等于 c,并且不是字符串结束符,就继续访问下一个字符,用循环语句完成依次访问字符串中各个字符的功能。当 while 循环结束的时候,要么是找到 c,要么是遍历完字符串也没有找到。根据 sp[count]为真,判断为找到,则返回 c 在字符串 sp 中的地址;否则,返回 null。

程序的运行结果为:

> 输入:programming
> a
> 输出:amming 6

注意　动态内存分配的一个原则是,不要把局部变量的地址作为函数返回值返回,所以函数返回指针不能是局部变量的地址。下面的代码说明如果函数返回局部变量地址可能造成的问题。

```
1.  #include <stdio.h>
2.  int *test();
3.  int main()
4.  {
5.      int *t,*t2;
6.      t=test();
7.      *t=10;
8.      t2=test();
9.      printf("t=%p,*t=%d\n",t,*t);
10.     return 0;
11. }
12. int *test()
13. {int a=5;return (&a);}
```
程序的运行结果为：
t=0018FDE4,*t=5

t 所指空间的值在函数内部赋值为 5，在主程序第 7 行通过指针修改为 10，第 8 行再次调用函数 test()。然后 t2 指向函数 test()，这时输出 t 指针的值和所指空间的数据，在主函数中修改为 10，但实际输出为 *t=5。因为局部变量 a 是栈上分配的，所以每次函数调用结束后，分配给它的空间都会被释放。如果指针继续指向该空间，后续函数调用可能覆盖此内存，导致读取到错误数据或程序崩溃。因此，函数返回指针可以返回全局变量或静态变量的地址，或者返回通过动态内存分配方式获得的内存地址，但不能返回局部变量的地址。

6.4 递归函数

视频讲解

函数的递归调用是指调用一个函数的过程中直接或间接地调用该函数自身，如图 6-5 所示，这种函数称为递归函数。C 语言允许函数的递归调用。在函数的递归调用过程中，主调函数同时也是被调函数。执行递归函数将反复调用其自身，每调用一次就形成一个新的栈帧。

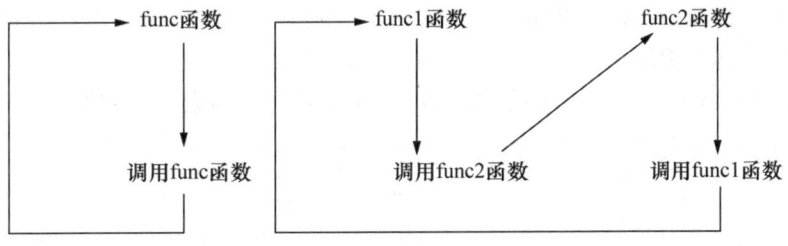

图 6-5　函数的递归调用

采用递归算法解决问题的特点是：原始问题可分解为解决方法相同的新问题，而新问题的规模要比原始问题小。通过不断缩小问题规模，最终递归终止于最基本的情况。

为了防止递归调用无终止地进行，必须在函数内有终止递归调用的方法。常用的方法是进行条件判断，满足某种条件后就不再进行递归调用，然后逐层返回。

递归调用的过程有两种。

(1) 递归过程。将原始问题不断转化为规模小一级的新问题，最终达到递归终止条件。

(2) 回溯过程。从已知条件出发，沿递归的逆过程，逐一求值返回，直至递归初始处，完成递归调用。

例 6-7 用递归调用的方法计算 $n!$，$n!$ 可用下述公式表示：

$$n! = \begin{cases} 1 & n=0,1 \\ n \times (n-1)! & n>1 \end{cases}$$

```
//6-7.cpp
#include<stdio.h>
#include<stdlib.h>
long ff(int n) {
    long f = -1;
    if (n<0) printf("n<0,input error");
    else if (n==0 ||n==1) f=1;
    else f = ff(n-1)*n;
    return (f);
}
int main() {
    int n;
    scanf("%d",&n);
    printf("%d!=%ld",n, ff(n));
    system("pause");
    return 0;
}
```

ff 函数是一个递归函数。主函数调用 ff 后即进入 ff 函数执行，如果 $n<0$，$n=0$ 或 $n=1$，则将结束函数的执行；否则，就递归调用 ff 函数自身。由于每次递归调用的实参为 $n-1$，即将 $n-1$ 的值赋予形参 n；最后，当 $n-1$ 的值为 1 时再进行递归调用，形参 n 的值也为 1，将使递归终止，然后逐层退回。

设执行时输入为 5，在主函数中的调用为 ff(5)，进入 ff 函数后，应执行

```
f = ff(n-1)*n
```

即

```
f = ff(5-1)*5
```

该语句对 ff 函数进行递归调用，即 ff(4)。例 6-7 的 ff 函数递归调用示意如图 6-6 所示。进行 4 次递归调用后，ff 函数形参取得的值变为 1，故不再继续递归调用而开始逐层返回主调函数。ff(1) 的函数返回值为 1，ff(2) 的返回值为 $1*2=2$，ff(3) 的返回值为 $2*3=6$，ff(4) 的返回值为 $6*4=24$，最后，返回值 ff(5) 为 $24*5=120$。

递归函数的主要优点是，算法比使用非递归函数时更清晰、更简洁；缺点是大部分递归函数没有明显地减少代码规模和节省内存空间。

```
          main         ff(5)         ff(4)         ff(3)        ff(2)
           ↓            ↓             ↓             ↓            ↓         ff(1)
         输入n                                                               ↓
                       5>1           4>1           3>1          2>1
           ↓            ↓             ↓             ↓            ↓         1<=1
         ff(5)        ff(4)         ff(3)         ff(2)        ff(1)
           ↑            ↑             ↑             ↑            ↑
                       计算           计算          计算         计算
           ↑
           结束   ff(5)=ff(4)*5=24*5=120
                           ff(4)=ff(3)*4=6*4=24
                                       ff(3)=ff(2)*3=2*3=6   ff(2)=1*2=2
```

图 6-6 例 6-7 的 ff 函数递归调用示意

大部分函数的递归形式比非递归形式的运行速度要慢一些。这是因为编译器使用栈来实现递归过程,所以附加的函数调用增加了时间开销(在许多情况下,速度的差别不太明显)。对函数的多次递归调用也可能造成栈的溢出。

6.5 课堂练习题

参考答案

1. 阅读程序并回答问题。运行 Test 函数会有什么样的结果?

(1)
```
void GetMemory(char *p)
{
    p = (char *)malloc(100);
}
void Test(void)
{
    char *str = NULL;
    GetMemory(str);
    strcpy(str, "hello world");
    printf(str);
}
```

(2)
```
char *GetMemory(void)
{
    char p[] = "hello world";
    return p;
}
void Test(void)
{
    char *str = NULL;
    str = GetMemory();
    printf(str);
}
```

(3)
```
void GetMemory2(char **p, int num)
{
    *p = (char *)malloc(num);
}
void Test(void)
```

```
{
    char * str = NULL;
    GetMemory(&str,100);
    strcpy(str, "hello");
    printf(str);
}
```

(4)
```
void Test(void)
{
    char * str = (char *) malloc(100);
    strcpy(str, "hello");
    free(str);
    if(str != NULL)
    {
        strcpy(str, "world");
        printf(str);
    }
}
```

2. 编写一个函数,使其能统计字符串中的字母、数字和空格。

3. 编写一个程序,输入5个国家的名称并按字母顺序输出。

4. 身份证号码为18位,第7到第14位代表出生年月日。编写一个比较2个年龄大小的函数,身份证号码为参数,函数返回值定义如下:

1——第1个人比第2个人大。

0——两个人年龄相等。

-1——第1个人比第2个人小。

第4题算法

第4题程序

第4题调试

5. 从3个红球(x)、5个白球(y)、6个黑球(z)中任意取出8个球,且其中要有红球和白球。设计一个函数,输出所有满足要求的方案。

6. 有 n 个人围成一圈,顺序排号。从第1个人开始报数(所报的数为整数,范围从1到3),凡报到3的人退出圈子,请问最后留下的是原来第几号?

第5题视频

第6题视频

7. 输入一个字符串,要求按相反的顺序输出各个字符。例如,输入为 AbcD,则输出为 DcbA。分别完成下面两个函数:

视频讲解

(1) void reverseStr1(char * str)——改变原字符串的内容。

(2) void reverseStr2(char * srcStr, char * destSrc)——不改变原字符串内容,变换结果存储在 destStr 中。

8. 假设一块板上有 3 根针,分别为 A、B、C。A 针上套有 $n(n=3)$ 个大小不等的圆盘,大的在下,小的在上。要将 n 个圆盘从 A 针移动到 C 针上,求移动的步骤。

移动规则如下:

(1) 一次只能移动一个。

(2) 大的不能放在小的上面。

(3) 只能在 3 根针中移动。

9. 请用函数实现第 4 章的击鼓传花游戏。题目具体要求如下:小明今年生日邀请了一群朋友,总共 n 人($5 \leq n \leq 20$ 人)一起玩击鼓传花的游戏,假设我们用生成的随机数代替敲鼓的次数 $x(2 \leq x \leq 5)$,则鼓点停止时拿到花的这个人需要随机喝 y 杯啤酒($1 \leq y \leq 3$),每瓶啤酒可以倒 3 杯,每瓶啤酒 5 元钱,玩了 $z(10 \leq z \leq 30)$ 次之后结账。如果给这些人按照 $1 \sim n$ 标号,哪些人喝过啤酒?按照编号递增顺序输出喝过啤酒的人的编号及他喝的总啤酒杯数。最后,输出小明需要付款的金额。

10. 老虎机游戏。小明喜欢玩老虎机,机器说明写的是有 4 种水果,每次随机生成 3 个,如果某一次出现的 3 个水果是同一种水果,而且小明又按动按钮选中了这 3 个水果,就能够得到 10 个游戏币,每玩一次游戏需要 1 个游戏币,1 个游戏币一次最多可以玩 100 组数据。小明眼疾手快,每次只要有 3 个同种水果生成,小明都能够正确选中。

(1) 请你计算一下如果小明有 10 个游戏币,要么把所有游戏币都花完,要么挣 100 个游戏币,则需要玩多少局游戏?

(2) 如果要让所有人最后一定能够输掉身上所有的游戏币,你能够想到什么方案,让玩家玩得高兴,最后又输掉所有的游戏币?

(3) 你能够用图形化界面实现这个老虎机游戏吗?

6.6 上机实验

题目:函数实验——学生成绩管理

题目详情:

在第 4 章数组与结构的成绩管理系统实验基础上调整,用函数实现各个功能。

具体要求如下:

```
#include<stdio.h>
#include<stdlib.h>
typedef struct student
{
  int id;
  char name[50];
  float chinese;
  float math;
  float english;
  float sum;
}student;
/*输入参数:字符串 name 是要打开的文件名称。输出参数:stu 是读出的学生的详细信息。
函数的返回值:学生人数。任何错误返回 0*/
```

```
int ReadStuInfoFromFile(char *name, student * *stu);
```
/*输入参数:stu 是全班学生信息,n 是人数。输出参数:3 科平均成绩不及格的名单是 no-PassStudent,不及格人数 m。操作成功返回 0,失败返回 −1*/
```
int NoPass(student stu[], int n, student * *noPassStudent, int *m);
```
/*输入参数:stu 是全班学生信息,n 是人数。输出参数:3 科平均成绩及格的名单是 PassStudent,及格人数 m。操作成功返回 0,失败返回 −1*/
```
int Pass(student stu[], int n, student * *PassStudent, int *m);
```
/*输入参数:stu 是全班学生信息,n 是人数。输出参数:按照总分/平均分排序后的结果也存储在 stu 中。操作成功返回 0,失败返回 −1*/
```
int SortStudents(student stu[], int n);
```
/*输入参数:stu 是全班学生信息,n 是人数。操作成功返回 0,失败返回 −1。本函数在码图上不会进行检测,只是供同学们调试使用*/
```
int PrintStudents(student stu[], int n);
```
/*输入参数:stu 是全班学生信息,n 是人数,id 是待查找的学号。输出参数:rank 是在班上的排名;stu 是这个学生的详细信息。返回值:查找成功返回 0,失败返回 −1*/
```
int SearchStudent(student stu[], int n, int id, int *rank, student *rstu);
```

ReadStudInfoFromFile 中的参数 name 是存储学生信息的文件名称,函数将从这个文件中读取学生数据并存储在 stu 指针指向的动态数组空间中,返回读取的学生人数。学生信息存储在"stuScores.txt"文件中,内容如下:

第一个数据是学生人数 n;后面的数据是 n 个学生的详细信息,需要用 fread 依次读出人数及 n 个人的详细数据。读出的成绩数据并没有进行累加求和,需要编程者自己计算。

请务必保证函数实现正确,只需要提交这些函数的实现和需要的头文件到码图,不需要提交 stuScores.txt 和 main 函数。

参考主函数如下:

```
int main()
{
  int n, rank, id,i,m;
  char name[] = "stuScores.txt";
  student * stu = NULL, * noPassStu = NULL, * passStu = NULL, rstu;
  n = ReadStuInfoFromFile(name, &stu);     /*调用第一个函数,得到学生信息*/
  if (n == 0) { printf("error"); return -1; }
  PrintStudents(stu, n);      /*打印学生信息,查看是否正确读出所有信息*/
  printf("\n no pass studnt - - - - - - - - \n");
  i = NoPass(stu, n, &noPassStu, &m);   /*调用第二个函数,得到不及格学生信息和人数*/
  if(i == -1)printf("no pass error");
  else
  PrintStudents(noPassStu, m);     /*打印不及格学生信息*/

  printf("\n passed studnt - - - - - - - - \n");
  i = Pass(stu, n, &passStu, &m);    /*调用第三个函数,得到及格的学生信息和人数*/
  if (i == -1)printf(" pass error");
  else
      PrintStudents(passStu, m);   /*打印及格学生信息*/
  printf("\n sort studnt - - - - - - - - \n");
  i = SortStudents(stu, n);
  if (i == -1)printf("sort error");
  else
      PrintStudents(stu, n);    /*打印排序后的学生信息*/
```

```
        printf("\n search id - - - - - - - -\n");
        scanf("%d", &id);
        i = SearchStudent(stu, n, id, &rank, &rstu);    /*调用查找函数*/
        if (i = = -1)printf("search error");
        else
            PrintStudents(&rstu,1);        /*打印找到的学生信息*/
        /*释放前面所有分配的空间*/
        if(stu){free(stu);stu=NULL;}
        if(noPassStu){free(noPassStu);noPassStu=NULL;}
        if(PassStu){free(PassStu);PassStu=NULL;}
        system("pause");
        return 0;
    }
```

提醒 注意观察 main 函数对各函数的调用,如果给函数传递空指针,而实际需要指针指向的空间,则应该在函数内部按需分配内存。

实验均可在在线 OJ 网站码图多次提交,得到实时分数。码图题号 147,题目:函数实验-学生成绩管理。

6.7 小　　结

1. 函数是 C 语言程序中最重要的结构,它是支持程序设计中模块和层次结构的基础。

2. C 语言中的函数定义就是编写完成某种功能的程序模块。函数包括三个部分:函数头、参数说明和函数体。函数头中的数据类型说明符定义了函数返回值的数据类型;函数名是为函数定义的名字,它是调用函数的标识符;形参表中的形参变量用于接收调用函数传递的实参变量。参数说明是对形参表中形参变量的说明,调用函数时实参必须与形参的数据类型相同,其顺序必须一一对应。函数体是完成某种功能的语句集合。

3. 函数调用是将实参传递给被调函数的形参,然后执行函数体的过程。函数返回语句用于结束函数的执行,并且将控制返回到调用处。函数的返回值用于在表达式中作为操作数使用。

4. 数据在函数间传递可采用三种方式,参数传递、函数返回语句、使用全局变量。

(1) 参数传递方式有以下几种方式:

① 传数据值方式是采用复制方式将实参的值传递给形参,它们各自占用独立的存储空间,形参的任何改变不影响实参。

② 传地址值方式是将实参地址值传递给形参指针,通过间接访问方式可以修改实参对应的数据。

③ 传数组地址值方式是将实参的地址传递给形参数组,使得形参数组和实参数组是同一个数组,对形参数组的访问和修改实质上就是对实参数组的访问和修改。

(2) 利用函数返回语句可以返回函数处理数据的结果,也可以在函数间实现数据的传递。

(3) 程序的所有函数都可以对全局变量进行访问,达到共享数据的目的,全局变量将在本章知识补充与扩展中介绍。

5. 指针作为函数的形参时,实参可以是数组(名);将数组的首地址传递给函数,被调函数用指针变量接收这个地址之后,利用指针与数组元素建立的对应关系,可以对数组进行处理。这是指针应用的一个重要方面。

6. 返回值为指针的函数简称为指针型函数,指针型函数与一般函数定义方式不同之处仅在于,为了表示函数的返回值不是数值而是指向数值的指针,必须在函数名前加 *。程序中接收指针型函数返回值的变量必须说明为指向同种数据类型的指针变量。

7. 指向函数的指针简称为函数指针,定义函数指针与一般指针的形式不同,应注意区分。函数指针的定义形式是:

> 类型说明符 (* 函数指针变量)();形参表

函数指针的作用是函数调用时在函数之间传递函数,它是通过将实参函数的起始地址传递到形参来实现的。函数指针将在本章知识补充与扩展中介绍。

8. 递归函数就是函数直接或间接地调用自己。递归总是有条件的,无终止条件的递归是无意义的。递归函数是采用堆栈机制实现的,递归函数的代码紧凑,但它并不能节省内存空间和提高程序执行的速度。

9. 命令行参数是将可执行的 C 语言程序作为操作系统命令的一种方法。使用命令行参数可以向 main 函数传递参数。main 函数中一般有两个形参:argc 表示命令行中参数个数加 1(包括命令名),argv 是一个指向命令名和命令行中各实参字符串常量的指针数组。在编写使用命令行参数的程序中,必须使用这两个规定的形参变量;否则,无法实现参数的传递。命令行参数将在本章知识补充与扩展中介绍。

10. 与用户自定义的函数不同,标准库函数是 C 编译程序为用户预先编写的具有特定功能的一系列函数。这类函数以程序库方式提供使用,在编写 C 语言程序时可直接调用。为了使用库函数,必须在程序中嵌入一个特定的"头部文件",该文件包含被调用函数需要的定义和说明、参数常量及宏等。

11. C 语言的编程需要规范,但 C 语言的编程规范并没有一个统一的、官方的"文件"存在,而是由不同的组织、公司或开发者社群根据各自的实践经验和最佳实践总结出来的一系列原则、规则和建议。这些规范旨在提高代码的可读性、可维护性、可测试性、安全性和效率。比较知名的有 GNUC 编程规范,Linux 内核编程风格,MISRA C,高德纳(Knuth)的编程风格,以及许多大型科技公司,如谷歌、微软、苹果等,都有自己的内部 C 语言编程规范。二维码讲解了华为公式的编程规范,供学习者参考。

视频讲解

6.8 课后作业

1.【码图编号 33】编写程序实现字符串的复制。

题目描述:实现字符串的复制。

> void my_strcpy(char * destination,char * source);

将 source 指向的字符串复制到 destination 指向的位置。

注意:使用空格字符来表示字符串的结束。

例如,source 指向的位置依次保存了字符'a',字符'b',字符空格' ',字符'c',则 source 指向的字符串为"ab"。

若遇到异常情况,则输出"error";否则,不应有任何输出,以避免产生误解。

2. 【码图编号 41】编写程序对结构体数组进行排序。
题目描述：

```
typedef struct Person{
    int no;
    int age;
    int height;
} Person;
```

实现 sort 方法对结构体数组进行排序。

```
void sort(Person * array,int n);
```

根据 no 从小到大排序，如果 no 相同，则根据 age 排序；如果 age 相同，则根据 height 排序。
注意：若遇到异常情况，则输出"error"；否则，不应有任何输出，以避免产生误解的情况。

3. 【码图编号 118】编写函数输出小于等于 n 的水仙花数。
题目描述：设有一个 3 位数，它的百位数、十位数、个位数的立方和正好等于这个 3 位数，如 153 = 1 + 125 + 27。
编写函数，返回小于等于传入参数 n，并且满足该条件的 3 位数（称为水仙花数）的数量。
假设函数原型是：int find(int n);
若传入参数 n 不符合 3 位数的条件，或者在指定范围内未能找到水仙花数，则 find 函数应返回 0；否则，返回找到的水仙花数的数量。
注意：不要在 find 函数中使用输出操作（如调用 printf 或 puts 等函数输出数据），否则视为错误。
例如：n 为 400，find 函数返回 3。

6.9 知识补充与扩展

本节介绍了函数指针、命令行参数解析机制、标准库架构与实现、变量存储类型、图形开发库 ACLLib，以及华为 CodeArts IDE 与 Visual Studio 中的函数相关调试技术。详细内容请参考本节对应的二维码。

视频讲解

知识拓展

6.9.1 函数指针

函数指针变量声明采用 returntype (*pf)(parameters list) 的语法形式，将函数名直接赋值给相应指针（如 pf = max，其中 pf 为函数指针变量，max 需具备相同参数列表和返回类型），调用时须使用 pf(x,y) 语法格式，操作符括号不可省略且不支持算术运算。该机制主要应用于运行时多态和动态回调机制的实现。需特别注意区分函数指针（指向函数的指针）与指针函数（返回指针的函数）的语法差异。

6.9.2 命令行参数解析机制

主函数原型定义为：int main(int argc, char * argv[ ])，其中，argc 表示参数总数（包含程序名称），argv 为字符型指针数组。根据 C 语言规范，argv[0]存储可执行文件路径，argv[1]至 argv[argc-1]依次存储用户输入参数。

命令行参数机制通过在运行程序时输入参数的方式替代了程序中的硬编码配置，赋予程序动态适应能力。这一机制是构建可配置工具、自动化脚本及后台服务的核心方法。利用命令行参数，开发者可以使程序根据不同的运行时输入灵活调整其行为，从而提高应用的灵活性和适用性。熟练掌握其解析方法（如 argc/argv 手动解析或 getopt 库函数解析）是开发生产级命令行应用程序的基本能力。

6.9.3 标准库架构与实现

ANSI C 标准库作为可移植的基础架构，包含 13 个功能模块，涵盖了字符处理、数学运算、文件 I/O 等核心操作。开发时通过引入标准头文件声明函数原型，编译时通过动态链接库或静态链接库实现函数绑定。其中动态链接机制可实现按需加载，在存储空间优化方面具有显著优势，仅需在内存中映射必要的函数代码段。

6.9.4 变量存储类型

视频讲解

变量的存储类型直接影响其作用域、生命周期以及内存分配方式。在编程时，合理选择和使用不同的变量存储类型不仅能够优化程序性能，还能增强代码的可读性和维护性。

变量的存储类型确定了其在内存中的分配方式、作用域以及生命周期。根据变量定义的位置及其修饰符的不同，C 语言提供了多种存储类型，包括局部变量、全局变量和寄存器变量等。

（1）局部变量：包括在函数内部定义的自动变量（其存储类别为默认值 auto，在动态存储区中分配），以及经 static 修饰的静态局部变量（保留变量值至程序生命周期结束）。

（2）全局变量：全局变量是在任何函数之外定义的变量，在当前源文件中可在定义之后的任何位置进行访问，具有文件作用域。如果需要跨源文件访问，则可通过 extern 修饰声明。经 static 限定的静态全局变量仅允许在当前源文件内访问。

（3）寄存器变量：通过 register 声明建议编译器进行高频访问优化，实际存储可能由编译器自动转换为 auto 类型。

局部变量作用域限定于函数内部，全局变量及静态变量在程序运行期间持续存在（存储区域分别为静态存储区与栈区）。

6.9.5 图形开发库 ACLLib

该框架采用基于事件驱动的编程模型，通过封装 Windows 图形用户界面、消息循环及定时器、多线程等操作的 API，实现了图形界面元素渲染、键盘/鼠标事件响应以及定时器管理等功能模块，有效降低了 Windows 图形用户界面编程的难度和 Windows API 的调用复杂度。

6.9.6 华为 CodeArts IDE 与 Visual Studio 中的函数相关调试技术

掌握函数定义与调用语法后，理解其执行过程至关重要。调试技术可直观展现函数调用、参数传递与返回机制，其中单步执行和调用堆栈是分析函数行为的关键工具。

单步执行可分为单步步过和单步步入。单步步过将执行当前行代码，若为函数调用，则不进入函数内部，而是直接执行完毕并暂停在下一行，适用于跳过已确认无误的函数调用；单步步入则会进入函数内部逐行执行，适用于深入分析自定义函数或排查可疑函数中的逻辑错误。二者仅在遇到函数调用时表现不同，其余情况下执行方式完全相同。

当函数被调用时，程序会为它创建一个"栈帧"，用来保存参数、局部变量以及当前执行的位置等信息。当每次调用函数时，系统会在"调用堆栈"中为当前函数创建对应的栈帧；当函数执行结束时，其栈帧会被自动清除。这个机制可以类比为：当你正在写作业时突然接到电话，可以先记下当前的进度（保存状态），处理完电话后再根据记录继续作业。调用堆栈就像是这些"执行中断"的便利贴集合，清晰展示了当前函数是由哪些上级函数一步步调用而来的。在调试过程中，特别是在处理递归或嵌套函数调用时，调用堆栈能帮助我们快速理清函数的调用顺序，从而更高效地定位问题。

第2篇

C++语言程序设计

第7章　C++语言编程基础

基础理论

C语言运用了一种自顶向下的功能模块划分设计方法,并采用自下而上的编程方式来实现这种结构化设计。通过将复杂问题分解为具有单一功能的小模块,这种方法极大地支持了软件功能的逐步复杂化。然而,随着软件功能的不断增强,这种结构化设计方法遭遇了两大挑战:一是如何应对软件的复杂性和重用性问题,二是如何将现实世界的模型在计算机中有效地表示出来。面向对象的思想通过模拟现实世界的实体,并在计算机中实现仿真,从而方便地描述对象的内部状态和运行机制。因此,系统设计者能够将从现实世界获得的图像或头脑中形成的模型,与构成系统的一组对象之间建立起几乎——对应的联系,这极大地促进了大型系统的实现。

7.1 面向对象的三个核心概念

在现实世界中,实体被称作对象,不同对象之间的相互作用和通信构成了完整的现实世界。为了将这一思维模型映射到程序设计中,我们引入了三个核心概念:数据封装(抽象)、继承和多态。

1. 数据封装

面向对象语言运用了抽象的手段,其关键原则之一便是信息隐藏。通过数据封装,我们可以将数据及其相关操作捆绑在一起,形成一个活跃的实体,即对象。用户不用了解对象内部行为的细节,只需通过对象提供的外部特性接口访问对象。在 C++ 中,类(class)是实现数据封装的机制。

2. 继承

继承是面向对象语言的另一个核心概念。在现实世界中,存在整体与部分(is part of)、一般与特殊(is kind of)的关系,这些关系有时会让初学者感到困惑。

在面向对象的语言中,类支持继承特性。除了最基础的根类,每个类都可以有一个父类(super class/parent class/base class),同时也可以有派生自它的子类(subclass/child class/derived class)。子类可以从父类继承所有的数据和操作,并可以添加自己的特定数据和操作。父类定义了共通的特性,而子类则表达了个体的差异。

3. 多态

多态是指一个名称(或符号)能够代表多种不同的含义。在使用函数编程时,编程者关注的是函数的功能及其接口,而不需要了解函数接口与具体实现方法之间的匹配关系。也就是说,在设计层面,编程者只需关注"施加在对象上的动作是什么",而不必涉及"如何实现这个动作"或"实现这个动作有多少种方法"的细节。在面向对象的语言中,重载(overload)是多态的最简单体现。

函数调用(接口)与具体函数实现的匹配过程可以在编译时完成,这称为早期匹配或静态联编;如果这一匹配过程延后到运行时进行,则称为后期匹配或动态联编。C++通过虚函数(virtual function)机制,赋予了程序后期绑定的优良特性。

视频讲解

7.2 C++语言中的 I/O

在 C++语言中,数据在对象之间的传输被抽象为"流"。流在使用前要被创建,使用后要被删除。向流中添加数据的操作称为插入操作,从流中获取数据的操作称为提取操作。

C++系统预定义了两个流 cin 和 cout,分别用于标准输入和标准输出。cin 负责处理来自键盘的输入,而 cout 负责将输出显示在屏幕上。为了使用这些流,需要包含#include <iostream>头文件。为了方便使用,通常会增加 using namespace std;指令,这样就可以直接使用 std 命名空间中的名称,而无须限定命名空间。关于命名空间的详细信息和用法,请参考第 10 章。

(1) << 是预定义的插入符,用于 cout 流,可实现屏幕输出,格式如下:

> cout << 表达式 << 表达式 << ……

其中,表达式可以是变量、常量以及由各种运算符连接起来的运算表达式。

例如:

```
int a=5,b=4;
printf("a+b=%d\n",a+b);//C语言中的实现
cout<<"a+b="<<a+b<<endl; //C++语言中的实现
```

上述 C 语言和 C++语言的语句运行结果完全相同,都达到了相同的输出效果。在 C++语言中,双引号""内的表达式会原样输出,而双引号""外的表达式的计算结果会直接输出,无须像 C 语言那样指定输出结果的类型,C++会自动根据表达式的类型输出相应类型的结果。

(2) >> 是预定义的提取符,用于 cin 流,可实现键盘输入,格式如下:

> cin >> 表达式 >> 表达式 >> ……

其中,表达式只能是变量或内存区,并且需要有确切的内存空间存储输入的数据。

例如:

```
int a,b;
scanf("%d%d", &a, &b);//C语言中的实现
cin>>a>>b; //C++语言中的实现
```

上述 C 语言与 C++语言的语句都是通过标准输入设备(键盘)输入 2 个整数并依次存储在两个整型变量 a 和 b 中。C++语言的输入语句不需要指定输入格式符,而是直接根据变量 a 和 b 本身的数据类型确定输入数据的合法性;如果输入数据合法,则存储在相应的变量中。

7.3 C++语言中的数据类型

C++语言中的数据类型如图7-1所示。

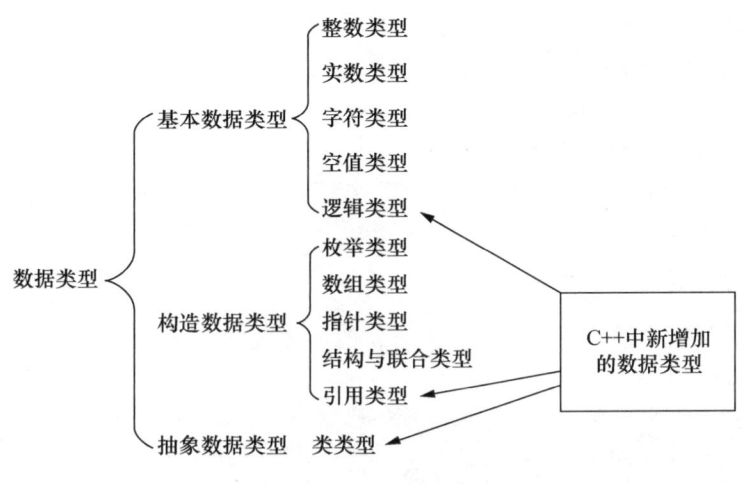

图7-1 C++的数据类型

C++语言的数据类型,除了继承C语言的基本数据类型以外,还增加了逻辑类型、引用类型和类类型。

1. 逻辑类型

C语言的逻辑表达式只有真与假两种情况,但没有专门的数据类型来表示这种逻辑结果,通常使用整数类型的0表示假,非0表示真。C++语言增加了逻辑类型,有真(true)与假(false)两种值。例如:

```
1. #include <iostream>
2. using namespace std;
3. int main(){
4.    bool a = true, b = false;
5.    cout << a << b << endl;
6.    return 0;
7. }
```

程序运行结果是:10

2. 引用类型

引用类型就是给一个变量取一个别名。也就是说,引用与它所引用的变量实际上表示的是内存中的同一个存储单元。因此,一个变量可以通过两个不同的名字访问。

这类似于一个人可能有一个正式名字(如"张三"),还有一个别名(如"小鱼儿")。在不同的场合,人们可能使用不同的名字来称呼他,但指的都是同一个人。

在内存中,当我们定义一个变量时,系统会根据变量的数据类型分配适当的存储空间,这个存储空间的"正式名字"就是变量名。我们还可以给这个存储空间取一个"别名",这个名字就是引用,我们可以通过任一个名字来操作这个存储空间。

引用主要有三种用法:独立引用,作为函数参数,作为函数返回类型。

（1）独立引用。比如：

```
1. int number = 15;
2. int & n = number;
3. n = 18;
```

第2行代码让 n 与 number 指向同一个内存单元,第3行代码将这个内存单元的数据修改为18。引用必须在定义的时候初始化,使其指向引用的变量。而且一旦绑定,就不能再改变。

初始化独立引用有如下几种方式:

① 等号 = 的右端是一个变量

```
int a;
int &ra = a;
```

② 等号 = 的右端是一个常量

```
const float &r2 = 1.0;
```

③ 定义常量引用

```
int x = 1;
const int &rx = x;
rx = 98;   //错误,rx 是一个常量引用,只能使用 rx,不能修改 rx
```

（2）作为函数参数。C++语言采用"传值"的方式传递参数,在这种情况下,实参和形参是两个不同的存储单元。在结合时,实参的值将会被复制到形参中。

例 7-1 用 func 函数实现参数 num 加 1 的操作,并测试函数是否能修改实参值。

```cpp
//7-1.cpp
#include <iostream>
using namespace std;
void func(int num)
{
    num ++;
}
int main()
{
    int value = 5;
    func( value );
    cout << value ;
    system("pause");
    return 0;
}
```

例 7-1 中的参数变化如图 7-2 所示。在 main 函数中,value 的值被初始化为 5。当调用 func 函数时,它的形参 num 的值由实参 value 复制得到,也就是 5。在 func 函数内部,num 自增变成 6,但这只是对形参 num 所做的修改,它并不会影响到 main 函数中的 value 的值。当 func 函数执行完毕后,它的形参 num 和局部变量所占用的存储空间会被释放,而 main 函数中的 value 的值保持不变,仍然是 5。因此,cout << value 输出的值仍然是 5,而不是 6。

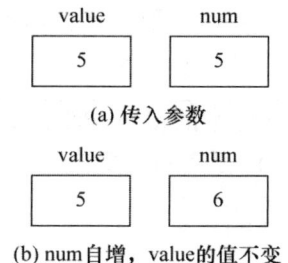

图 7-2 例 7-1 中的参数变化

由于"传值"方式的存在,因此试图通过改变形参来达到改变实参的目的是不会成功的。为了解决上述问题,在 C 语言中,可以通过传递指针的方式来完成。我们可以通过形参指针间接地改变实参。

例 7-2 将例 7-1 中的 func 函数的参数修改为指针传递方式,分析指针为参数的形参和实参之间的数据传递与内存空间的变化。

```cpp
//7-2.cpp
#include <iostream>
using namespace std;
void func(int *pnum){
    (*pnum)++;
}
int main()
{
    int value=5;
    func( &value );
    cout << value ;
    system("pause");
    return 0;
}
```

例 7-2 中的参数变化如图 7-3 所示。实参与形参的传递为 int * pnum = &value;此时,形参 punun 中存储的是 value 的地址。在 func 函数中,通过形参 pnum 修改所指存储空间的值,本质上就是修改了实参 value 的数据,达到在函数内部修改实参的目的。

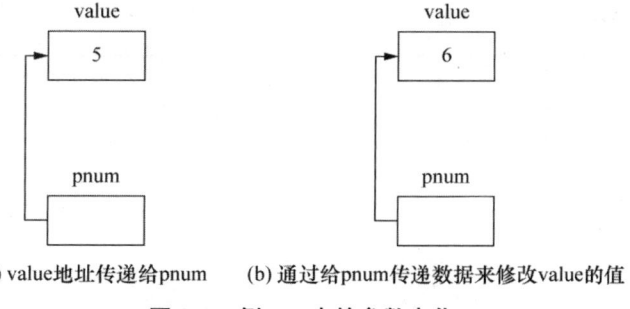

图 7-3 例 7-2 中的参数变化

C++语言采用了比传递指针更简洁和高效的方式——传递引用。在这种方式下,形参的名字实际上成为实参的别名,形参和实参指向同一个存储空间,只是主调函数通过实参名称访问这个存储空间,而被调函数通过形参名称访问同一个存储空间。此时,对形参的任何改变都会直接影响实参,反之亦然。

例 7-3 请将例 7-1 中的 func 函数的参数修改为引用传递方式,分析形参和实参之间的数据传递关系与内存空间的变化。

```cpp
//7-3.cpp
#include <iostream>
using namespace std;
void func(int &pnum){
    pnum++;
}
int main()
{
    int value=5;
    func(value);
    cout << value;
    return 0;
}
```

例 7-3 中的参数变化如图 7-4 所示。实参和形参的传递为 int &pnum = value;此时,形参与实参指向同一个存储空间。在 main 函数中,我们初始化了一个变量 value 并将其传递给 func 函数。由于 value 是通过引用传递给 pnum 的,func 函数中对 pnum 的任何操作都会直接影响 value 的值。因此,在 func 函数中,pnum++ 的操作会导致 value 的值从 5 增加到 6。

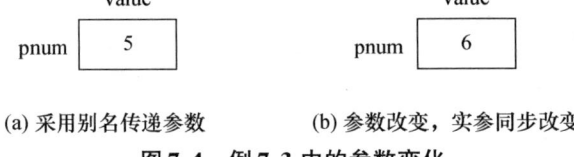

(a) 采用别名传递参数　　(b) 参数改变,实参同步改变

图 7-4　例 7-3 中的参数变化

(3) 作为函数返回类型。当一个函数返回引用类型时,实际上返回的是一个存储单元(变量),即"左值"。如果一个函数返回引用类型,那么函数调用可以出现在赋值符号的左边。这种情况在 C 语言里是不允许的。

例 7-4 在下面的代码中,观察 f 函数作为赋值语句的左值与右值的使用方法,分析运行结果。

```cpp
//7-4.cpp
#include <iostream>
using namespace std;
int &f(int *point){
    return *point;
}
int main(){
    int a=10,b;
    b=f(&a)*5;
    f(&a)=88;
    cout<<b<<" "<<a;
    system("pause");
    return 0;
```

}
输出:50 88

其中,b = f(&a) * 5;语句表示函数的值是参数 point 所指空间的值 10(实际指向 a),所以 b=50。f(&a) = 88;语句表示函数返回的是 point 所指空间的引用,就是实参 a,所以实际上 a = 88。

> **注意** 因为返回的引用是一个存储单元,所以函数返回后这个单元的生存期应该不会结束;否则,返回值将没有意义。

3. 类类型

类类型是自定义的构造数据类型,它将一组数据与对数据的相关操作封装在一起,形成一个具有相似属性的对象集合。用 class 关键字声明一个类类型。关于类类型的详细介绍,请参见第 8 章与第 9 章。

> **注意** C++ 和 C 语言的枚举类型变量的使用上存在差异。比如,C 语言的枚举变量可以自增,C++ 语言的枚举变量只能加 1 后强制转换为枚举变量。

例如:

```
1. enum day{Mon,Tue,Wen,Thur,Fri,Sat,Sun}workday;
2. workday = Mon;
3. while(workday < Sat)
4. {printf("%d\n",workday);
5. workday + +;
6. }
```

第 4 行的 workday ++ 在 C++ 语言中需要修改为 workday = (enum day)(workday +1);语句。

因为 C 语言的枚举变量和整数变量可以相互转换,C++ 语言中的整数变量可以赋值给枚举变量,反之则需要强制转换。

7.4　C++ 语言中的内联函数

C++ 语言中的内联函数既具有宏定义的优点,又避免了宏定义的缺点。在函数名前加上关键字 inline,可以将函数定义为内联函数,其基本格式如下:

```
inline void func(int a, int b);
```

在编译过程中,编译器会在调用 func 的地方直接插入函数体,从而避免了函数调用的开销。在下面的例子中,左侧是内联函数,右侧是相同功能的宏定义代码:

```
1. inline int abs(int value){          1. #include <iostream>
2.     return (value<0?-value:value);  2. using namespace std;
3. }                                    3. #define abs(value) value<0?-value:value
4. int main(){                          4. int main()
5.     int m = -2,ret;                  5. {
6.     ret = abs(++m);                  6.     int m = -2,ret;
7.     system("pause");                 7.     ret = abs(++m);
8.     return 0;                        8.     cout<<ret<<endl;
9. }                                    9.     system("pause");
                                        10.    return 0;
                                        11. }
```

视频讲解

当编译器遇到内联函数 abs 时,它会用函数体替换调用,比如第 6 行的 ret = abs(++m);语句将会替换成 ret =(m<0?-m:m);语句。其中,++m 的结果是 -1,abs 替换后的执行结果是 1,因此相对来说,宏定义中的 ++m 不会先执行,而是直接进行替换,使得右侧第 7 行替换成 ret = ++m<0? - ++m: ++m;语句,则执行结果是 0。和宏定义相比,并非所有函数都需要定义为内联函数,一般只有那些频繁被调用且函数体较小的(仅包含几条语句)函数才会被定义为内联函数。

内联函数内不允许包含循环语句和 switch 语句;如果违反这一规则,这些函数将按照普通函数来处理。

视频讲解

7.5 函数重载

当存在两个或更多函数时,它们可以拥有相同的名字,只要它们的形参列表在数量或类型上有所不同。编译器会根据实参的类型或数量来选择最合适的函数进行调用,这个过程称为函数重载。函数重载的示例如下:

```
//形参列表不同
int add(int x, int y){……};
float add(float x, float y){……};
int add(int x, int y, int z){……};
int main(){
    int a, b, c;
    float f1, f2;
    add(a, b);//调用 int add(int x, int y);
    add(f1, f2);//调用 float add(float x, float y);
    add(a, b, c);//调用 int add(int x, int y, int z);
    system("pause");
    return 0;
}
```

在进行函数重载时,需要注意以下问题:
(1) 不能以形参名称或函数的返回类型来区分函数。

```
//错误示例:编译器不会根据形参名称来区分函数
int add(int x, int y){ return x+y;}
int add(int a, int b){ return a+b;}
//错误示例:编译器不会根据返回类型来区分函数
int add(int x, int y){ return x+y;}
float add(int x, int y){ return (float)(a+b);}
```

(2) 避免将执行不同操作的函数定义为重载函数,以防止出现混淆。

```
//不推荐示例:函数名暗示了相同的功能,但实际上它们执行不同的操作
int add(int x, int y){ return x+y;}
float add(float x, float y){ return x-y;}
```

7.6 带默认形参值的函数

在定义函数时,可以预先声明默认的形参值。当调用函数时,如果给出了实参,则用实参初始化形参;否则,采用预先声明的默认形参值。例如:

```
int add(int x = 5, int y = 6){ return x + y;}
int main(){
    int ret;
    ret = add(10,20);//形参 x = 10,y = 20
    ret = add(10);    //形参 x = 10,y 用默认形参值 6
    ret = add();      //形参 x,y 都用默认形参值,分别为 x = 5,y = 6
    system("pause");
    return 0;
}
```

在例子中,ret = add(10,20)的实参分别是 10,20;ret = add(10)的第二个实参采用默认形参值,两个实参分别是 10,6;ret = add()的两个形参都采用默认形参值,分别是 5,6。

默认形参值必须按照从右向左的顺序声明。在有默认值的形参右边,不能出现无默认值的形参。默认形参值可以在函数原型中给出。一旦在函数原型中给出了默认形参值,函数定义时就不用给出默认形参值。例如:

```
int add(int x = 5, int y = 6);
int main()
{
    int ret = add();
    system("pause");
    return 0;
}
int add(int x, int y){ return x + y;}
```

在相同的作用域内,默认形参值的说明应保持唯一;但在不同的作用域内,允许说明不同的默认形参值。例如:

```
int add(int x = 5, int y = 6);      //带有默认形参值的函数原型声明
int main(){
    int add(int x = 7,int y = 8);//带有默认形参值的函数原型声明
    int ret = add(); // 实现 7 + 8
}
void func(){ add();}//实现 5 + 6
int add(int x, int y){ return x + y;}// 函数定义
```

> **注意** 带有默认形参值的函数与不带有默认形参值的重载函数可能出现编译错误。

例如:

```
int add(int x, int y){ return x + y;}
int add(int x, int y, int z = 2){ return x + y + z;}
int main(){
    int ret;
    ret = add(10,20);
    system("pause");
    return 0;
}
```

在编译该程序时会出现错误,因为 ret = add(10,20);语句导致编译器无法确定应该调用哪个函数。

7.7 C++语言中的动态内存分配和释放

视频讲解

C语言使用malloc和calloc等函数进行内存的动态分配,使用free函数进行内存的动态释放。C++语言使用new和delete运算符来完成内存的动态分配和释放。使用的语法形式如下。

(1) type *p; p = new type; delete p;

type是一个数据类型名,p是该类型的指针变量,new的作用就是从堆空间中分配一块与type类型的数据相同大小的内存(如果分配失败,则new返回一个空指针),并将该内存地址存于指针p中。当这块内存不再需要时,可以使用delete运算符来释放它。

(2) type *p; p = new type(x);delete p;

在分配内存的时候,用x进行初始化。在执行p = new type(x);语句时,则让p指针指向动态分配的内存并用x值对其进行初始化。

(3) type *p;p = new type[n];delete []p;

如果要分配n个同种类型的空间,可以用p = new type[n];语句则分配n个连续的type类型内存,通过赋值运算符让p指针指向这块新分配的连续内存。在释放时,调用delete [] p;语句才能够正确释放连续分配的多个内存。

下面通过几个例子说明用new与delete进行动态内存的分配与释放过程。

例7-5 用new与delete动态分配和释放单个数据的存储区。

```cpp
//7-5.cpp
#include <iostream>
using namespace std;
int main(){
    int *p; p = new int;
    if(p == NULL){
        cout << "Allocation failure!\n";
    }else{
        *p = 15;
        cout << *p;
        delete p;
    }
    system("pause");
    return 0;
}
```

例7-6 动态分配和释放数组内存。

```cpp
//7-6.cpp
#include <iostream>
using namespace std;
int main(){
    const int NUM = 100;
    int i, *p;
    p = new int[NUM];
    if(p == NULL){
```

```
        cout << "Allocation failure!\n";
    }else{
        for(i =0;i < NUM;i ++)
            p[i] = i +1;
        for(i =0;i < NUM;i ++)
            cout <<p[i] << ' ';
        delete []p;
    }
    system("pause");
    return 0;
}
```

7.8 课堂练习题

1. 编写一个C ++程序,输出如图7-5所示的菱形图案。

图 7-5 菱形图案

2. 在一个评分统计程序中,共有8个评委打分。在统计时,去掉一个最高分和一个最低分,其余6个分数的平均分即最后得分,要求显示最后得分,显示精度为1位整数、2位小数。请将下面的程序补充完整。

```
float x[8] =_____①_____;
float aver(0),max _____②_____ ,min _____③_____ ;
for(int i = 0; i < 8; ++i)
{
    cin >> x[i];
    if(x[i] > max) _____④_____ ;
    if(_____⑤_____)min = x[i];
    aver + = x[i];
    cout << x[i] << endl;
}
aver = _____⑥_____ ;
cout << aver << endl;
```

3. 在 M 行 N 列的二维数组中,找出每一行上的最大值,显示最大值的行号、列号和值。请将下面的程序补充完整。

```
_____①_____
int x[M][N] = {1,5,6,4,2,7,4,3,8,2,3,1};
for(_____②_____ ; i < M; i ++)
{
    int t =0;
    for(_____③_____ ; j < N; j ++)
        if(_____④_____) _____⑤_____;
    cout << i +1 <<"," << t +1 << " = " <<x[i][t] << endl;
}
```

4. 阅读下面的程序并写出结果。

```cpp
const int PI = 3.14;
const int * Fun(void)
{
    const int a = 5;
    const int * p = &a;
    cout << "Value of local const varaibale a:" << a << endl;
    cout << "Address of local const variable a:" << &a << endl;
    cout << "Vlue of local const pointer p:" << p << endl;
    cout << "Value of local const variable a:" << *p << endl;
    return p;
}
int main()
{   const int * q;
    q = Fun();
    cout << "Main():" << endl;
    cout << "Value of local const pointer q:" << q << endl;
    cout << "The return calue of the function Func()" << *q << endl;
    const char * str = "123ABC";
    cout << "Address of string const variable" << (void *)str << endl;
    cout << "Value of string const variable str" << str << endl;
    cout << "Address of gloval const variable PI:" << &PI << endl;
    cout << "Address of the function Fun()" << Fun << endl;
    return 0;
}
```

5. 函数 expand(char *s, char *t) 在将字符串 s 复制到字符串 t 时，将其中的换行符和制表符转换为可见的转义字符，即用"\n"表示换行符，用"\t"表示制表符。请将下面的程序补充完整。

```cpp
void expand(char *s, char *t)
{
    int i, j;
    for(i = 0, j = 0; s[i] != '\0'; i++)
    {
        switch(s[i])
        {
            case '\n':
                t[①] = '\\'; t[②] = 'n';
                ③;
            case '\t':
                t[④] = '\\'; t[⑤] = 't';
                break;
            default:
                t[⑥] = s[i];
                break;
        }
    }
    t[j] = ⑦;
}
```

视频讲解

6. 编写一个简易的"好记星"程序，其功能描述如下：将若干组容易混淆的英语单词（英文单词存放在文件中）循环显示，每个单词有英文和中文释义，每组相近的单词将在同一行显示，以便对比。每屏显示若干行。每屏信息的停留时间将根据用户的学习程度而定，用户可以通过按键盘任意键切换到下一组信息,如果按下字母 q,则退出程序。

7.9 小　　结

1. C++的输入输出操作是通过系统中的预定义流对象 cin 和 cout 分别处理键盘输入与屏幕输出。输入流运算符 >> 将键盘输入的数据传输到变量中;输出流运算符 << 将变量中存储的数据输出到屏幕上。

2. 除了 C 语言的基本类型和构造类型之外,C++还增加了逻辑类型、引用类型和类类型。逻辑类型 bool 只有真和假两种值。

3. C++语言使用 new 和 delete 进行动态分配与释放内存。和 C 语言的 malloc 和 calloc 不同,new 不需要程序员计算需要分配的空间大小,就能够自动根据数据类型分配合适的空间大小,这简化了复杂数据类型(如类类型)的空间计算。type * p = new type;语句分配一个 type 类型的空间,delete p 则释放分配的这个空间。type * q = new type[n];语句分配 n 个 type 类型的连续存储空间,delete[ ] q 则释放分配的多个连续空间。new 和 delete 要配对出现。

4. C++语言的函数重载,允许相同功能但参数不同的函数拥有相同的名称,通过参数区分到底调用的是哪一个函数。参数个数和参数数据类型的不同可以用来区分函数,但函数的返回值不能用于重载区分。函数可以有默认参数,但默认参数的右边不能再有非默认参数。

5. 函数名称前面加上 inline 就是内联函数,内联函数只适合简单函数,如果函数体内有循环或 switch 等语句,则自动转换为非内联函数。内联函数不用进行函数调用,直接用函数体替换函数调用,节约了参数传递等时间和空间开销。内联函数和宏定义非常类似,但在进行函数替换之前,内联函数会先进行参数检查和参数计算,从而避免了宏定义的一些问题。

6. C++语言用 const 来声明常量,且可以用 const 常量定义数组长度。

7. C++语言增加的引用类型在作为函数参数的时候,既具有指针的双向传递特性,又可以在函数内部像普通变量一样使用,从而减少了使用指针时可能出现的错误。

7.10 课后作业

1.【码图编号 126】输出 n!。

题目描述:求 n!(n 由键盘输入),当结果将要超出表示范围时退出(以 32 位机器为例)时,显示溢出前最大的 n 以及 n! 的结果,然后退出程序。

例如:

输入:5

输出:5! =120

2.【码图编号 130】将回车符和制表符转换成可见的转义字符。

题目描述:函数 expand(char * s ,char * t) 在将字符串 s 复制到字符串 t 时,将其中的换行符和制表符转换为可见的转义字符,即用"\ n"表示换行符,用"\ t"表示制表符。请将下面的程序补充完整。

```
void expand (char *s ,char *t)
{
    for(int i =0, j =0;s[i] !='\0';i ++)
      switch(s[i]){
        case'\n';t[  ①  ] = __②__ ;
                t[j+ +] ='n';
                    __③__ ;
        case'\t';t[  ④  ] = __⑤__ ;
                t[j+ +] ='t';
                break;
        default:t[  ⑥  ] = s[i];
                break;
      }
    t[j] = __⑦__ ;
}
```

3.【码图编号144】输出由星号组成的倒三角形。

题目描述：输出由星号(*)组成的倒三角形。程序需要指定顶边长度，而且自顶边起，每往下一行，星号的数量都会减少 2 个。倒数第二行输出 3 个星号，倒数第一行输出 1 个星号。每行的星号需要居中对齐，每行的最后一个星号后输出回车。

程序的输入为顶边长度，该长度有以下要求：范围在 1 至 80 之间；必须为奇数（因为每往下一行，星号的数量都会减少 2 个，而最后一行的数量为 1）。

如果输入错误的边长，则输出 error。

例如：

输入"1"，输出 * ↵

输入"2"，输出 error

输入"3"，输出如下：

* * * ↵
 * ↵

输入"5"，输出如下：

* * * * * ↵
 * * * ↵
  * ↵

7.11 知识补充与扩展

知识拓展

C++的文件操作

本节拓展介绍了 C++文件 I/O 流操作机制，C++通过 I/O 流操作来管理数据在内存与外部设备或文件之间的传输。流的概念涵盖了数据从内存到外部载体（如标准输入输出设备、文件或字符串）的传递，以及从外部载体到内存的接收。C++的文件操作主要依赖于文件流（fstream），包括用于写操作的 ofstream、用于读操作的 ifstream，以及支持同时读写的 iostream。

I/O 流操作的基本流程包括打开文件、检查文件状态、执行读写操作以及关闭文件等。文件可以通过 open 函数以不同的模式（如只读、只写、追加等）打开，并通过 is_open 函数验证是否成功打开。文件的读写操作既可以借助<<和>>运算符完成,也可以使用函数(如get、getline、read和write)进行更精细的控制。C++还提供了一系列函数来管理文件指针的位置(如tellg、tellp、seekg和seekp),以便灵活地定位和操作文件中的数据。

　　C++的文件操作机制为开发者提供了一套强大而灵活的工具,能够满足各种数据存储和传输需求,无论是简单的文本文件处理还是复杂的二进制数据操作,都可以通过文件流高效实现。

第 8 章 类与对象

基础理论

小明带领他的开发团队为单位开发一套员工管理系统。起初,他们采用了 C 语言的模块化设计方法。然而,在开发过程过半时,员工管理系统还存在很多问题。例如,在发放奖金的功能模块中,尽管可以根据关键字"姓名"从员工数据库中检索到该员工信息,并将奖金数额添加到相应的奖金栏中,这个看似简单的操作却时常出现错误,导致奖金发放不正确。经过深入调查,开发团队发现问题的根源在于,员工数据与操作代码是独立的,导致不同程序员在协作开发时容易错误地引入参数。为了解决这个问题,小明指示团队转向使用面向对象技术,通过将数据及其相关操作封装在一起,成功避免了之前的错误,并按时完成了员工管理系统的开发。

C++语言与 C 语言的主要区别在于,C++语言引入了面向对象编程的概念。在 C++语言中,用户可以定义新的抽象数据类型——类,它将数据及其相关操作封装成一个整体,这是面向对象编程中数据封装这一核心概念的具体实现。

抽象揭示了事物的本质特征,封装则是对这些抽象结果的描述和实现。封装意味着将数据与操作数据的函数有机地结合在一起,而 C++语言正是通过类来实现这一封装机制。

8.1 类类型的定义

视频讲解

抽象是一种过程,它涉及对具体对象或问题进行总结,以提取这类对象的共同特性并进行描述。在通常情况下,我们可以通过以下三个步骤来完成对具体问题的抽象:

(1) 关注问题的本质及其描述,而不是实现过程或细节。
(2) 数据抽象涉及描述一类对象(或事物)共有的属性或状态。
(3) 行为抽象则涉及描述一类对象(或事物)共有的行为特征或功能。

1. 抽象

下面,让我们通过一个例子来说明抽象的过程。

(1) 以时钟为例。

① 当我们分析时钟时,会注意到它们有各种各样的形状和颜色,以及许多不同的功能。然而,进一步思考后,我们会认识到时钟的核心特性是时间,而时间又可以细分为显示时间和设置时间。基于这种分析,我们可以从数据抽象和行为抽象两个方面进行考虑。

② 在数据抽象方面,时钟具有显示当前时间的时、分、秒等属性。

③ 在行为抽象方面,时钟具有设置时间和显示时间两个最基本的功能。

(2) 以人为例。

① 人类是一个复杂的类别,可以从许多方面考虑和抽象。我们依然从数据抽象和行为抽象两个方面来进行分析。

② 数据抽象包括姓名、年龄、性别等个人信息。

③ 行为抽象包括两个部分:一是生物属性,如吃饭、穿衣、睡觉和行走等日常行为;二是社会属性,如工作、学习等社会活动。

在研究问题时,根据侧重点的不同,可能得到不同的抽象结果;同样,在解决同一个问题时,由于需求的不同,也可能产生不同的抽象结果。例如,在开发一个人事管理软件时,我们关注的是员工的姓名、性别、工龄、工资、工作部门等与工作相关的信息;而在开发学籍管理软件时,我们关注的是学生的姓名、性别、年龄、籍贯、所在学院等与学习相关的信息。这表明,抽象是相对的,而不是绝对的。

2. 类的声明

在完成对问题的抽象之后,接下来将抽象出来的数据和操作封装成类。类是 C++ 语言中特有的构造性数据类型,它通过 class 关键字来声明。一个类类型由数据成员和函数成员组成,分别对应之前分析的数据抽象和行为抽象。在 C++ 语言中,关键字 public、protected 和 private 被称作段约束符,它们用于指定类成员的访问级别。因此,类成员可以被分为公有成员、保护成员和私有成员。

类是一种抽象数据类型,声明形式如下:

```
class ClassName{
    public:
        //公有成员(外部接口)
    protected:
        //保护成员
    private:
        //私有成员
};
```

举例来说,对于一个时钟类,之前分析的数据抽象包括时、分、秒,而行为抽象包括显示时间和设置时间。在 C++ 语言中,可以使用 3 个整型变量来表示时、分、秒;显示时间可以通过一个不带参数且没有返回值的函数来实现,该函数负责输出时、分、秒的值;设置时间同样是一个没有返回值的函数,但它需要 3 个参数,用于更新时、分、秒的数据成员。下面是对时钟类的一个声明示例:

```
class  Clock{
    int Hour, Minute, Second;//数据抽象
    void SetTime( int h, int m, int s );//行为抽象:设置时间
    void ShowTime();//行为抽象:显示时间
};
```

3. 类的实现

实现一个类涉及为类中的每个成员函数提供具体定义。

成员函数的实现可以放在类的内部,也可以在类内部声明函数原型,而在类外部进行具

体实现。在成员函数的实现过程中,不需要明确指定访问的数据属于哪个对象,因为成员函数能够"识别"它所操作的数据属于调用该函数的对象。

以时钟为例,在类内部实现类定义的函数代码如下:

```
class Clock{
    int Hour, Minute, Second;
    void SetTime( int h, int m, int s ){Hour=h; Minute=m; Second=s;}
    void ShowTime(){
        cout << "Current Time:"
        cout << Hour << ":" << Minute << ":" << Second << endl;
    }
};
```

在类外部实现的函数代码如下:

```
class Clock{
    int Hour, Minute, Second;
    void SetTime( int h, int m, int s );//给出函数原型
    void ShowTime(); //给出函数原型
};
void Clock::SetTime( int h, int m, int s ){Hour=h; Minute=m; Second=s;}
void Clock::ShowTime(){
    cout << "Current Time:"
    cout << Hour << ":" << Minute << ":" << Second << endl;
}
```

在类外部实现成员函数时,需要使用类的作用域分辨符(::)来说明这个函数属于哪一个类。比如,上面程序里的 SetTime 函数就是属于 Clock 类的。

8.2 类成员的访问控制

数据封装的目的是实现信息隐藏。为了实现信息隐藏,在 C++ 类中,并非所有的成员都是对外可见的;换句话说,并非所有的成员都可以在类外部被访问。

1. "类内"和"类外"的定义

类声明之内的部分称为类内;类声明之外的部分称为类外。

如果类外的代码无法访问任何成员,那么类的成员就无法在类外部被使用,这样的封装就失去了实际意义。然而,如果所有的成员都可以被类外部访问,这又不符合封装的初衷。因此,C++ 提供了 public、protected 和 private 这三种访问控制属性,用于实现对类成员的访问控制,如图 8-1 所示。

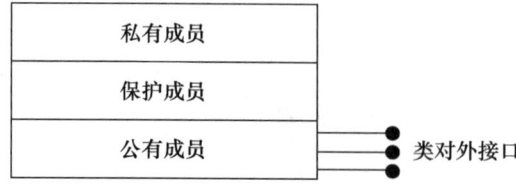

图 8-1 类成员的访问控制属性

公有成员在关键字 public 后面声明,它们是类与外部的接口,任何类内部、类外部函数都可以访问公有成员数据和成员函数。这是类内部与类外部沟通的桥梁。

私有成员在关键字 private 后面声明,只允许本类中的成员函数访问,而类外部的任何函数都不能访问。如果紧跟在类名称的后面声明私有成员,则关键字 private 可以省略。

保护成员在关键字 protected 后面声明,与 private 类似,其差别表现在继承与派生时对派生类的影响不同。关于继承与派生的相关内容我们将在第 9 章学习。

仍以时钟类为例,我们并不希望时、分、秒这些数据属性在类外部被访问,而是希望通过给出的设置时间与显示时间功能来访问。因此,我们将数据成员时、分、秒设置为私有属性,而将设置时间与显示时间的行为设置为公有属性。下面是修订后的时钟类声明代码:

```
class Clock{
    public:
        void SetTime( int h, int m, int s );
        void ShowTime();
    private:
        int Hour, Minute, Second;
};
```

2. 对于访问控制属性的说明

(1) 在声明类时,具有不同访问属性的成员可以按任意顺序出现。例如,在时钟类中,可以如前面一样先声明公有属性,再声明私有属性,也可以如下面代码一样,先声明私有属性,再声明公有属性:

```
class Clock{
    private:
        int Hour, Minute, Second;
    public:
        void SetTime( int h, int m, int s );
        void ShowTime();
    protected:
        ……
};
```

(2) 修饰访问属性的关键字(public、protected、private)可以在类定义中多次出现。例如,在 Clock 类中,公有属性可以集中在一起声明,也可以与其他访问级别的成员分开声明,只要它们被正确地放置在对应的访问控制属性下。下面是修改后的 Clock 类定义:

```
class Clock{
    public:
        void SetTime( int h, int m, int s );
    private:
        int Hour, Minute, Second;
    public:
        void ShowTime();
};
```

(3) 一个成员只能具有一种访问属性,否则会产生歧义。如果函数成员 ShowTime( )同时出现在 public 属性和 private 属性中,这将导致编译错误,因为编译器无法确定该成员的准确访问级别。下面是一个正确的类声明,其中,ShowTime( )仅具有 public 访问属性:

```
class Clock{
  public:
     void SetTime( int h, int m, int s );
     void ShowTime();
  private:
     //void ShowTime();
     int Hour, Minute, Second;
};
```

数据封装是一个相对类外部而言的概念。而对于类内部而言,所有的成员都是相互可见的。

8.3 类类型的使用

在分析具体问题进行数据与行为抽象之后,首先,要通过 class 关键字声明类;其次,实现所有的成员函数;最后,可以用自定义的类类型定义类对象并使用类对象。具体的定义和使用类的基本过程如下。

第一步:进行抽象。

第二步:声明类。

第三步:实现类。

第四步:使用类。

类是一种数据类型,一般把类的变量称作类的实例或对象。因此,类与对象的关系就类似于 int 类型与 int 变量的关系。每个对象各自包含了类中定义的各个数据成员的存储空间。也就是说,一个类的数据成员会拥有独立的复制,但它们共享类中定义的函数成员。

定义对象的一般形式是:

```
类名  对象名;
例如:Clock  aclock;
```

通过对象来访问成员:

```
对象名.公有成员函数名(实参列表);
对象名.公有数据成员;
```

通过对象指针来访问成员:

```
指向对象的指针->公有成员函数名(实参列表);
指向对象的指针->公有数据成员;
```

例 8-1 定义一个时钟类,具有设置时间、显示时间、加时、加分、加秒等功能。而且测试时钟类的功能是否正确。

```
//8-1.cpp
class  Clock{
private:
    int Hour, Minute, Second;
public:
    void SetTime( int h, int m, int s);
    void addHour(int h);
    void addMinute(int m);
```

```cpp
    void addSecond(int s);
    void ShowTime();
};
//类的类外部定义
void Clock::SetTime( int h, int m, int s ){
    Hour = h; Minute = m;  Second = s;
}
void Clock::addHour( int h ){ Hour + = h; Hour% =24; }
void Clock::addMinute( int m ){ Minute + = m; if(Minute >=60){ Minute % =60; addHour (1);}}
void Clock::addSecond( int s ){ Second + = s; if(Second >=60){ Second % =60; addMinute (1);}}
void Clock::ShowTime(){
    cout << "Current Time:";
    cout << Hour << ":" << Minute << ":" << Second << endl;
}
//类的使用
int main(){
    Clock   clock_1, clock_2;//用Clock类型定义2个对象(变量)clock_1,clock_2
    clock_1.SetTime(9,5,25);//用类对象 clock_1 调用公有成员函数,设置时间
    clock_2.SetTime(15,16,45);//用类对象 clock_2 调用公有成员函数,设置时间
    clock_1.addHour(3);
    clock_2.addMinute(8);
    clock_1.ShowTime();
    clock_2.ShowTime();
    system("pause");
    return 0;
}
```

程序的运行结果为:
Current Time:12:5:25
Current Time:15:24:45

> **注意** 对于类,我们可以定义多个类对象,每个对象各自包含了类中定义的各个数据成员的存储空间,但它们共享类中定义的成员函数。

下面,我们再通过设计与使用一个自定义的、简单的用于保存字符串的 CString 类来理解定义与使用类的 4 个步骤。

1. 进行抽象

抽象包括数据抽象与行为抽象。

（1）数据抽象要考虑以下两点:

① 保存字符串的内存空间地址。

② 保存字符串的内存空间大小。

（2）行为抽象要考虑以下两点:

① 能够保存字符串。

② 能够获取字符串。

2. 声明类

根据前面对问题的抽象,数据属性应该是私有的,并分成两部分：连续存储空间的首地址及大小。行为抽象的两个功能可以用两个成员函数来表示。

例 8-2 声明字符串是 CString。

```cpp
//8-2.cpp
class CString{
    char *buf;
    int size;
public:
    bool copy(char *str);
    char *get();
};
```

3. 实现类

实现类的所有成员函数,可以在类的外部实现类 CString 的成员函数。

```cpp
bool CString::copy(char *str){
    if(str==NULL)//如果要复制的字符串指针为空
        return false;
    if((strlen(str)+1)>size)//如果内存空间不够大
        return false;
    strcpy(buf,str);
    return true;
}
char *CString::get(){ return buf;}
```

4. 使用类

在主函数中定义了 CString 类的对象 aStr,接下来可以调用其公有成员函数测试各个功能是否正常。

```cpp
int main(){
    CString aStr;
    aStr.copy("hello");
    char *p=aStr.get();
    if(p==NULL)
        cout<<"str is NULL"<<endl;
    else
        cout<<"str is:"<<p<<endl;
    system("pause");
    return 0;
}
```

运行程序后发现程序输出结果为 str is NULL,这是因为没有为 aStr 对象分配保存字符串的内存空间(成员 buf 为空,size 为 0),所以当调用 aStr.copy("hello");语句时,并未完成字符串"hello"的复制。

为此,应该增加一个分配保存字符串的内存空间的初始化函数。修改类定义如下:

```cpp
class CString{
    char *buf;
    int size;
public:
    void init();
    void deinit();
    bool copy(char *str);
    char *get();
};
```

其中,初始化函数 init 定义如下:

```
const int DEFAULT_BUF_SIZE = 64;
bool CString::init(){
    size = DEFAULT_BUF_SIZE;
    buf = new char[size];
}
```

由于在 init 函数中通过 new 动态创建了一个 char 数组,因此,需要设计一个反初始化函数 deinit 函数来释放该内存,deinit 函数定义如下:

```
void CString::deinit(){
    if(buf! = NULL)
        delete []buf;
}
```

在使用的时候,一定要先调用 init 函数,在 main 函数结束前调用 deinit 函数;否则,程序运行结果会出错。修改后的 main 函数如下所示。

```
int main(){
    CString aStr;
    aStr.init();
    aStr.copy("hello");
    char *p = aStr.get();
    if(p == NULL)
        cout << "str is NULL" << endl;
    else
        cout << "str is:" << p << endl;
    aStr.deinit();
    system("pause");
    return 0;
}
程序的运行结果为:
str is:hello
```

8.4 构造函数的引入

在例 8-2 中,我们为 CString 类增加成员函数 init 来实现类对象的初始化,以保证 CString 类能正常工作。这样做虽然可行,但是也存在以下问题:

(1) 不能保证程序员在使用 CString 类对象时都会调用 init 函数,一旦忘记调用该函数,则会出现例 8-2 所示的错误情况,而且这种错误是比较隐晦的,很容易造成程序的逻辑错误。

(2) 即便程序员会调用 init 函数,如果程序较为复杂,有许多地方都要创建和使用 CString 对象,那么在这些地方都要一一调用 init 函数,这是一件非常烦琐的事情,而且使得代码的可维护性变得很差。

如何解决这些问题呢? 实际上,我们更希望这个初始化工作能够自动进行,而构造函数正提供了这种自动化功能。

视频讲解

例 8-3　在例 8-2 的基础上，为 CString 类增加构造函数，用构造函数来替代 init 函数。

```
//8-3.cpp
const int DEFAULT_BUF_SIZE = 64;
class CString{
……
public:
    CString();//用构造函数代替 init 函数
};
CString::CString(){
    size = DEFAULT_BUF_SIZE;
    buf = new char[size];
}
……
int main(){
    CString aStr;//生成类对象的时候自动调用构造函数
    aStr.copy("hello");
    char *p = aStr.get();
    if(p == NULL)
        cout << "str is NULL" << endl;
    else
        cout << "str is:" << p << endl;
    aStr.deinit();
    system("pause");
    return 0;
}
```

构造函数是类的一种特殊成员，函数名和类名相同，没有返回类型，可以有参数。当创建类的一个新对象时，构造函数被自动调用，完成对象的初始化工作。

正如在 main 函数中看到的那样，去掉了 aStr.init();语句，编译器在翻译 CString aStr;语句时，按如下方式来理解：

① 创建一个名为 aStr 的对象；

② 通过 aStr 调用构造函数，即 aStr.CString();。

可以看出，构造函数的调用是由编译器隐含加上的，对于程序员来说，需要做的事情仅仅是在定义对象时设置传递给构造函数的参数（本例中构造函数没有参数，因此无须设置参数，后面可以看到需要为构造函数设置参数的示例）。这样一来，我们不再为是否调用 init 函数而烦恼了。

如果在定义一个类时，没有显式地为其定义构造函数，那么编译器将会自动为该类生成一个没有参数的构造函数，该函数不做任何工作（函数体为空）。例如，如果没有为 CString 类定义构造函数，那么编译器会为其添加一个默认的构造函数，形如：

```
CString::CString(){}
```

视频讲解

8.5　析构函数的引入

如例 8-3 所示，构造函数可以防止类的使用者忘记初始化可能带来的问题。在销毁对象时,有时需要执行一些清理工作。例如,例 8-3 的 main 函数中调用了 aStr.deinit();语句来释放对象所占用的内存资源(buf 指针所指向的动态内存区)。然而,如果程序员忘记写上 deinit 函数的调用语句,会出现什么情况呢?

我们把例 8-3 中的 main 函数稍加修改,去掉 aStr.deinit();语句,如下所示:

```
int main(){
    CString aStr;//调用构造函数
    aStr.copy("hello");
    char *p=aStr.get();
    if(p==NULL)
        cout<<"str is NULL"<<endl;
    else
        cout<<"str is:"<<p<<endl;
    //aStr.deinit();屏蔽掉 deinit 函数调用语句
    system("pause");
    return 0;
}
```

aStr 是 main 中的局部对象,当 main 函数调用结束时,aStr 对象会被销毁(aStr 对象自身数据成员所占用的内存空间会被回收)。然而,aStr 对象的 buf 成员所指向的动态内存并没有被释放,这导致内存没有归还给系统,也无法再被访问,从而造成内存泄漏。内存泄漏往往难以察觉,通常需要等待应用程序运行一段时间后,内存逐渐被耗尽,电脑性能逐渐下降时才会显露出来。

即便程序员会调用 deinit 函数,但如果程序逻辑较为复杂,需要创建大量的 CString 对象,这就意味着程序员需要花上大量的精力、写上复杂的代码来管理这些对象何时需要调用 deinit 函数,这无形中也会削弱程序的可维护性,使得程序变得更加复杂。

那么,有什么办法既能保证不会出现内存泄漏,又能减轻程序员的工作量,让程序员专注于业务逻辑的开发呢?C++语言中的析构函数能够帮助我们达成这一目标。对于程序员来说,需要做的事情只是为类添加一个析构函数,在函数中写上释放系统资源(例如,内存、网络端口等)的代码。为此,我们可以为 CString 类添加析构函数。

例 8-4 在例 8-3 的基础上,增加析构函数的程序如下所示。

```
//8-4.cpp
class CString{
……
public:
    ~CString();//用析构函数来代替 deinit 函数
};
CString::~CString(){
    if(buf!=NULL)
        delete []buf;
}
……
int main(){
    CString aStr;//调用构造函数
    aStr.copy("hello");
    char *p=aStr.get();
    if(p==NULL)
```

```
        cout << "str is NULL" << endl;
    else
        cout << "str is:" << p << endl;
    //main 函数调用返回之前不再需要调用 deinit 函数
    system("pause");
    return 0;
}
```

可以看出,析构函数没有返回类型和参数,函数名是在类名前加 ~ 符号。当 aStr 对象被销毁时,首先是析构函数被自动调用,从而释放 buf 所指向的动态内存。

当一个 CString 对象被销毁或者不再使用时,需要释放 buf 成员指向的动态内存。尽管 CString 类的析构函数在程序逻辑上与此前定义的 deinit 函数是一样的,但二者有着本质的不同。

① 调用析构函数的语句是由编译器在编译程序时隐含加上的,对于程序员来说完全透明,因此不用关心对象何时会被释放。

② 由于程序员需要关心何时调用 deinit 函数,因此需要关心对象何时不会再被使用。

在定义一个类时,如果没有显式地定义析构函数,那么编译器会为其生成一个默认的不做任何事的析构函数。例如,如果没有为 CString 类定义析构函数,那么编译器会为其添加一个默认的析构函数,形如:

```
CString::~CString(){}
```

8.6 重载构造函数的引入

但有的时候,我们初始化的需求是不同的,这时我们可以利用 C++ 的函数重载,定义多个构造函数。重载的目的是满足不同的初始化需要。

在示例 8-3 中,我们为 CString 类定义了一个无参数的构造函数,该构造函数动态分配一个固定大小(即 DEFAULT_BUF_SIZE)的内存空间,可以看出这种方式不灵活,有一定的局限性:如果字符串的长度超过 DEFAULT_BUF_SIZE-1 的话,那么 CString 类对象将无法保存这样的字符串。我们来看一下如下需求:

① 在定义 CString 对象时由程序员主动设置保存字符串的内存空间的最大容量。

② 用一个字符串来初始化 CString 对象。

例 8-5 在例 8-4 的基础上,为 CString 类再添加两个构造函数以满足以上两个需求。

```
//8-5.cpp
class CString{
……
public: //新增加的构造函数
    CString(int n);
    CString(char *str);
};
……
CString::CString(int n){
    if(n>0){
        size=n;
```

```
            buf = new char[size];
        }else{size = DEFAULT_BUF_SIZE;buf = new char[size];}
}
CString::CString(char *str){
    if(str!=NULL){
        size = strlen(str)+1;//加1,目的是要考虑字符串的结束符'\0'要占一个字节
        buf = new char[size];
        strcpy(buf,str);
    }
}
int main(){
    CString str1;//此时调用的是CString()构造函数
    str1.copy("Welcome");
    CString str2(16);//此时调用的是CString(int)构造函数
    str2.copy("to");
    CString str3("Uestc");//此时调用的是CString(char *)构造函数
    char *p = str1.get();
    if(p==NULL)
        cout<<"str1 is NULL"<<endl;
    else
        cout<<"str1 is:"<<p<<endl;
    p = str2.get();
    if(p==NULL)
        cout<<"str2 is NULL"<<endl;
    else
        cout<<"str2 is:"<<p<<endl;
    p = str3.get();
    if(p==NULL)
        cout<<"str3 is NULL"<<endl;
    else
        cout<<"str3 is:"<<p<<endl;
    system("pause");
    return 0;
}
```

在第 7 章中,我们提到 C++允许定义多个同名函数(函数重载),函数调用匹配取决于所传递的实参列表。在一个类中定义多个构造函数,我们称为构造函数的重载,本质上也属于函数重载的范畴。因此,在初始化对象时应该调用哪个构造函数,取决于在定义对象时传递的参数。上述代码中的三个对象定义语句分析如下。

① 对于 CString str1;语句,调用无参的构造函数,即 CString()构造函数。

② 对于 CString str2(16);语句,当创建完 str2 对象后,会通过 str2 调用构造函数,即 str2.CString(16),不难看出,调用的是 CString(int)构造函数。

③ 对于 CString str3("Uestc");语句,当创建完 str3 对象后,会通过 str3 调用构造函数,即 str3.CString("Uestc")。因此,调用的是 CString(char *)构造函数。

如果我们希望用 8 个字符'A'构造一个 CString 对象(如下面的语句所示),会发生什么情况呢?

```
CString str4(8,'A');
```

从上述分析不难看出,编译器会认为最后应该调用的原型为 CString(int, char)这样的构造函数,即 str4.CString(8,'A');。但事实上,由于我们并没有为 CString 类定义该构造函

数,因此编译器在编译这条对象定义语句时会报编译错误。

8.7 复制构造函数的引入

有的时候我们会有这样的需求,能不能用一个已经存在的对象构造另一个一模一样的新对象呢?例如下面的代码:

```
int main(){
    CString str1("hello");//此时调用的是CString(char *)构造函数
    CString str2 = str1;//此时调用的是CString(CString&)构造函数
    char *p = str1.get();
    if(p == NULL)
        cout << "str1 is NULL" << endl;
    else
        cout << "str1 is:" << p << endl;
    p = str2.get();
    if(p == NULL)
        cout << "str2 is NULL" << endl;
    else
        cout << "str2 is:" << p << endl;
    system("pause");
    return 0;
}
```

当我们运行该代码时,控制台上显示如下信息:

```
str1 is:hello
str2 is:hello
```

程序运行结果似乎符合我们的期望,即 str2 保存的字符串与 str1 一样。但事实上,显示完上述信息后,程序会发生错误,为什么呢?下面来分析一下原因。

对于 CString str2 = str1;语句,从形式上来看,就是希望用一个已经创建好的对象 str1 构造一个新对象 str2。编译器在翻译这条语句时,按如下方式来理解。

(1)创建一个名为 str2 的对象。

(2)通过 str2 调用一个特殊的构造函数,即 str2.CString(str1)。

这个特殊的构造函数我们称为复制构造函数(又称为拷贝构造函数),其特殊性就在于,它是以同类对象的引用作为参数。对于 CString 类,其复制构造函数的原型为 CString (CString &oldStr);。

然而,我们并没有为 CString 类定义复制构造函数,为什么在编译 CString str2 = str1;语句时没有发生编译错误?事实上,当我们没有显式地为一个类定义复制构造函数时,编译器会为这个类生成一个默认的复制构造函数,并使用位复制的方式来完成对象到对象的数据复制。

因此对于 str2 来说,它被初始化时使用的是 CString 类默认的复制构造函数。最后的结果是,str2 的成员 size 和 buf 的值与 str1 的完全一样(如图 8-2 所示),此时 str2 和 str1 的 buf 都指向同一块动态内存区。

当 main 函数调用结束时,str1 和 str2 会被销毁,由于 str1 和 str2 的 buf 都指向同一块动态内存区,当析构函数被调用时,这块内存空间会被释放两次。而对于同一块动态内存空间来说,一次分配是不允许被多次释放的;否则,会造成意想不到的程序运行错误。这就是上述程序运行出错的原因。

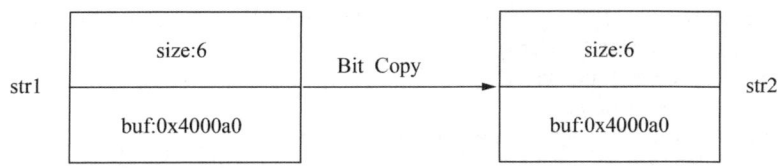

图 8-2 默认的复制构造函数采用位复制方式

那么如何解决这个问题呢？既然默认的复制构造函数有时表现得不尽如人意，那么我们就需要显式地为 CString 类定义复制构造函数，通过准确地复制并按需操作数据来避免发生这样的错误。

例 8-6 修改例 8-5，显式定义复制构造函数。

```
//8-6.cpp
class CString{
……
public:
    CString(CString &oldStr);
};
CString::CString(CString &oldStr){
    size = oldStr.size;
    buf = new char[ size ];
    strcpy(buf,size,oldStr.buf);
}
```

在 CString 类的复制构造函数中，为新创建对象的 buf 成员分配了一块新的内存空间，并将参数 oldStr 的 buf 成员所指向的内存空间的数据复制到该新分配的内存空间中（由于 buf 成员所指向的内存空间保存的是字符串数据，因此，这一复制操作是通过 strcpy 函数实现的）。

8.8 对象数组

与其他数据类型一样，也可以创建对象数组。以 CString 类为例，CString 对象数组的声明语句如下：

```
CString  stringArray[8];
```

数组中的每个元素都代表一个 CString 对象，因此可以通过下标的方式访问每一个对象元素，进而访问该对象的公有成员。例如：

```
stringArray[index].copy(str);      （其中：0≤index<8,str 指向一个字符串）
```

在定义数组时，不可避免地会涉及数组元素的初始化问题，对象数组也不例外。对象数组的初始化过程，实际上就是调用构造函数对每一个数组元素进行初始化的过程。具体调用哪个构造函数，则由声明数组时提供的数组元素初始值来决定。

例 8-7 用例 8-6 定义的 CString 字符串类，作为数组元素操作，参考程序如下。

```
//8-7.cpp
int main(){
    const int NUM=3;
```

视频讲解

```
    CString strArray[NUM] = {CString(),CString(10),CString("chengdu")};
    strArray[0].copy("Welcome");
    strArray[1].copy("to");
    for(int i = 0;i < NUM;i ++){
        char *p = strArray[i].get();
        cout << p << " ";
    }
    return 0;
}
```

在 main 中,定义 CString 对象数组的同时对每个对象元素进行初始化,在初始化这 3 个元素时分别调用 CString()、CString(int)、CString(char *)3 个构造函数。

如果在定义对象数组的同时,未进行显式初始化,则需要该类有不带参数或者具有默认参数的构造函数,这样定义对象数组的时候,每个数组元素都调用不带参数或默认参数的构造函数。但如果类只有带参数的构造函数,定义对象数组的时候会因为没有匹配的构造函数而造成编译错误。

视频讲解

8.9 对象指针

与 C 语言类似,可以使用指向对象的指针变量来访问对象以及对象的公有成员。以 CString 类为例,CString 对象指针的定义和用法示例如下。

```
CString *pstr; //定义了对象指针 pstr
CString str(10); /*定义了参数为 10 的 CString 对象 str,调用 CString(int)的构造函数 */
pstr = &str; //对象指针变量的初始化
pstr -> copy("hello"); //通过对象指针变量访问公有成员函数 copy
char *p = pstr -> get(); //通过对象指针变量访问公有成员函数 get
cout << "str:" << p << endl;
```

在上述代码中,pstr 指向 str 对象,pstr 也就代表了 str 对象。因此,通过 pstr 可以调用 CString 类中定义的公有函数 copy 和 get。

> **注意** 当定义指向对象的指针变量时,例如 CString *pstr;,由于没有创建 CString 对象,所以不会调用构造函数。

对象指针还可以指向通过 new 方式动态创建的对象。例如:

```
CString *pstr;
pstr = new CString(16); /*用 new 动态创建对象的地址初始化指针变量 pstr */
if(pstr){
    pstr -> copy("hello");
    char *p = pstr -> get();
    cout << "str:" << p << endl;
    delete pstr;
}
```

在上述代码中,通过 new 动态创建一个 CString 对象,如果创建成功,则 pstr 指向该对象。当不再需要使用该动态对象时,需要通过 delete 方式来释放该对象。

除了可以通过下标的方式访问对象数组外,还可以通过对象指针的方式来访问,例如,我们将示例 8-7 改造为使用 CString 指针访问对象数组。程序如下所示：

```
int main(){
    const int NUM=3;
    CString strArray[NUM]={CString(),CString(10),CString("chengdu")};
    strArray[0].copy("Welcome");
    strArray[1].copy("to");
    CString *pArray = strArray;
    for(int i=0;i<NUM;i++){
        char *p = pArray->get();
        cout<<p<<" ";
        pArray++;
    }
    +system("pause");
    return 0;
}
```

8.10　this 指针

对于某个类来说，该类的每个对象都有自己独立的内存空间（该内存空间由数据成员构成），但是所有的对象却共享该类的成员函数（如无特别说明，本书中提到的成员函数均指非静态成员函数）。那么当通过某个对象调用某个成员函数时，该成员函数是如何准确地操作该对象的数据成员而不会误操作其他对象呢？例如：

```
CString str1(10), str2(16);
str1.copy("hello");
str2.copy("world");
```

str1 和 str2 对象的 buf 成员各自指向不同的动态内存空间。当通过 str1 调用 copy 函数时，字符串"hello"是存储到 str1 的 buf 成员所指向的内存空间中，而不会存储到 str2 的 buf 成员所指向的内存空间中。同理，当调用 str2.copy("world");语句时，字符串"world"也不会被存储到 str1 的 buf 成员所指向的内存空间。copy 函数似乎很"聪明"，它能够识别是哪个对象调用了它，并相应地操作该对象的 buf 成员所指向的内存空间。那么，copy 函数是如何做到这一点的呢？

事实上，C++为每个非静态成员函数提供一个名为 this 的指针。this 指针是系统预定义的特殊指针，表示当前对象的地址。this 指针是一个隐含的指针，它指向正在被成员函数操作的那个对象。例如，CString 类的 copy 函数也可以写成如下形式：

```
bool CString::copy(char *str){
    if(str==NULL)//如果要复制的字符串指针为空
        return false;
    if((strlen(str)+1)>this->size)//如果内存空间不够大
        return false;
    strcpy_s(this->buf,size,str);
    return true;
}
```

这里的 this 指针就代表调用 copy 函数的对象，即如果通过 str1 调用 copy 函数，this 就指向 str1，从而通过 this->size 和 this->buf 就能访问 str1 的 size 和 buf 成员，str2 也是如此。那么这个 this 指针是从哪里来的呢？事实上，编译器在编译 C++代码时都会为非静态成员函数隐含加上一个名为 this 的形参,任何调用非静态成员函数的地方,都会将相应对象的地址传递给 this 形参。以 CString 类的 copy 函数为例,编译器为其隐含加上 this 形参后的函数原型为:

```
bool copy(CString *this, char *str);
```

编译器在处理 str1.copy("hello");和 str2.copy("world");这两条 copy 函数调用语句时,做了如下处理:

```
str1.copy("hello");    等价于 copy(&str1, "hello");
str2.copy("world");    等价于 copy(&str2, "world");
```

也就是说,当通过 str1 调用 copy 函数时,编译器就将 str1 的地址(&str1)作为第一个实参隐含传递给 copy 函数的第一个形参(this 指针),str2 也是如此。因此,非静态的成员函数就能够通过 this 指针找到调用它的对象的空间地址并对数据成员进行读写操作。

> **注意** 由于 this 指针是编译器在编译阶段隐含加上的形参,因此对于程序员来说,在编写非静态成员函数时不能显式声明名为 this 的形参,也不能修改 this 指针,而只能通过 this 指针访问相应对象的数据成员。

视频讲解

8.11 类类型作为参数类型的三种形式

从前面的例子我们可以看到,当函数参数的类型是类类型时,会涉及复制构造函数的调用。由于类对象的生成与初始化会消耗大量的时间和空间资源,所以我们有必要探讨一下对象作为函数参数的情况,以便我们在自己定义函数时采用最恰当的参数传递方式。类类型作为参数类型通常有三种方式:对象本身作为参数、对象指针作为参数和对象引用作为参数。

1. 对象本身作为参数

和 C 语言一样,C++也采用传值的方式传递参数。因此,当对象作为参数传递时,形参实际上是实参的复制,系统会以实参对象作为参数来调用复制构造函数,以便创建和初始化形参对象。在这种情况下,最好显式地为类定义一个复制构造函数,以避免潜在的错误。下面的示例展示了使用对象作为参数时会发生的情况。

```
void changeString_1(CString oldstr){
    oldstr.copy("Hello World"); /*形参 oldstr 通过 copy 成员函数修改 buf 中的
字符串*/
}
int main(){
    CString str(32);
    char *p;
    str.copy("Hello China");
    p = str.get();
    cout << "before change:" << p << endl;
    changeString_1(str);
    p = str.get();
    cout << "after   change:" << p << endl;
    system("pause");
    return 0;
}
```

changeString_1 函数是以 CString 类的对象作为参数,在进行参数传递时调用了 CString 类的复制构造函数,以实参 str 来初始化形参 oldstr。

程序的运行结果为:

```
before change:Hello China
after   change:Hello China
```

可以看出,changeString_1 函数虽然将形参 oldstr 对象的字符串改为"Hello World",但并未改变实参 str 对象所保存的字符串,这是因为该函数是以 CString 对象作为参数,形参 oldstr 是实参 str 的复制,它们代表的是两个不同的对象空间。因此,在 changeString_1 函数中,对形参 oldstr 进行的任何操作均不会影响到实参 str。

而且调用复制构造函数生成 oldstr 对象,需要分配新的空间,并将实参值复制到形参空间中,时间和空间开销都极大。因此,通常不建议将类对象作为函数参数进行数据传递。

2. 对象指针作为参数

如果以对象指针作为参数,那么在进行函数调用时需要传递对象的地址。此时,在函数内部通过该对象指针能够间接访问它所指向的对象(实参对象),进而读取或修改该对象的数据成员。下面增加 changeString_2 函数,该函数以 CString 类的指针作为参数:

```
void changeString_2(CString *pstr){
    pstr->copy("Hello World"); /*通过对象指针 pstr 调用成员函数,将 buf 中的
字符串修改为"Hello World."*/
}
int main(){
    CString str(32); //str 对象的 size 值为 32
    char *p;
    str.copy("Hello China"); //str 对象的字符串为"Hello China"
    p = str.get();
    cout << "before change:" << p << endl;
    changeString_2(&str); /* str 对象地址传递给形参,通过形参 pstr 将 str 对象
的字符串修改为"Hello World"*/
    p = str.get();
    cout << "after   change:" << p << endl;
    system("pause");
    return 0;
}
```

程序的运行结果为:

```
before change:Hello China
after   change:Hello World
```

可以看出,由于调用 changeString_2 函数时传递的实参是 str 的地址,因此形参 pstr 指向实参对象 str,当通过 pstr 调用 copy 成员函数时,就会将 Hello World 复制到实参 str 对象的 buf 成员所指向的内存空间中。因此,当 changeString_2 函数调用完毕后,实参 str 存储的数据发生了改变。

当对象指针做参数时,仅传递一个整数(地址值),时间和空间效率都很高。

3. 对象引用作为参数

当以对象引用作为参数时,形参是实参的别名,形参和实参都代表同一个对象,因此,在函数中对形参的任何操作,本质上就是对实参进行的操作。下面再增加 changeString_3 函数,该函数以 CString 类的引用作为参数:

```
void changeString_3(CString &refStr){
    refStr.copy("Hello World");
}
int main(){
    CString str(32);
    char *p;
    str.copy("Hello China");
    p = str.get();
    cout << "before change:" << p << endl;
    changeString_3(str);
    p = str.get();
    cout << "after   change:" << p << endl;
    system("pause");
    return 0;
}
```

程序的运行结果为:

```
before change:Hello China
after   change:Hello World
```

可以看出,changeString_3 函数以对象引用作为参数,在 changeString_3 函数中形参 refStr 代表的就是实参 str。因此,通过 refStr 调用 copy 函数,本质上就是通过实参 str 调用 copy 函数。因此,当 changeString_3 函数调用结束后,str 对象存储的数据也发生了变化。

对象的引用作为函数参数,仅将形参与实参空间进行了绑定,不用重新分配整个对象空间,也不需要将实参数据复制到形参空间,因此参数传递效率也非常高。

从上述三种方式不难看出,对象作为参数的方式不会因为对形参的操作而影响到实参,后两种方式能够通过形参改变实参对象。对象指针作为参数的方式是一种可以间接修改实参对象的方式,这种方式和 C 语言的做法是一样的。而相对于对象指针作为参数,对象引用作为参数的方式更容易被理解和使用,同时没有任何的副作用。

视频讲解

8.12 静态成员

当用关键字 static 说明一个类成员时,该成员称为静态成员。静态成员分为静态数据成员和静态成员函数。

1. 静态数据成员

静态数据成员的声明是在普通数据成员声明的前面加 static 关键字,如 ABCD 类中的 s_value。

类的所有对象共享静态数据成员,因此无论建立多少个该类的对象,静态数据成员只有一份副本。静态数据成员属于类,而不属于具体的对象。

例如,A、B、C、D 这 4 个对象共享静态数据成员 s_value,但各自拥有 value 数据成员,如图 8-3 所示。

```
class ABCD{
    int value;
public:
    static int s_value;
};
```

```
int   ABCD::s_value = 6;
int main()
{
    ABCD A,B,C,D;
    system("pause");
    return 0;
}
```

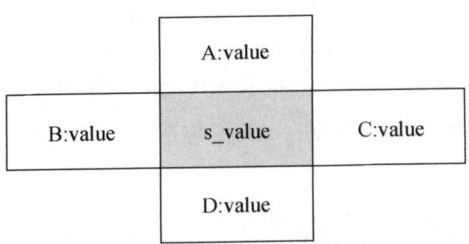

图 8-3　对象中的静态和非静态数据成员

注意　在类内只是声明静态数据成员,而需要在类外定义及初始化静态数据成员。

定义静态数据成员的一般形式是：

类型类名::静态数据成员

例如：

```
int   ABCD::s_value;
```

在定义静态数据成员的时候可以对其进行初始化,方式如下：

类型类名::静态数据成员 = 初始化值

例如：

```
int   ABCD::s_value = 6;
```

静态数据成员也有 public、private 及 protected 之分,由于静态数据成员是属于类的,因此,在类内可以直接访问所有属性的静态数据成员；而在类外按"类型类名::静态数据成员"的方式访问 public 属性的静态数据成员。例如：ABCD::s_value++;语句就是对 ABCD 类的公有静态成员数据做自增操作。当然,也可以通过类对象或类对象指针访问公有的静态数据成员。特别地,当类对象不存在时,也可以按此方式访问类的静态数据成员。

2. 静态成员函数

静态成员函数的定义就是在普通的成员函数前面增加 static 关键字,静态成员函数也可以被声明为 public、private 及 protected 等属性。

```
class ABCD{
……
public:
    static void show_staticvalue(){……}
……
};
```

下面回顾一下 this 指针,this 指针用于标识成员函数所操作的对象。和静态数据成员一样,静态成员函数只属于一个类,因而没有 this 指针。因此,可通过"类型类名::静态函数(实参表)"的方式调用。类对象或类对象指针也可以访问公有的静态成员函数,但并不意味着静态成员函数属于该类对象。如果要在静态成员函数中访问非静态成员,必须明确地指明该静态成员函数到底是作用在哪个对象上。具体的做法就是,在定义静态成员函数时,要有一个形参是对象的引用或指针,而在调用静态成员函数时,传递对象的引用或指针给那个静态成员函数。因此,一般使用静态成员函数来访问静态数据成员或其他的静态成员函数。

在前面的各种例子中,当定义构造函数时,都是将其声明为 public 属性。现在我们提出一个问题:能否将构造函数声明为非 public 属性?如果能,则将会出现什么情况?例如,将 CString 类的构造函数声明为 private 属性。在主程序中,当我们定义对象 aStr 时,会出现什么情况呢?

```
class CString{
private:
    CString(int n){……};
    ……
};
int main(){
    CString aStr(16);
    aStr.copy("hello");
    ……
    return 0;
}
```

可以看出,在编译代码时,会在 CString aStr(16);语句报告编译错误,这是为什么呢?当编译 CString aStr(16);语句时,编译器会按照如下两个步骤来理解这条语句。

① 创建一个名为 aStr 的对象,并为其分配内存空间。

② 调用构造函数去初始化该对象,这一过程等价于调用 aStr.CString(16)。

可以看出,当在 main 中定义对象时会涉及构造函数的调用,由于是在类外调用构造函数的,这就要求构造函数必须是 public 属性。但如果将构造函数声明为 private 属性,必然无法在类外(main 函数中)被调用,因此会出现编译错误。

如果将构造函数声明为 public 属性,则可以生成任意多个对象(比如,在 main 函数中定义任意多个 CString 对象);但如果将构造函数声明为非 public 属性,正如上述所看到的编译错误一样,又无法在类外生成对象。那么,是否有办法能够控制对象生成的个数呢?

下面来看一个例子,希望在程序运行中仅创建一个 MyClass 的实例。

```
class MyClass{
    private:
        static MyClass *instance; //私有的静态成员数据
        MyClass(){} //私有的构造函数,不能在类外生成 MyClass 类对象
    public:
        static MyClass *getInstance(){ //定义公有的静态成员函数
            if(instance==NULL)
                instance=new MyClass(); //仅第一次通过 new 生成 MyClass 类对象
            return instance;
        }
};
```

```
    MyClass *MyClass::instance = NULL; //类外定义并初始化静态成员数据
    int main(){
        MyClass *pobj1, *pobj2;
        pobj1 = MyClass::getInstance(); /*公有静态成员函数第一次调用,生成 MyCla-
    ss 对象 */
        pobj2 = MyClass::getInstance();/*公有成员函数第二次调用,直接返回已经存在
    的 instance 指针指向的 MyClass 对象 */
        return 0;
    }
```

将 MyClass 的构造函数声明为 private 属性,这就防止了在类外(比如,在 main 函数中)定义 MyClass 的对象,而是在静态成员函数 getInstance 中通过 new 的方式动态创建 MyClass 的对象。此时,虽然也会调用构造函数来初始化该对象,但由于 getInstance 是 MyClass 类的成员函数,类内可以调用任何访问属性的成员函数,因此也可调用 private 属性的构造函数,在编译时不会发生编译错误。

在 main 函数中,当第一次调用 getInstance 函数时,由于静态数据成员 instance 的初值为 NULL,因此会调用 instance = new MyClass();语句来创建一个 MyClass 实例,并且 instance 指针指向该实例;当第二次再调用 getInstance 函数时,由于 instance 指针不为 NULL,因此该函数直接返回 instance 所指向的 MyClass 实例。不难推断,后续即便再有任意多次 getInstance 函数的调用,该函数所返回的对象指针均指向第一次调用 getInstance 函数时所创建的 MyClass 实例,而且该实例是唯一的。MyClass 实例是控制对象只能生成一个,但如果需要控制对象生成是有限个的话(例如,100 个),则可以通过对象池的方式来实现。

业界对这种控制对象只能生成一个的方式称为"单件模式"。单件模式属于设计模式的内容范畴,有兴趣的读者可以参看有关设计模式的书籍进一步学习相关知识。

8.13 友元机制

视频讲解

封装的目的是实现信息隐蔽,但有的时候我们在类的外部需要方便快速地操作一些私有成员,其中一种解决方案是通过提供的对这些私有成员进行操作的公有函数进行处理,但函数调用效率比较低且便利性不够。C++提供的友元机制能够打破这种私有化的界限。

1. 友元函数

下面来看一个例子,比如定义了 Point 类,类的定义如下所示。现在要计算两点间的距离,该如何做呢?

```
class Point{
    float x,y;
public:
    Point(float xx = 0, float yy = 0){x = xx;y = yy;}
    float GetX(){return x;}
    float GetY(){return y;}
};
```

(1) 第一种解决方案——将计算两点距离的函数设计为普通函数。

```
float Distance(Point a, Point b){
    float x1,x2,y1,y2,dx,dy;
```

```
        x1 = a.GetX(); y1 = a.GetY();
        x2 = b.GetX(); y2 = b.GetY();
        dx = x1 – x2;   dy = y1 – y2;
        return sqrt(dx * dx + dy * dy);//sqrt 是求开平方的数学库函数
    }
    int main(){
        Point p1(3.0, 5.0), p2(4.0, 6.0);
        float d = Distance(p1, p2);
        cout << "The distance is :"<<d<<endl;
        system("pause");
        return 0;
    }
```

程序的运行结果为：

```
The distance is 1.1421
```

因为 Distance 是普通函数，它不能直接访问 Point 类对象中的私有成员，因此该函数必须调用 GetX 和 GetY 公有成员函数先获取"点"的坐标，然后再计算两点距离。可以看出，因涉及 GetX 和 GetY 公有成员函数的调用，这种方式不是太方便。

（2）第二种解决方案——将计算两点距离的函数设计为 Point 类的成员函数。

```
    class Point{
        ……
        public:
        float Distance(Point a){{
            float x1,y1,dx,dy;
            x1 = a.GetX(); y1 = a.GetY();
            dx = x1 – this ->x;   dy = y1 – this ->y;
            return sqrt(dx * dx + dy * dy);//sqrt 是求开平方的数学库函数
        }
    };
    int main(){
        Point p1(3.0, 5.0);
        Point p2(4.0, 6.0);
        float d = p1.Distance(p2);
        cout << "The distance is :"<<d<<endl;
        system("pause");
        return 0;
    }
```

类的成员函数要表达的是这个类所具有的功能特性，而距离反映的是两点之间的关系，这种关系既不属于每一个单独的点，也不属于 Point 类所具有的功能。因此，虽然从语法和功能的角度来看，将 Distance 函数设计为 Point 类的成员函数能够满足需求，但是与面向对象的设计思想不一致，理解起来会有问题。

（3）第三种解决方案——设计为友元函数。

我们对第一种方式的代码进行一些小小的修改，如下所示。首先，在 Point 类中加上一条 Distance 函数原型声明的语句，并在原型前面用 friend 关键字进行修饰，这样做的目的是将该函数声明为 Point 类的友元函数；其次，在 Distance 函数的实现中直接引用对象的数据成员（例如，通过 a.x 来获得 a 对象的 x 坐标）。

```cpp
class Point{
    ……
    friend float Distance(Point a, Point b);
};
float Distance(Point a, Point b){
    float dx,dy;
    dx = a.x - b.x;
    dy = a.y - b.y;
    return sqrt(dx * dx + dy * dy);
}
int main(){
    Point p1(3.0, 5.0);
    Point p2(4.0, 6.0);
    float d = Distance(p1, p2);
    cout << "The distance is :" << d << endl;
    system("pause");
    return 0;
}
```

Distance是普通函数,通常不能直接引用对象的非 public 成员。但一旦把其声明为 Point 类的友元函数,这种限制就打破了,允许在 Distance 函数中直接引用包括 private 在内的任何访问控制属性的成员。正如我们所看到的那样,Distance 函数中无须再调用 GetX 和 GetY 公有成员函数来获取"点"的坐标。

友元函数本身不属于类的成员函数,因此友元函数没有 this 指针。友元函数的调用方式和普通函数是一样的。

2. 友元类

除了将一个普通函数声明为一个类的友元函数外,也可以将一个类 Y 声明为另一个类 X 的友元类,那么,类 Y 中的所有成员函数都成为类 X 的友元函数,都能访问类 X 中包括 private 在内的所有访问属性的成员。

以下面的类 X、Y 为例,在类 X 中声明类 Y 是类 X 的友元类(因为类 Y 的定义在类 X 的后面,因此需要在类 X 前面对类 Y 进行前向声明,以便能够编译通过),然后类 Y 定义中的所有成员函数都可以直接操作类 X 的所有访问属性的成员。

```cpp
class Y;//前向声明
class X{
    int x;
    friend class Y;//将类 Y 声明为类 X 的友元类
public:
    void show(){cout << x;}
};
class Y{
    public:
        void SetX( X &obj, int v){
            obj.x = v;//可以直接操作 obj 对象的 private 属性的数据成员 x
        }
};
int main(){
    X xobj;
    Y yobj;
    yobj.SetX(xobj,5);
```

```
        xobj.show();
        system("pause");
        return 0;
}//输出:5
```

当然,我们也可以把一个类的某几个成员函数说明为另外一个类的友元函数。比如,在类 Y 中有 SetX 和 func 两个成员函数,我们只想将 SetX 声明为 X 的友元函数,那么只需要在类 X 中将该函数进行友元声明。此时,类 Y 中只有 SetX 成员函数可以访问类 X 的私有成员,而类 Y 中的 func 函数是不能直接访问类 X 的私有成员的,只能通过类 X 提供的公有成员函数间接访问。

```
class X;//前向声明
class Y{
    public:
        void SetX( X &obj,int v);
        void func(X &obj ){......};
};
class X{
    ……
    friend void Y::SetX( X &obj,int v);//只将类 Y 的 SetX 声明为类 X 的友元函数
};
void Y::SetX( X &obj,int v){
    obj.x = v;//可以直接操作 obj 对象的 private 属性的数据成员 x
}
int main(){
    X xobj;
    Y yobj;
    yobj.SetX(xobj,5);
    xobj.show();
    return 0;
}//输出:5
```

从上述例子可以看出,无论是友元函数还是友元类,本质上都是希望一个类外函数能够直接访问该类中非 public 属性的成员,这种方式为数据成员的访问提供了一种便利的途径。但由于数据封装的目的是,希望在类外只能通过调用公有成员函数来访问类中的数据成员,友元机制又与数据封装的宗旨相违背。因此,在实际应用中,在遵循数据封装这一宗旨的大前提下,综合考虑效率和便捷性,根据实际情况来使用友元。

友元类具有如下性质:
① 类的友元可以直接访问它的所有成员。
② 友元的声明必须放在类的内部,但放在哪段并没有区别。
③ 友元关系不具备对称性,即类 X 是类 Y 的友元,但类 Y 不一定是类 X 的友元。
④ 友元关系不具备传递性,即类 X 是类 Y 的友元,类 Y 是类 Z 的友元,但类 X 不一定是类 Z 的友元。

8.14 类的组合

视频讲解

如果一个类的对象作为另一个类的成员,这种情况称作类的组合。类的组合建立的是一种 has-a 关系,它体现了整体和部分的关系(对象的包含关系),这个作为成员的对象被称为子对象。

例如，要实现 Circle 类，可以先设计 Point 类，然后把圆心和半径结合起来实现 Circle 类。

```
class Point{
    float x,y;
public:
    Point(float xx,float yy){ x=xx;y=yy;}
    float GetX(){return x;}
    float GetY(){return y;}
    void moveto(float xx,float yy){ x=xx; y=yy;}
};
class Circle{
    Point center; //子对象,也称为成员对象
    float radius;
public:
    Circle(float x,float y,float r):center(x,y){radius=r;   } /*列表方式初始化子对象*/
    void moveto(float xx,float yy){ center.moveto(xx,yy);   } /*移动的是圆心*/
}
int main(){
    Circle acircle(0,0,5);
    acircle.moveto(5,8);
    system("pause");
    return 0;
}
```

若子对象对应的类的构造函数有参数，那么包含该子对象的类必须使用成员初始化列表的方式先初始化子对象。例如，数据成员 center 是子对象，其构造函数需要参数，因此，在 Circle 的构造函数后面通过成员初始化列表 center(x,y) 的方式来初始化 center 子对象。构造函数的调用顺序是：先调用子对象所属类的构造函数（Point 类的构造函数），再调用组合类的构造函数（Circle 类的构造函数）。析构函数的调用顺序刚好相反。

8.15 数据成员的初始化和释放顺序

8.14 节中列举的 Circle 类示例，需要通过初始化列表的方式对子对象 center 进行初始化。事实上，除了子对象以外，也可以通过初始化列表的方式对基本数据类型的成员进行初始化。如果一个类定义了多个子对象，它们的初始化顺序如何呢？当初始化列表中包含多个项目（也就是对多个数据成员进行初始化）时，不论是子对象还是基本数据成员，应该按照它们在类中的定义顺序进行初始化，而不是按照它们在初始化列表中的声明顺序。仍以 Circle 类为例，假设其构造函数如下：

```
Circle(float x,float y,float r):radius(r),center(x,y) {}
```

由于 center 的定义先于 radius，因此即使初始化列表中 radius 在前而 center 在后，center 仍首先被初始化。对于这个例子，center 和 radius 的初始化顺序并不重要，因为两者无关联。但如果一个成员（暂且称为 a）的值作为初始化另一个成员（暂且称为 b）所需的数

据时,初始化顺序就尤为重要了,此时应该将 a 声明在前,b 声明在后,以便 a 优先于 b 初始化。

对象成员释放的顺序与初始化顺序是相反的,对于一个类中定义有多个子对象,例如:

```
class DemoClass{
    DemoClass_1  obj1;
    ……
    DemoClass_n  objn;
};
```

依次定义了子对象 obj1、obj2……直到子对象 objn,当一个 DemoClass 类的对象被释放时,这些子对象也会被释放。此时,按照这些子对象定义顺序的逆序依次调用所属类的析构函数,即先调用 objn 子对象类的析构函数,最后调用 obj1 子对象的析构函数。

8.16 常对象与常成员

视频讲解

在第 2 章中提到,当使用 const 修饰一个变量时,该变量具有"只读"约束,只能对该变量进行"读"操作而不能进行"写"操作。在一些应用场景中,当某些对象被初始化完毕后,就不允许对这些对象进行修改,此时可以将这些对象声明为常对象。此外,如果只希望对象的某些数据成员保持不可修改的状态,也可以将这些数据成员声明为常数据成员。我们可以用 const 来对这些对象或数据成员进行修饰,从而对它们加上"只读"约束。

1. 常对象

常对象的定义方法如下,const 放到类类型前面和后面,并都具有约束"只读"属性:

> const 类类型 对象名;或者 类类型 const 对象名;

此外,还可以用 const 限定类的成员函数,程序中定义常对象,目的是要保证对象的数据成员在对象的生命周期内不能被修改。这就意味着,我们只能通过成员函数读取而不能修改常对象中的数据(这些数据是由数据成员来表示的)。但编译器怎么知道哪个成员函数可以修改数据成员呢?又怎么知道哪些成员函数对于常对象来说是"安全"的呢?因此,必须有一种手段能够让编译器加以区分。

如果用 const 声明一个成员函数为常成员函数,就等于告诉编译器这个函数对于常对象来说是"安全"的,是可以被常对象所调用的。而一个没有被 const 所声明的成员函数,则被编译器认为是将要修改对象数据成员的函数,不允许常对象调用这个函数。通过这样的机制,能够在编译阶段排除潜在错误,当常对象调用了非常成员函数时,就会发出编译错误。

2. 常成员

(1) 常成员函数。

常成员函数的定义方式如下:

> 返回类型 成员函数名(参数表) const;

必须将 const 关键字放在函数原型的后面,如果将 const 放在函数原型的前面,意味着函数的返回值是一个常量,语义和常成员函数完全不同。

下面的代码可以帮助我们了解常对象的定义与使用方式,以及常见的错误及原因。

```
int main(){
    const CString  str1("hello");//定义常对象str1
    CString  str2("world");
    char *p;
    str1 = str2;      //编译错误!str1为常对象,不能被赋值
    p = str1.get();   //编译错误,因为get不是常成员函数,不能被常对象str1调用
    cout << "str1:" << p << endl;
    system("pause");
    return 0;
}
```

由于 str1 是常对象,str1 = str2;语句意图修改常对象 str1,因此会发生编译错误。

对于常对象,只能调用常成员函数,由于 get 不是常成员函数,因此,p = str1.get( );语句会发生编译错误。如果想让常对象 str1 调用 get 函数,可增加 get 常成员函数,如下所示:

```
class CString{
    ……
    char *get() const;//在函数原型后面加上const,声明为常成员函数
};
char *CString::get() const{return buf;}/*类外实现常成员函数,函数名称后面也要加const */
```

常成员函数可参与普通成员函数的重载,因此常对象调用的是常成员函数 get,普通对象和对象指针调用的是普通成员函数 get。

(2) 常成员数据。

下面,用一个简单的例子来分析如何定义和使用常成员数据。

```
class Employee{
    const unsigned int id;//工号,常成员数据,不能被修改
    float salary;//工资
public:
    Employee(unsigned newID,float newSalary):id(newID){
    //  id=newID;/*因为id是常成员数据,因此不能以赋值语句形式对id进行初始化.只能用初始化列表方式进行初始化*/
        salary = newSalary;
    }
    unsigned int getID()const{return id;} /*常成员函数访问常成员数据*/
    float getSalary(){return salary;}
    void setSalary(float newSalary){salary = newSalary;}
};
int main(){
    Employee employee(45,3000);
    cout << "employee Info:" << endl;
    cout << "id:" << employee.getID() << endl;
    cout << "salary:" << employee.getSalary() << endl;
```

```
        system("pause");
        return 0;
}
```

Employee 类用来描述一个公司的员工，当新员工入职时就会为其分配一个工号，而且在员工就职期间是不会改变的，因此，我们用 const 将数据成员 id 声明为常成员数据。由于 id 是常成员数据 id，因此，只能在构造函数的成员初始化列表中对其初始化[例如 id(newID)]，并且设计了一个 getID 函数来获取其值。

由于 salary 成员不是常成员数据，因此既可以在初始化列表中对其初始化，也可以在构造函数的函数体内以赋值语句的形式(salary = newSalary;)初始化，并且设计了 getSalary 和 setSalary 函数来获取和修改 salary 成员。

常对象和常成员明确规定了程序中各种对象的变与不变的界限，在程序中灵活地使用它们能够增强 C++程序的安全性和可控性，从而避免潜在的错误。

参考答案

8.17 课堂练习题

1. 分析程序，写出运行结果。

视频讲解

(1)
```
class MyClass
{
public:
    int number;
    void set(int i);
};
int number = 3;
void MyClass::set(int i)
{
    number = i;
}
int main()
{
    MyClass my1;
    int number = 10;
    my1.set(5);
    cout << my1.number << endl;
    my1.set(number);
    cout << my1.number << endl;
    my1.set(::number);
    cout << my1.number;
}
```

(2)
```
class Location
{
public:
    int x,y;
    void init(int initX,int initY)
    {
        x = initX;
        y = initY;
    }
    int GetX(){return x;}
```

```
            int GetY(){return y;}
    };
    void display(Location &rL)
    {
        cout<<rL.GetX()<<" "<<rL.GetY()<<endl;
    }
    void main()
    {
        Location A[5]={{0,0},{1,1},{2,2},{3,3},{4,4}};
        Location *rA=A;
        A[3].init(5,3);
        rA->init(7,8);
        for(int i=0;i<5;++i)
            display(*(rA++));
    }
```

(3)
```
    class Test
    {
    private:
        static int val;
        int a;
    public:
        static int func();
        void sfunc(Test &r);
    };
    int Test::val=200;
    int Test::func()
    {
         return val++;
    }
    void Test::sfunc(Test &r)
    {
        r.a=125;
        cout<<"Result3 = "<<r.a;
    }
    void main()
    {
        cout<<"Result = "<<Test::func()<<endl;
        Test a;
        cout<<"Result2 = "<<a.func();
        a.sfunc(a);
    }
```

2. 改正下面程序中的错误。

(1)
```
    class A
    {
        int a(0),b(0);
    public:
        A(int aa,int bb){a=aa;b=bb;}
    };
    A x(2,3),y(4);
```

视频讲解

(2) ```
class Test
{
public:
    static int x;
};
int x = 20;
void main()
{
    cout << Test::x;
}
```

(3) ```
class Location
{
private:
    int x,y;
public:
    void init(int initX,int initY)
    {
        x = initX;
        y = initY;
    }
    int sumXY()
    {
        return x + y;
    }
};
void main()
{
    Location A1;
    int x,y;
    A1.init(5,3);
    x = A1.x;   y = A1.y;
    cout << x + y << " " << A1.sumXY() << endl;
}
```

(4) ```
class ConstFun
{
public:
    void ConstFun(){}
    const int f5()const{return 5;}
    int obj(){return 45;}
    int val;
    int f8();
};
int ConstFun::f8(){return val;}
void main()
{
    const ConstFun s;
    int i = s.f5();
    cout << "value = " << i << endl;
}
```

3. 求三角形的周长和面积。实现一个三角形类 Ctriangle，该类有一个 GetPerimeter 方法返回三角形的周长；GetArea 方法返回三角形的面积；该类还提供一个 display 方法显示三角
```

形的三边长度;最终在 main 函数中创建该类对象,输入三条边的长度(不用考虑三条边不能构成三角形的情况);展示三角形的三边长度以及周长和。

4. 修改时钟程序,能够根据指定的时间生成新的时钟,也可以用已知的时钟生成新的完全一样的时钟,并提示这是另外一个新时钟。实现增加 1 秒功能,在循环语句中调用加 1 秒功能,模拟这两个时钟的运行过程。

5. 工厂批量生产 1000 个椭圆时钟,2000 个矩形时钟,这批时钟还具有设置与显示时区的功能,能够自动根据电脑时间初始化好时钟。各种形状通过 ACLLib 的绘图函数进行绘制。请编程实现该工厂的需求,并随机显示某个时钟的形状与时间,以便检测正确性。

第 3 题视频

第 4 题视频

第 5 题视频

6. 假设电影院用自动控制系统来统计每场入场人数。例如,当有人从入口进场时,光电传感器(或其他传感器)就感应一次,并给计算机传递一个信号,使计数单元加 1;当入场完毕,该计算单元的数字就是总入场人数。请用 C++ 语言编写程序实现此功能,即设计一个电影院入场人数的类,可以随时查看本场看电影人数和所有场次的看电影人数。

8.18 上机实验

运用 ACLLib 库,做一个精灵小游戏。具体要求如下。

1. 定义自动精灵类和用户控制精灵类

其中,自动精灵类对象可以在随机位置生成,水平或者垂直位置移动。用户精灵类对象由用户的键盘或者鼠标控制其上下左右移动,如果遇到自动精灵类,则得分。

2. 生成多个自动精灵

每个自动精灵都有加载图片,显示位置、大小、运行轨迹等属性,可以自定义精灵类。分析精灵类的数据抽象有 img,当前位置(x,y),移动位置(dx,dy),显示的长宽(heigh,width),精灵名字等;行为抽象有移动,在某位置按照某大小绘制精灵。其中,构造函数可能有多种初始化方式,得到类的声明如下。

```
class cautoSprite
{
private:
    ACL_Image img; //可以改用精灵图像地址,可以节约内存
    int x, y;        //精灵位置
    int dx, dy;      //精灵移动的距离
    int width, height; //精灵大小
    char name[50]; //名字不是必须的
public:
    cautoSprite();
    cautoSprite(cautoSprite &);
```

```cpp
    cautoSprite(char *name,int w,int h);
    ~cautoSprite();
    void Move();
    void drawImageScale(int w,int h);
};
```

接下来,实现类的所有成员函数。

```cpp
cautoSprite::cautoSprite(cautoSprite &a)
{
    width = a.width;
    height = a.height;
    x = a.x;
    y = a.y;
    dx = a.dx;
    dy = a.dy;
    strcpy_s(name, a.name);
    loadImage(name, &img);
}
cautoSprite::cautoSprite(char *name,int w,int h)
{
    strcpy_s(this->name, name);
    loadImage(name, &img);
    width = w;
    height = h;
    x = rand() % w;
    y = rand() % h;
    dx = rand() % 30 + 10;
    dy = rand() % 30 + 10;
}

void cautoSprite::Move()
{
    x += dx;
    y += dy;
    if (x < 0 || x>width-100)dx *= -1;
    if (y<0 || y>height - 100)dy *= -1;
}
void cautoSprite::drawImageScale(int w, int h)
{
    putImageScale(&img, x, y, w, h); //用指定的宽高显示精灵图片
}
```

然后实现主程序,需要设置 2 个定时器;每 500 ms 生成 1 个自动精灵,这里假设最多 10 个自动精灵;每个精灵每 50 ms 移动一个距离。第一个定时器的 id 设置为 0,第二个定时器的 id 设置为 1。

```cpp
int Setup()
{
    initWindow("auto sprites", 0, 0, w, h);
    registerTimerEvent(timerEvent);
    startTimer(0, 500);
    startTimer(1, 50);
    return 0;
}
```

在定时器处理函数中,id 为 0 的功能是只要生成的精灵数量小于 10,就生成一个新的精灵对象;id 为 1 的功能是将所有的精灵进行移动并在新的位置显示。程序代码如下。

```
void timerEvent(int id){
    switch (id){
    case 0:
        if (d >= 10)return;
        sprites[d] = new cautoSprite("1 - cat.jpg", w, h);
        ++d;
        break;
    case 1:
        beginPaint();
        clearDevice();
        for (int i = 0;i < d;++i){
            sprites[i]->Move();
            sprites[i]->drawImageScale(50,50);
        }
        endPaint();
        break;
    }
}
```

由于要生成多个精灵对象,我们采用对象数组,并且每一个对象要动态生成,因此定义指针对象数组。

```
//全局变量
const int w = 800, h = 600;
cautoSprite *sprites[10];
int d = 0; //已生成的精灵对象的计数器
```

3. 碰撞检测

如图 8-4 所示的 2 个矩形就发生了碰撞,对于这 2 个矩形,我们可以通过判断它们的 x 和 y 的坐标关系来确定是否发生碰撞。至于精灵,我们可以通过精灵的外包框矩形(也就是由左上角与右下角的坐标构成的矩形)来判断。判断 2 个精灵外包围框矩形是否发生碰撞的各种情况如图 8-5 所示,对应的函数定义如下。

```
int collision(rect r1, rect r2){
    int c = 1; //c = 1 表示有碰撞,c = 0 表示无碰撞
    if (r1.x < r2.x && r1.x + r1.w > r2.x ){
        if (r1.y > r2.y && r1.y < r2.y + r2.h )return c;
        if (r1.y < r2.y && r1.y + r1.h > r2.y)return c;
    }
    else if (r1.x > r2.x && r2.x + r2.w > r1.x)
    {
        if (r1.y > r2.y && r1.y < r2.y + r2.h)return c;
        if (r1.y < r2.y && r1.y + r1.h > r2.y)return c;
    }
    c = 0;
    return c;
}
```

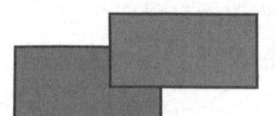

图 8-4 发生碰撞的 2 个矩形

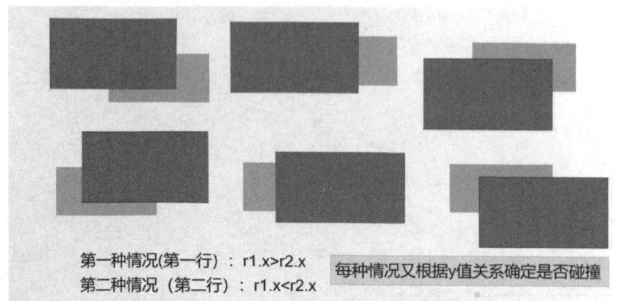

图 8-5 发生碰撞的两种情况

注：浅色矩形表示 r1，深色矩形表示 r2

如果检测到发生碰撞，可以实现如下功能：如声音报警，用户控制精灵分数增加。参考步骤如下。

（1）碰撞发生时的声音报警。

① 将声音文件添加到项目所在的文件夹中。

② 初始化：loadSound("tada.wav", &sound)。

③ 检测到碰撞，则声音报警：playSound(sound, 0)。

（2）显示分数。

① 定义并初始化全局变量：int score = 0。

② 设置字体颜色和大小等（在 beginPaint 和 endPaint 之间）。

③ 发生碰撞检测，则 score += 5，然后左上角显示 score 的值。显示分数需要把整数转换为字符串，再用写字函数绘制在指定位置，程序代码如下所示。

```
char s[20];
sprintf_s(s,"%d",score);
paintText(10,10,s);
```

把上面的 3 个功能都自己独立实现并运行起来，再完成要求的精灵游戏就不困难了。

视频 1   视频 2   视频 3

8.19 小　结

1. 定义和使用类类型的过程。

(1) 抽象。对事物进行抽象。
(2) 声明类。根据抽象的结果定义类的特性。
(3) 实现类。实现类中成员函数的逻辑。
(4) 使用类。在程序中定义类的实例,使用类的公有成员。

类与对象之间的关联如图 8-6 所示。

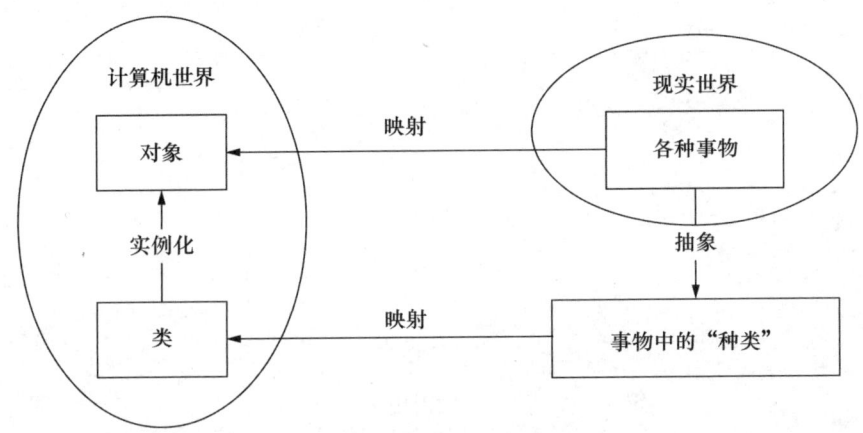

图 8-6 类与对象之间的关联

2. 根据需求定义类的重载的构造函数,构造函数和类名完全相同,不同的参数满足不同的类对象生成需求。其中,默认的复制构造实现精确复制。如果需要实现精确复制之外的其他功能,则需要显式定义并实现自己的复制构造函数。

3. 析构函数实现释放类对象需要的操作。析构函数没有返回值,函数名称是在类名前加上~符号,没有参数。

4. 类对象有一个默认的 this 指针,指明类对象所在的内存地址,它可以用来区分同名局部变量和数据成员。

5. 类的成员有数据成员和函数成员,通过访问属性决定是否能够在类外被访问。private 和 protected 只能在类内部被访问,public 是类的接口,可以被类外部访问。

6. 对象数组在定义时,就会生成多个类对象。因此,需要有一个无参数的构造函数同时初始化这些类对象。如果没有默认构造函数,也没有无参数的构造函数,则只能定义指针数组,并使用循环语句逐个调用带参数的构造函数来创建类对象。

7. 友元打破类的封装,使得声明为友元的函数或者类可以方便地使用类的私有和保护成员。

8. 常成员只能被常对象访问,且不能被修改。常成员可以用于区分重载的成员函数。

9. 一个类可以由多个类对象构成,这是类的组合关系,通常描述为 A 包含 B。所以一个复杂的类可能由多个相对简单的类组合而成。

8.20 课后作业

1. (码图编号 136)输出类的 X 和 Y 值。

题目描述：在下面的横线处填上适当的字句，使函数实现指定功能。

```
class Location{
    private :
    int X,Y;
    public:
    void init(int initX,int initY){
        X = initX;
        Y = initY;
    }
    int GetX(){
        return X;
    }
    int GetY(){
        return Y;
    }
};
int main(){
    Location A1;
    A1.init(20,90);
    _____①_____    //定义一个指向 A1 的引用 rA1;
    _____②_____    //用 rA1 在屏幕上依次输出对象 A1 的数据成员 X 和 Y 的值;
    return 0;
}
```

2. （码图编号 140）实现 Clock 类。

题目描述：实现时钟类 Clock（24 小时制,0～23）。

在代码中引入头文件 Clock.h,其定义如下：

```
#include <iostream>
using namespace std;
class Clock{
public:
    Clock(int h,int m, int s);
    void SetAlarm(int h,int m,int s);
    void run();
    void ShowTime(){
        cout << "Now: " << hour << ": " << minute << ": " << second << endl;
    }
private:
    int hour;        //时
    int minute;      //分
    int second;      //秒

    int Ahour;       //时（闹钟）
    int Aminute;     //分（闹钟）
    int Asecond;     //秒（闹钟）
};
```

（1）实现构造函数 Clock(int h, int m, int s)。

构造函数设置时、分、秒。设置前先判断传入的时、分、秒是否合法，如果不合法，则将其设置为 0。

例如:
```
Clock c(25,61,-1);
c.ShowTime();
```
输出:

Now: 0: 0: 0

(2) 实现 SetAlarm 成员函数。

设置闹钟时同样要判断传入的时、分、秒是否合法,但闹钟的时、分、秒可以为负数,表示关闭闹钟。

(3) 实现 run 成员函数。

将现在的时间秒数加 1,然后检查闹钟设定的时间是否已到达。如果闹钟触发,则输出"Plink! plink! plink! …"。

例如:
```
Clock c(2,3,4);
c.SetAlarm(2,3,5);
c.run();
```
输出:

Plink! plink! plink! …

在编写的代码中需要实现上述三个方法。

3. (码图编号 148) 实现 User 类。

题目描述:设计一个 User 类,要求 User 类可以保存多个用户的用户名和密码信息;AddUser 方法添加新用户;实现方法接受用户名和密码,并判断用户名对应的密码是否正确,如果正确,则返回用户的编号;如果不正确,则返回 -1。

User 类的使用示意如下所示,在编写的代码中除了实现 User 类以外,还需实现 main 函数:

```
int main(){
    char name[10],name1[10],pass[10],pass1[10];
    cin >> name >> pass >> name1 >> pass1;
    User user("LiWei","liwei101");
    user.AddUser(name,pass);
    if (user.login(name1,pass1) > =0)
    {
        cout << "Success Login!" << endl;
    }
    else{
        cout << "Login failed!" << endl;
    }
    return 0;
}
```

例如:

输入:

test 1234567 test 123456 ↙

输出:

Login failed!

第 9 章 继承、派生与多态

视频讲解

基础理论

9.1 派生类的概念

类描述的是群体的共性,通过创建类的不同对象,可以实现代码重用。然而,这种重用是不充分的,设想一个汽车类,如下所示:

```
Class Car{
public:
    int seats;
    void accelerate(){cout << "加速到 80 km/h" << endl;} //加速
    void brake(){...} //刹车
};
```

当 Car 类的功能需要进行扩展为变形金刚类 Transformer 时,需要增加"变形"的功能。一种直观的做法是:创建一个新类 Transformer,在其中除了完全复制 Car 类的代码外,再添加一个体现变形的新功能 void transform(),如下所示:

```
Class Transformer{
public:
    int seats;
    void accelerate(){cout << "加速到 80 km/h" << endl;} //加速
    void brake(){...} //刹车
    void transform(){...}//变形
};
```

这样,新的 Transformer 类就实现了功能的扩展,然而这种做法并不"优雅"。因为如果 Car 类的代码有所改变,例如,Car 类增加停车 void stop( )功能,或者增加换挡 void shift( )功能,那么为了保持代码的一致性,不仅要修改 Car 类的代码,还需要修改 Transformer 类的代码。

一种"优雅"的解决方案为:声明 Transformer 类"继承"Car 类的特性,这样无须复制 Car 类的代码,Transformer 类就自动具有 Car 类的所有特性。更重要的是,无论 Car 类何时进行修改,Transformer 类都能应用这些修改。这种解决方案就是继承与派生。

继承与派生是同一过程从不同的角度观察的结果。在保持已有类特性的基础上构造新类的过程称为继承。在上面的例子中,Transformer 类继承了 Car 类的所有特性。在已有类的基础上扩充特性、产生新类的过程称为派生。在我们的例子中,Car 类为了扩展为变形金刚类,派生出了 Transformer 类。

自然界中继承的概念非常普遍。例如,猫、狗都属于哺乳动物,具备胎生、哺乳、恒温等特征,但又具有各自的特性。在这个例子中,猫继承了哺乳动物的特征。哺乳动物派生出了具体的猫,如图 9-1 所示。

图 9-1 哺乳动物的派生

再看一个现实世界的例子,如图 9-2 所示。四边形是一个基本概念,矩形、正方形、菱形和平行四边形都属于四边形,它们继承了四边形的所有属性,但又扩充了各自的特性。

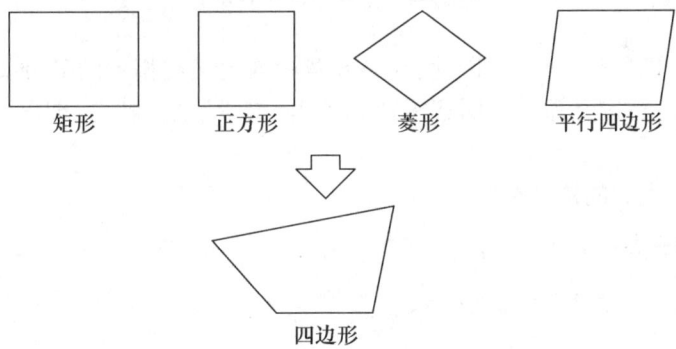

图 9-2 四边形的继承

从以上例子可以看出,一旦指定了某种事物父代的本质特性,那么它的子代将会自动具有这些特性,这种"继承"特性就是一种朴素的功能"重用"的概念。然而子代除了具有从父代那里"继承"下来的特性外,还可以拥有父代没有的特性,这就是功能"扩充"的概念。

从软件设计的角度来看,继承的目的是实现代码的重用,当新的问题出现,而原有程序无法解决时,需要对原有程序进行扩展,这就是派生的目的。

在 Car-Transformer 的继承体系中,实际上是在一个已经存在的 Car 类的基础上建立另一个新的 Transformer 类。已存在的类称为基类或父类,如例子中的 Car 类是基类。新建立的类称为派生类或子类,如例子中的 Transformer 类是子类。继承关系可以用"类图"进行表示,如图 9-3 所示,继承关系用箭头从派生类指向基类。

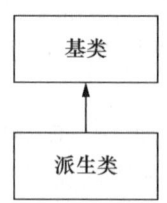

图 9-3 继承关系

C++语言中的继承又分为单继承和多继承,如果派生类只有一个直接基类,则为单继承;如果有多个直接基类,则为多继承,如图 9-4 所示。

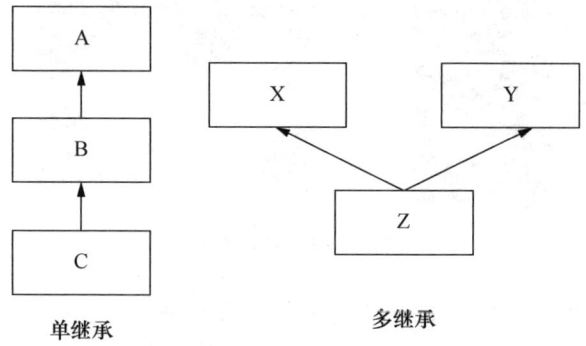

单继承　　　　　　　　　多继承

图 9-4 单继承与多继承

派生类本质上仍然是一个类,因此,在第 8 章中与定义类相关的各种要求均适用于定义派生类。除此以外,在定义派生类时还需要体现出"继承"这一特性,即需要体现出是继承于哪个基类。

定义单继承派生类的语法格式为:

```
class 派生类名:<继承方式>基类名
{
    ……//定义派生类新添加的成员
};
```

定义多继承派生类的语法形式为:

```
class 派生类名:<继承方式>基类名1,……,<继承方式>基类名n
{
    ……//定义派生类新添加的成员
};
```

如果是单继承,因为直接基类只有一个,因此在"派生类名"之后加上":"(冒号),然后写上该基类名,并描述是哪种继承方式;如果是多继承,因为直接基类有多个,因此需要罗列出所有的基类,并针对每一个直接基类描述是哪种继承方式。

C++语言中有三种继承方式:公有继承、保护继承和私有继承,分别使用 public、private、protected 来描述。公有继承是最常用的方式,它建立的是一种 is-a 关系,即派生类对象也是一个基类对象,对基类对象进行的任何操作,也可以对派生类对象执行。例如,Car 类对象能够进行加速和刹车动作,那么 Transformer 派生类对象同样也可以进行这两个动作。因此，公有继承体现了真正意义上的继承关系。对于私有继承，它建立的是 has-a 关系，而保护继承则是私有继承的变体，在后续章节中会对这两种继承方式做进一步描述。

派生类的功能主要通过以下方式来体现。

① 吸收基类成员。即继承了基类的所有数据成员和函数成员。例如，Transformer 类具有 Car 类的一切功能。

② 改造基类成员。例如，Transformer 类可以重新定义从 Car 类继承过来的函数成员。

③ 添加新成员。例如，Transformer 类增加了体现变形的新功能 transform。

从编码的角度来看，派生类从基类中以较低的代价换来了较大的灵活性：派生类可以对从基类继承过来的功能进行扩展、限制或改变；一旦产生了可靠的基类，只需要调试派生类中所做的修改即可。

为了便于理解，下面给出 Transformer 类的定义：

```
Class Transformer: public Car{
public:
    //覆盖 Car 类的方法,覆盖后 Transformer 的 accelerate()变成了新定义的函数
    void accelerate(){ cout << "加速到160 km/h" << endl;} //加速
    void transform() {…}//变形
};
```

Transformer 类公有继承于 Car 类，并且是单继承方式。在 Transformer 类中，除了增加新的"变形"（transform 函数）功能外，还复写了基类的"加速"（accelerate 函数）功能。此时，我们赋予 Transformer 类 accelerate 功能新的语义。

9.2 公有继承

现在考虑一下商场的购物卡，分为普通的不记名购物卡和会员购物卡。不记名购物卡最基本的功能属性就是卡号及剩余金额，能够进行的基本操作是消费；对于会员购物卡，除了具有不记名购物卡的特性外，还拥有与会员身份相关的属性，例如，身份证号、姓名和电话等。

1. 不记名购物卡的功能属性

（1）数据属性：卡号、剩余金额。

（2）行为属性：获取卡号、获取当前余额以及消费。

2. 会员购物卡的功能属性

（1）数据属性：身份证号、姓名和电话号码。

（2）行为属性：获取/修改身份证号、姓名和电话号码等信息。

针对这两种类型的购物卡，分别设计出 ShoppingCard 和 MemberCard 两个类。不难理解，MemberCard 是公有继承于 ShoppingCard 的。例 9-1 是这两个类的实现示例（为简化示例，MemberCard 中去掉姓名和电话号码信息，只保留身份证号信息）。

例 9-1 定义不记名购物卡和会员购物卡。

```
//9-1.cpp
class ShoppingCard{
    char cardID[16];//卡号
```

```cpp
        float remainMoney;//剩余金额
    public:
        ShoppingCard(char *id,float money){//构造函数
            strcpy(this->cardID,id);
            remainMoney=money;
        }
        void getID(char *buf){ strcpy(buf,cardID);}//获取卡号
        float getRemainMoney(){ return remainMoney; }//获取剩余金额
        bool consume(float money){//消费
            if(money<=remainMoney){
                remainMoney-=money;
                return true;
            }else
                return false;
        }
    };
    class MemberCard:public ShoppingCard{
        char identity[19];//身份证号
    public:
        MemberCard(char *identity,char *cardid,float money):ShoppingCard(cardid,money){
            strcpy(this->identity,identity);
        }
        void getIdentity(char *buf){ strcpy(buf,identity);}
        void setIdentity(char *newIdentity){strcpy(identity,newIdentity);}
    };
    int main(){
        char str[32];
        MemberCard aCard("452601198204290310","00001",100);
        aCard.consume(20);
        float remainMoney=aCard.getRemainMoney();
        cout<<"MemberCard Info:"<<endl;
        cout<<"remain money:"<<remainMoney<<endl;
        aCard.getID(str);
        cout<<"card ID:"<<str<<endl;
        aCard.getIdentity(str);
        cout<<"identity:"<<str<<endl;
        system("pause");
        return 0;
    }
```

在MemberCard类中，增加了用于标识会员身份信息的身份证号，并围绕该信息增加了setIdentity和getIdentity两个操作。

在main函数中，定义了派生类的对象aCard，该对象由派生类的构造函数初始化（关于派生类的构造函数，请参看9.3节），通过该对象既调用派生类自定义的公有函数getIdentity，还调用从基类继承过来的函数getID和getRemainMoney。

对于公有继承来说，派生类对象包含了基类对象，基类的公有成员将成为派生类的公有成员，基类的私有成员也将成为派生类的一部分，但只能通过基类的公有函数和保护函数访问。

9.3 派生类的构造和析构

视频讲解

在例9-1中，MemberCard从基类ShoppingCard中继承了cardID和remainMoney数据成

员,并且还自定义了新的数据成员 identity。也就是说,一个 MemberCard 类的对象拥有 cardID、remainMoney 以及 identity 3 个成员。当 MemberCard 类的对象被创建时,这 3 个成员的初值是多少呢？事实上,在第 8 章中我们学习的构造函数的作用就是对数据成员进行初始化,因此不难发现,上述代码中派生类 MemberCard 还缺少一个构造函数,那么如何设计这个构造函数呢？

1. 派生类 MemberCard 构造函数的实现(主要从两方面重点关注该构造函数)

```
MemberCard(char * identity,char * cardid,float money):ShoppingCard(car-
did,money){
        strcpy(this->identity,identity);
}
```

（1）构造函数必须给从基类继承的成员及新成员(如果有的话)提供初始化数据。由于派生类 MemberCard 拥有 cardID、remainMoney 及 identity 3 个成员,因此其构造函数需要为初始化这些成员提供数据,这些数据由构造函数的 identity、cardid、money 这 3 个形参来体现。

（2）基类私有成员访问权限的考虑。由于 cardID 和 remainMoney 是基类 ShoppingCard 的私有成员,派生类 MemberCard 不能直接访问它们,因此派生类 MemberCard 的构造函数不能直接对 cardID 和 remainMoney 进行初始化设置,而必须使用基类的公有成员函数来访问。具体来说,就是派生类构造函数必须使用基类的构造函数。当创建派生类对象时,程序首先创建基类对象,这意味着基类对象在程序进入派生类的构造函数之前就应当被创建。C++ 语言使用成员初始化列表的方式来完成这项工作。

例如,派生类 MemberCard 的构造函数名冒号后面的 ShoppingCard(cardid,money)就是成员初始化列表,它是可执行的代码,调用的是基类 ShoppingCard 的构造函数。基类构造函数的调用优先于派生类构造函数的调用。也就是说,当基类 ShoppingCard 的构造函数调用完毕,完成 cardID 和 remainMoney 成员的初始化后,派生类 MemberCard 的构造函数才会被调用,即 strcpy(this->identity,identity);语句才会被执行。

如果省略成员初始化列表,情况会变成什么样呢？我们来看一下：

```
MemberCard(char * identity,char * cardid,float money) {
    strcpy(this->identity,identity);
}
```

由于首先必须创建基类对象,因此如果不需要把数据传递给基类构造函数来初始化基类数据成员,程序要么使用基类默认的构造函数(这种情况下要求基类没有定义任何构造函数),要么使用基类中不带任何参数的构造函数。上述代码与下面的代码等效：

```
MemberCard(char * identity,char * cardid,float money):ShoppingCard(){
    strcpy(this->identity,identity);
}
```

让我们回顾一下 8.14 节中的例子,圆心 center 是 Circle 类的子对象,对该子对象的初始化也是通过成员初始化列表的方式进行的。下面给出定义派生类构造函数的一般形式：

```
派生类构造函数(参数表):基类名(参数表),
对象成员 1(参数表 1),……,对象成员 n(参数表 n)
{
    ……//初始化自定义数据成员
}
```

如果基类使用的是默认的构造函数或不带参数的构造函数,那么在成员初始化列表中可以省略"基类名(参数表)"这一项。如果没有对象成员,那么在初始化列表中可以省略"对象成员(参数表)"这一项。

2. 有关派生类构造函数的要点

(1) 在创建派生类对象时,首先应创建基类对象,此时派生类构造函数通过成员初始化列表的方式将数据传递给基类的构造函数,以便初始化从基类继承过来的数据成员。

(2) 如果派生类有对象成员,那么再调用对象成员所属类的构造函数来进行初始化;如果有多个对象成员,那么初始化按照它们在类中的定义顺序进行。

(3) 派生类自身的构造函数最后被调用,用于初始化派生类新增的数据成员。

当对象生命周期结束时,会调用析构函数,释放对象的顺序与创建对象的顺序是相反的。因此,当派生类对象被释放时,析构函数的调用顺序如下。

① 先调用派生类的析构函数。

② 如果派生类有对象成员,再调用对象成员所属类的析构函数;如果有多个对象成员,那么析构顺序按照它们在类中的定义顺序逆序进行。

③ 最后调用基类的析构函数。

9.4 保护成员的引入

到目前为止,本书所举示例已经使用了 public 和 private 关键字来控制成员的访问。此外,还有第三种访问控制属性,即使用 protected 关键字来表示。protected 和 private 访问控制的特点很相似,在类外只能通过公有的成员函数访问 protected 属性的成员,但二者的区别只有在派生类中才会表现出来,派生类的成员可以直接访问基类的保护成员,但不能直接访问基类的私有成员。

例 9-2 仍以购物卡为例,对于会员购物卡,我们为其增加"充值"功能(添加 recharge 成员函数)。

```
//9-2.cpp
class MemberCard:public ShoppingCard
{
……
public:
    bool recharge(float amount){
        if(amount >0){
            remainMoney + = amount;
            return true;
        }else
            return false;
    }
};
```

"充值"功能的语义就是在剩余金额基础上加上充值金额,因此,在 recharge 函数中有 remainMoney + = amount;语句。由于 remainMoney 成员是从基类继承过来的私有成员,不能被派生类 MemberCard 的 recharge 函数直接访问。如何解决这个问题呢?我们可以将基类的 remainMoney 成员从 private 调整为 protected 访问属性,这样 recharge 函数就可以直接访问 remainMoney 成员,而无须使用 ShoppingCard 类提供的能够修改 remainMoney 的公有函数。修改后的 ShoppingCard 类如下所示：

```
class ShoppingCard
{
……
protected:
    float remainMoney;//剩余金额
}
```

因此,从类的外部角度来看,保护成员的特性与私有成员相似,即无法在类外被访问;而从派生类的角度来看,保护成员又与公有成员的特性相似,即基类保护成员在派生类中是可见且可用的。

9.5 改造基类的成员函数

C++ 允许派生类重新定义基类的成员,此时称派生类的成员覆盖了基类的同名成员。

我们仍以购物卡为例,为了体现会员的"特权",会员使用会员购物卡购物时一般会有折扣。基类 ShoppingCard 中的 consume 函数体现的是按原价购买的"消费"功能(无折扣),那么对于派生类 MemberCard 来说,从基类继承过来的 consume 函数无法满足购物有折扣的应用需求,因此需要为其重新定义能够体现"折扣"语义的 consume 函数,代码如例 9-3 所示。

例 9-3 在例 9-2 基础上,实现有折扣的消费功能。

```
//9-3.cpp
class MemberCard:public ShoppingCard
{
    ……
    private:
        float discount;//折扣
    public:
        bool consume(float money){//能够有折扣的消费
            float tmp = money * discount;
            if((tmp <= remainMoney)&&(tmp > 0)){
                remainMoney -= tmp;
                return true;
            }else
                return false;
        }
        bool setDiscount(float newDiscount){//设置折扣
            if((newDiscount > 0)&&(newDiscount <= 1)){
                discount = newDiscount;
                return true;
            }else
                return false;
        }
        float getDiscount(){return discount;}//获取折扣
};
```

对于会员来说,能够得到的折扣率并非一成不变的。例如,会员升级等都有可能改变折扣率,因此我们为派生类 MemberCard 增加了新的数据成员 discount,用于存储会员应得的折扣率。相应地,程序也提供了 setDiscount 函数来设置折扣率,以及 getDiscount 函数来获取折扣率等信息。

很显然,派生类 MemberCard 重定义的 consume 函数覆盖了从基类继承过来的 consume 函数。此时,如果通过派生类对象来调用 consume 函数(如下面的代码所示),那么这个 consume 函数必定是派生类重定义的,而不是从基类继承过来的。

```
MemberCard aCard("452601198204290310", "00001",100);
aCard.setDiscount(0.8);
aCard.consume(50); //调用的是派生类重定义的 consume 函数,实际消费有 0.8 的折扣
```

9.6 派生类与基类同名成员的访问方式

视频讲解

在 9.5 节,我们看到派生类改造基类同名成员函数,通过派生类对象或派生类对象指针访问同名的派生类成员函数。

然而在某些场景下,比如购买某些特价商品,会员也不一定有折扣。此时,如果使用派生类 MemberCard 重定义的 consume 函数显然就不合适了,而使用基类的 consume 函数会更好一些。

C++语言规定,在派生类中或通过派生类对象来使用基类的同名成员,则需要显式地使用类名限定符"::",方式如下:

> 基类名::成员

例如,以下代码调用的是基类的 consume 函数:

```
MemberCard aCard("452601198204290310", "00001",100);
aCard.ShoppingCard::consume(168);
```

9.7 私有继承和保护继承

第 8 章讲过,类的组合建立的是 has-a 关系,此外,C++语言中的私有继承是另一种实现 has-a 关系的途径。对于私有继承,基类中的公有成员和保护成员被派生类继承后都将成为派生类的私有成员,这意味着基类中的所有成员函数将不会成为派生类对外的接口。因此,通过派生类对象不能直接访问它们,但可以在派生类自定义的成员函数中被使用。

接下来,我们将以 ShoppingCard 类为例,将其改造成类组合方式和私有继承方式,比较一下这两种建立 has-a 关系的方式有何异同。

在 ShoppingCard 类中,我们用成员 cardID 来表示购物卡的卡号,它是一个字符串,在目前的版本中,我们用一个 16 字节的字符数组来表示,但这将限制卡号的长度,缺乏灵活性。当然,我们也可以使用 char 指针和动态内存分配方式,但这将要求实现大量的支撑代码(这种方式是将 cardID 定义成 char 指针类型,在构造函数中根据参数 id 所表示的字符串的实际长度为 cardID 动态分配内存,并将 id 字符串复制到该内存中。除此之外,还需要考虑复制构造函数、析构函数等函数的实现,类似示例可参看第 8 章中自定义的 CString 类。一种更好的办法是,使用他人开发好的类的对象来表示 cardID。事实上,C++类库提供了标准的字

符串类 string,该类能够进行常见的字符串处理。

例 9-4 将 ShoppingCard 类改造成类组合,并且使用标准字符串类 string 存储卡号。

```
//9-4.cpp
class ShoppingCard{
    ……
    string cardID;//卡号
public:
    ShoppingCard(char *id,float money):cardID(id){
        remainMoney = money;
    }
    const string& getID(){ return cardID;}//获取卡号
};
```

我们把 cardID 声明为 string 类对象,它是 ShoppingCard 类的对象成员。因此,在构造函数中以初始化列表的方式来初始化 cardID。此外,我们还设计了一个获取卡号的成员函数 getID,该函数的返回值是 string 类型的引用,即返回子对象 cardID 的引用(返回引用的目的是避免对象复制)。由于返回的是引用,为避免对 cardID 进行修改,我们加上了 const 限定,即返回常引用。

如果要进行私有继承,需要使用 private 关键字来定义派生类。事实上,private 是派生方式的默认值,如果省略对派生方式的说明,则表明是私有继承。例 9-5 使用私有继承来重新设计 ShoppingCard 类,由于是从 string 类派生而来的,因此在声明中要体现出基类 string。

例 9-5 用私有继承重新设计会员卡类。

```
//9-5.cpp
class ShoppingCard: private string
{
    ……
    public:
    ShoppingCard(char *id,float money):string(id){
        remainMoney = money;
    }
    const string& getID(){ return (const string &)*this;}//获取卡号
};
```

如果使用私有继承,则派生类将继承基类的实现。在 ShoppingCard 类中有一个 string 类组件,即我们常说的基类对象。可以看出,ShoppingCard 类中不需要再定义私有的数据成员来表示卡号,因为基类对象可以用于保存卡号信息。对于 ShoppingCard 类的构造函数,使用成员初始化列表的方式来初始化基类对象,但要使用基类名(string)而不是成员名来标识构造函数(可参见 9.3 节中派生类构造函数的成员初始化列表的编写方式)。

由于基类对象(string 对象)保存了卡号信息,因此要想获取卡号需要访问基类对象,那么应该采取怎样的访问方式呢?在 ShoppingCard 类的组合版本中,由于使用的是 string 类型对象 cardID 来表示卡号,因此其 getID 函数可直接返回 cardID 的引用。但在使用私有继承时,该 string 类对象是没有名称的,那么在 ShoppingCard 类中如何访问内部的这个 string 类对象呢?我们可以使用强制类型转换。由于 ShoppingCard 是从 string 派生而来的,因此可以通过强制类型转换将 ShoppingCard 类对象转换为 string 类对象,从而就得到保存卡号信息的基类对象。我们可以看到,在上述 getID 函数的实现中,this 指针指向的是调用该函数的对象,那么 * this 就代表调用该函数的对象,该对象就是 ShoppingCard 类对象,为了避免新创建一个基类对象,在使用(const string &) * 进行强制类型转换时,得到的是基类对象的引用(加上 const 限定是防止对基类对象进行修改)。

1. 类组合与私有继承方式的主要区别

由 ShoppingCard 类的改造过程可见,类组合方式和私有继承方式在实现上的主要区别有:

(1) 类组合方式需要提供被显式命名的对象成员(例如,string 类型的 cardID 成员);由于私有继承方式已经被派生类所继承,因此提供的是无名称的基类对象。

(2) 在编写派生类构造函数的成员初始化列表时,类组合方式使用的是对象成员调用公有构造函数[例如,cardID(id)],而私有继承方式使用的是基类名[例如,string(id)]。

无论是哪种方式实现的 ShoppingCard 类,它们的公有接口是完全相同的。因此,ShoppingCard 类的使用方法也是一样的。例如,下面的代码创建了一个 ShoppingCard 类对象,可以调用 getID 函数获得卡号信息。

```
ShoppingCard aCard((char * )"000001",100);
string id = aCard.getID();
```

那么,在实际应用中究竟是使用类组合方式还是私有继承方式来建立 has-a 关系呢?大部分 C++ 程序员倾向于使用类组合方式。理由如下:

① 类组合方式易于理解。由于在采用该方式时,类声明中定义的对象成员是有名称的,因此其他成员函数可以通过名称直接使用对象成员。而在使用私有继承方式时,基类对象是无名称的,因此在访问基类对象时会比较麻烦。

② 类组合方式可以定义多个同类的对象成员,只要这些对象成员的名称不同即可;而在使用私有继承时,只能使用一个这样的对象(因为对象没有名称,因此难以区分不同的对象)。

但并非使用类组合方式就一定比私有继承方式好,有时候采用私有继承方式可以得到类组合方式所无法提供的特性。例如,某个类(暂且称为类 A)包含保护成员,那么 A 的派生类是可以使用这些保护成员的;但如果采用类组合方式,当在类 B 中定义有类 A 的对象时,类 B 的其他成员也只能使用类 A 对象所提供的公有接口。

另一种需要采用私有继承方式的场景是派生类可以重定义基类的虚函数,采用类组合方式却无法达到这一点。(关于虚函数,请参看 9.12 节)。

综上所述,通常情况下应使用类组合方式来建立 has-a 关系,但如果新定义的类中需要访问基类的保护成员或者重定义基类的虚函数,那么应采用私有继承方式。

对于保护继承,在定义派生类时使用的是 protected 关键字来描述继承方式。保护继承实际上是私有继承的变体,在使用保护继承时,基类中的公有成员和保护成员被派生类继承后都将变成保护成员。我们也可以将 ShoppingCard 类保护继承于 string 类,如下所示:

```
class ShoppingCard: protected string{……}
```

2. 保护继承和私有继承的异同点

(1) 和私有继承一样,保护继承中基类的接口(公有成员)在派生类中仍然可用,但在继承层次之外却是不可用的,这是因为基类的接口在派生类中变成了保护属性,保护属性的成员在类外不可访问。

（2）对于私有继承来说，当从派生类（暂且称为第二代类）再派生出另一个类（暂且称为第三代类）时，由于基类的接口在第二代类中变成了私有属性，因此在第三代类中将无法使用基类的接口；而对于保护继承，第三代类仍然可以使用基类的接口，这是因为基类的接口在第二代类中变成了保护属性。

到目前为止，我们介绍了各种继承方式，只有公有继承方式建立的是 is-a 关系，而私有继承方式和保护继承方式建立的是 has-a 关系。表 9-1 总结了在不同继承方式中，基类成员被派生类继承后访问权限的变化。

表 9-1 各种继承方式

派生方式	基 类		
	公有成员	私有成员	保护成员
公有派生类	公有成员	只能通过基类接口访问	保护成员
保护派生类	保护成员	只能通过基类接口访问	保护成员
私有派生类	私有成员	只能通过基类接口访问	私有成员

9.8 多继承

我们回顾一下什么是多继承（Multiple Inheritance，MI）。MI 描述的是派生类有多个直接基类的继承方式，定义多继承派生类的语法形式如下：

```
class 派生类名：<继承方式>基类名1,……,<继承方式>基类名n
{
    ……//派生类新添加的成员
};
```

对于 MI 派生类，其构造函数的定义方式和单继承相似，只是在成员初始化列表中需要罗列出所有的直接基类名，如下所示：

```
派生类名(参数表):基类名1(参数表1),……,基类名n(参数表n),
对象成员1(参数表1),……,对象成员n(参数表n)
{
    ……//初始化自定义数据成员
}
```

如果基类使用的是默认的构造函数或不带参数的构造函数，那么在成员初始化列表中可以省略"基类名(参数表)"项。如果没有对象成员或成员对象有默认的构造函数或不带参数的构造函数，那么在初始化列表中可以省略"对象成员(参数表)"项。

1. 当派生类对象被创建时，构造函数的调用顺序

首先，执行所有基类的构造函数来初始化基类对象，由于有多个直接基类，因此按照这些基类在初始化列表中的声明顺序依次执行基类 1，直到基类 n 的构造函数。

其次，执行对象成员所属类的构造函数来初始化对象成员。如果有多个对象成员，按照它们在类中的定义顺序调用构造函数。

最后，执行派生类本身的构造函数来初始化新增的数据成员。

2. 当派生类对象被释放时,析构函数的调用顺序

首先,调用派生类的析构函数。

其次,如果派生类有对象成员,则调用对象成员所属类的析构函数;如果有多个对象成员,那么析构顺序按照它们在类中的定义顺序的逆序进行。

最后,按照基类在初始化列表中的声明顺序的逆序依次调用各个基类的析构函数,即先调用基类 n 的析构函数,直到调用基类 1 的析构函数。

与单继承一样,公有的 MI 也表示 is-a 关系,必须使用 public 关键字来限定每一个直接基类。正如本章前面所描述的那样,私有的 MI 和保护的 MI 可以表示 has-a 关系,本节后续内容将重点讲述公有的 MI。

9.8.1 多继承中的二义性问题

在多继承中,一个类不可以重复成为另一个类的直接基类,但可以多次成为间接基类。此时,派生类访问基类成员时可能出现以下二义性问题。

(1) 访问不同基类的同名成员时可能出现的二义性。

(2) 访问共同基类的成员时可能出现的二义性。

下面用轿车举例来介绍这些二义性问题及相应的解决办法。

随着生活水平的提高,轿车也进入千家万户。根据操作模式不同,轿车又分为手动挡模式、自动挡模式和手自一体模式。我们用 Car、MCar(Manual-Car)、ACar(Auto-Car)和 AMCar(Auto-Manual-Car)这 4 个类分别表示轿车、手动挡轿车、自动挡轿车和手自一体轿车,它们的继承层次结构如图 9-5 所示。

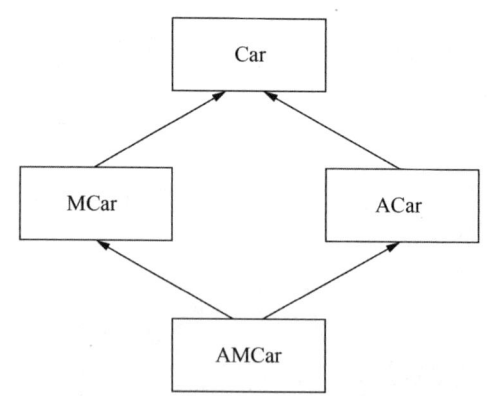

图 9-5 Car、MCar、ACar 和 AMCar 继承层次结构

下面给出这 4 个类的定义,为便于简化问题,我们只列出一些关键成员的定义(CEngine 类用于描述发动机,由于不影响问题的描述,因此本例中不给出其定义)。

```
class Car{
……
    CEngine engine;//发动机
public:
    void brake(){…} //刹车
};
```

```
class MCar : public Car{
……
public:
    void accelerate(){
        cout << "手动挡加速" << endl;
    }
};
```

```
class ACar : public Car{                 class AMCar : public MCar, public ACar {
……                                       ……
public:                                      int mode;//手动或自动操作模式
    void accelerate(){                   public:
        cout << "自动挡加速" << endl;        void accelerate(){……}
    }                                    };
};
```

（1）手动挡轿车。加速时是踩离合换挡，然后踩油门。

（2）自动挡轿车。加速时无需踩离合换挡，而是直接踩油门。我们在 MCar 和 ACar 的 accelerate 函数中用 cout 语句打印不同的信息来表示手动挡和自动挡的加速动作。

（3）手自一体轿车。可在自动和手动模式之间进行切换，在不同模式下加速操作并不相同。那么如何实现 AMCar 的 accelerate 函数呢？我们可以根据操作模式（用数据成员 mode 来表示）的不同来调用 Mcar 或 ACar 的 accelerate 函数。由于 AMCar 是从 MCar 和 ACar 派生出来的，因此 AMCar 同时继承了 MCar 和 ACar 同名的 accelerate 函数，此时"访问不同基类的同名成员时可能出现的二义性"问题就显现了：到底调用的是 MCar 的 accelerate，还是调用 ACar 的 accelerate？解决办法是使用类限定符加以限定。AMCar 的 accelerate 函数的实现代码如下所示：

```
void AMCar::accelerate()
{//mode 为 0 时表示自动挡模式，为 1 时表示手动挡模式
    if(mode == 0)
        ACar:: accelerate();
    else
        MCar:: accelerate();
}
```

接下来，我们再看看刹车功能。假设 main 函数中有如下代码：

```
AMCar  aCar;aCar.brake();
```

此时会发生编译错误，这是因为 aCar.brake()；语句引起了"访问共同基类的成员时可能出现的二义性"问题，但为什么会这样呢？图 9-5 是我们所期望的继承层次结构，但事实上，图 9-6 才是编译器所理解的 Car、MCar、ACar 和 AMCar 的继承层次结构。

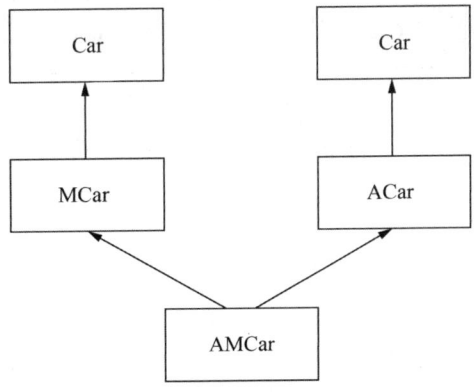

图 9-6 编译器所理解的 Car、MCar、ACar 和 AMCar 的继承层次结构

不难看出，类 Car 是派生类 AMCar 在两条继承路径上的一个公共基类，因此编译器无法判断 aCar.brake();语句中所调用的 brake 函数到底是从哪条继承路径继承过来的，即便是按照 aCar.ACar::brake()也存在这样的问题。一种解决办法是通过类限定符限定在 ACar 或 MCar 上，例如：

```
aCar.ACar::brake();    或者   aCar.MCar::brake();
```

虽然这种办法可以避免二义性，但问题的关键在于：公共基类 Car 会在派生类 AMCar 的对象中产生两个 Car 类子对象，从概念上理解就是手自一体轿车会有"两个发动机"，这会让人觉得很怪异。为此，C++语言引入虚基类技术，能够解决在多继承方式下在派生类对象中存在多个基类对象复制的问题。

9.8.2 虚基类

引进虚基类的目的是解决二义性问题，使得从多个类（它们有共同的基类）派生出来的对象中只产生一个基类子对象。方式是使用关键字 virtual 把公共基类声明为虚基类（virtual 和 public 的次序无关紧要）。例如，将 Car 作为 MCar 和 ACar 的虚基类，如下所示：

```
class MCar : virtual public Car{……};
class ACar : public virtual Car{……};
```

然后 AMCar 的定义如下：

```
class AMCar : public MCar, public ACar {……};
```

这样一来，才能达到我们所期望的继承层次结构（如图 9-5 所示）。此时，虚基类子对象被合并成一个子对象，这种合并作用，使得可能出现的二义性被消除。例如，调用 aCar.brake();语句将不会出现二义性，因为访问的是唯一的基类 Car 的 brake 函数，而且派生类对象 aCar 中也只会有"一个发动机"。

但我们仍然会有这样的疑惑，到底这个虚基类子对象是从哪条继承路径继承来的，MCar 还是 ACar？在声明 AMCar 时，可以有如下两种次序罗列出直接基类 MCar 和 ACar，相应的继承层次结构分别如图 9-7 和图 9-8 所示。

（1）第一种情况。class AMCar : public MCar, public ACar {……};
（2）第二种情况。class AMCar : public ACar, public MCar {……};

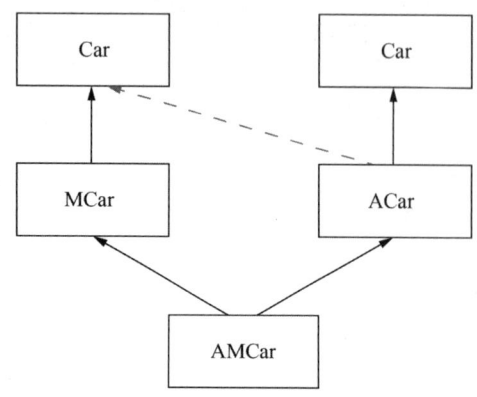

图 9-7　第一种情况的继承层次结构

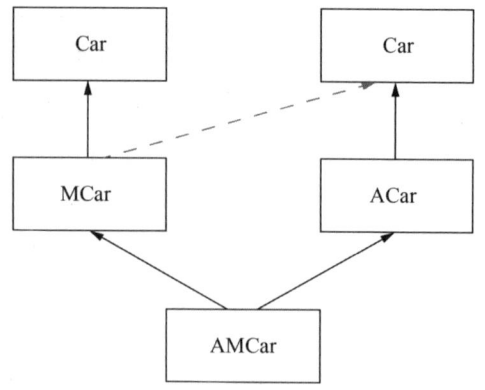

图 9-8　第二种情况的继承层次结构

第一种情况,对类 AMCar 而言,类 Car 是类 MCar 的"真"基类,是类 ACar 的"假"基类。第二种情况,对类 AMCar 而言,类 Car 是类 ACar 的"真"基类,是类 MCar 的"假"基类。因此,实际上 ACar 和 MCar 都是有基类 Car 的,只是根据说明顺序不同,后面说明的是虚基类。因此,虚基类只是一个相对的概念。

在引入虚基类后,继承层次结构中各构造函数的调用顺序会较为复杂。

① 虚基类的构造函数在非虚基类之前调用。

② 若在同一层次中包含多个虚基类,那么虚基类构造函数按它们说明的次序调用。

③ 若虚基类由非虚基类派生,则遵守先调用基类构造函数,再调用派生类构造函数的规则。

例如有如下类的定义:

```
class base{…};
class bas2{…};
class level1 : public base2, vitrual public base{…};
class level2 : public base2, vitrual public base{…};
class toplevel : public level1, vitrual public level2{…};
```

当声明 toplevel 类的对象时,构造函数的调用次序为:

```
base base2 level2 base2 level1 toplevel
```

9.9 多态

在许多情况下,我们希望同一个函数根据其调用的上下文表现出不同的行为,这种情况称为多态。在 C++ 语言中,根据"调用的上下文"是在程序编译阶段确定,还是在程序运行阶段确定,多态可以分为静态多态和动态多态两类。

9.9.1 静态绑定与静态多态

在程序编译阶段,编译器的一个很重要的工作就是要解释函数调用语句,确定该语句调用的是哪个可执行的代码块,这一过程称为函数名绑定(Binding)。由于 C 语言不允许定义同名函数,一个函数名就对应一个不同的函数,因此绑定过程会很简单。但在 C++ 语言中,由于允许函数重载,绑定过程会更复杂。下面先回顾一下重载成员函数的两种方式。

1. 在同一个类中重载

这种方式的函数重载是以参数特征进行区分的,编译器通过查看函数调用语句传递的实参列表和函数名来确定使用哪个同名函数。重载构造函数就是一个典型的情况。例如,第 8 章中 CString 类定义了多个构造函数,然后可以按不同方式初始化对象,如下所示:

```
CString str1, str2(16), str3("hello");
```

2. 派生类重载基类的成员函数

由于重载函数处在不同的类中,因此它们的原型可以完全相同,此时派生类定义的同名函数覆盖了基类的同名函数。编译器可以通过查看调用函数的对象来确定调用的是基类的同名函数还是派生类的同名函数。例如,在 9.5 节中,MemberCard 类重新定义了 consume 消费函数,当通过不同类型的对象调用 consume 函数时,该函数的行为会有所不同,会有如下对象的定义:

```
ShoppingCard card_1("00001",100);
MemberCard   card_2("452601198204290310","00002",200);
card_1.consume(15);
card_2.consume(8);
```

对于 card_1.consume(15);语句,调用的是基类的消费无折扣的 consume 函数;对于 card_2.consume(8);语句,调用的是派生类的消费有折扣的 consume 函数。

对于上述两种重载,编译器可以在编译程序的过程中完成函数调用的匹配,称为静态绑定(static Binding)。由于在编译阶段就已经能够根据函数名、实参列表或者调用函数的对象来明确函数的行为(也就是能够明确函数调用的匹配),因此函数重载是静态多态的一种体现形式。

在 C++ 语言中,运算符重载是指在原来预定义的运算符含义的基础上,重新给作用在类类型对象之上的运算符定义新的含义。当运算符作用在类对象时,本质上是运算符重载函数的调用,编译器在编译程序的过程中会根据运算符所作用的对象来确定运算符重载函数调用的匹配。因此,运算符重载也是另一种形式的静态多态。后续我们会对运算符重载机制进行更加详细的描述。

9.9.2 动态绑定与动态多态

在 C++ 语言中,虚函数体现的是动态多态。一般来说,虚函数的调用主要是通过基类指针或引用进行的。具体来讲就是,将基类指针或引用指向派生类对象,通过该指针或引用去调用虚函数。由于在编译阶段编译器无法知道用户将选择哪种类型的对象(基类对象还是派生类对象),也就无法完成函数调用的匹配,而只能在程序运行期间进行匹配,这种方式称为动态绑定(Dynamic Binding)。由于基类指针或引用指向的对象不同,被调用的虚函数也不同,因此虚函数是一种动态多态。9.12 节我们会对虚函数机制进行更加详细的描述。

9.10 运算符重载

视频讲解

9.10.1 运算符重载的概念

视频讲解

在前面的章节中,我们学习了基本数据类型,一般情况下,基本数据类型的运算都是用运算符来表达的,这很直观,语义也简单。例如,我们很容易理解 int a,b,c; a=b+c;语句是两个整型数据相加并赋值给第 3 个变量。对于基本数据类型,就隐含着运算符重载的概念。在下面的例子中:

```
//int a,b,c;c=a+b;              //float a,b,c;c=a+b;
mov   eax,dword ptr [ebp-4]     fld   dword ptr [ebp-4]
add   eax,dword ptr [ebp-8]     fadd  dword ptr [ebp-8]
mov   dword ptr [ebp-0Ch],eax   fstp  dword ptr [ebp-0Ch]
```

左边是 int a,b,c;c=a+b;语句对应的汇编代码,右边是 float a,b,c;c=a+b;语句对应的汇编代码,可以明显地看出这两部分汇编代码明显不同。事实上,由于 int 和 float 是 C/C++ 语言预定义的数据类型,语言本身就规定了 +、= 运算符作用在这两种数据类型之上应该体现的语义,而编译器也必须根据这样的规定翻译出相应的汇编代码。同样是 +、= 运算符,由于 int 和 float 是不同的数据类型,因此这些运算符作用在 int 和 float 类型数据之上而编译出来的汇编代码也就不同。

对于类类型的对象,如果运算符作用在其之上又会发生什么呢?例如,用 Complex 类来描述数学中的复数,c1 和 c2 是 Complex 类的对象,我们能够实现 c1 + c2 吗?就目前我们所学到的知识,要实现两个复数对象相加,一种可行的解决办法就是为 Complex 类定义一个体现"相加"语义的成员函数 add。

例 9-6 定义复数类,要求实部和虚部用实数表示,加法操作用 add 成员函数。

```cpp
//9-6.cpp
class Complex{
    double re, im;//re 和 im 分别代表复数的实部和虚部
public:
    Complex(double r = 0.0, double i = 0.0): re(r), im(i){ }
    Complex add(Complex c){
        Complex t;   t.re = re + c.re; t.im = im + c.im;
        return t;
    }
};
int main(){
    Complex c1(1, 2), c2(3, 4);
    Complex c3 = c1.add(c2);
    system("pause");
    return 0;
}
```

可以看出,c3 = c1.add(c2);这种方式虽然能够满足要求,但用法上并不直观,我们更希望是 c3 = c1 + c2;这样的形式。事实上,由于 Complex 是我们自定义的类类型,和基本数据类型所不同的是,语言本身并未规定 + 运算符作用在 Complex 类型数据之上应该体现出什么样的语义,因此,编译器并"不认识"表达式"c1 + c2"中的 + 运算符。这时需要一种特别的机制来重新定义作用在用户自定义类型上的运算符含义。

在预定义运算符原有含义的基础上,重新定义其作用于类类型对象时的新含义,这种机制即为运算符重载。将上述 Complex 类稍作修改,将 add 函数名改为 operator + ,将 c1.add(c2) 改为 c1 + c2。

例 9-7 用运算符重载实现复数类的加法操作。

```cpp
//9-7.cpp
class Complex{
    double re, im;
public:
    Complex(double r = 0.0, double i = 0.0): re(r), im(i){ }
    Complex operator + (Complex c){
        Complex t;   t.re = re + c.re; t.im = im + c.im;
        return t;
    }
};
int main(){
    Complex c1(1, 2), c2(3, 4);
    Complex c3 = c1 + c2;
    system("pause");
    return 0;
}
```

当编译器遇到 c1 + c2 表达式时,试图将其理解为 c1.operator + (c2),又因为 Complex 类定义了一个名为 operator + 的函数,因此,编译器能够正确理解 c1 + c2 表达式的含义。我们将 operator + (…)这个名称很特殊的函数称为运算符重载函数,它以成员函数的形式在 Complex 类中被重载,在进行运算符重载时,使用了关键字 operator。由于 c1 + c2 被编译器理解为 c1.operator + (c2),因此 c1 + c2 称为 + 运算符重载函数的隐式调用。在 main 函数中,也可以直接写出 c1.operator + (c2)这样的代码,此时称作 + 运算符重载函数的显式调用。

对任意二元运算符@,将其作为成员函数重载时的定义为:

```
type className::operator@ (className param);
```

假设有两个 class Name 对象进行@操作,调用方式有:

```
className obj1,obj2;
obj1@ obj2;
```

type 是@运算符重载函数的返回值类型,className 是要为其添加@运算符重载函数的类名(例如,Complex 类),operator@ 是运算符重载函数的函数名(例如,operator +)。二元运算符需要两个操作数,由于是重载为成员函数形式,因此@运算符所需的第一个操作数是通过 this 指针隐含传递的,第二个操作数通过参数 param 来提供。因此不难理解,当将二元运算符重载为成员函数形式时,运算符重载函数的参数只有一个。

仍以 Complex 类为例,从数学运算的角度来看,c1 + 27 和 27 + c1 均成立(可以将 27 理解为虚部为 0 的复数,即 27 +0i)。对于 c1 + 27,编译器将其理解为 c1.operator + (Complex(27)),通过类型转换将整数 27 转换为一个 Complex 对象,并将该对象作为参数传递给运算符重载函数 operator + 。而对于 27 +c1,编译器理解为无意义的 27.operator + (c1),这是因为 27 是整数,不是 Complex 类的对象,因此,27 无运算符重载函数 operator + 。如何解决这样的问题呢? 此时可以将 + 运算符重载为友元函数形式,修改后的 Complex 类如例 9-8 所示。

例 9-8　用友元函数重载 Complex 类 + 运算符。

```cpp
//9-8.cpp
class Complex{
    double re, im;
public:
    Complex(double r = 0.0, double i = 0.0): re(r), im(i){ }
    friend Complex operator + (Complex c1, Complex c2); //Complex 类的友元函数
};
Complex operator + (Complex c1, Complex c2){ //普通函数,非成员函数
    Complex t;  t.re = c1.re + c2.re; t.im = c1.im + c2.im;
    return t;
}
int main(){
    Complex c1(1, 2);
    c1 = c1 + 27;
    c1 =27 +c1;
    system("pause");
    return 0;
}
```

对于 c1 + 27,编译器理解为 operator + (c1, Complex(27));对于 27 + c1,编译器则理解

为 operator + (Complex(27) , c1)。

对任意二元运算符@，当将其重载为友元函数形式时，运算符重载函数的定义及调用方式为：

```
type operator@ (className param1,className param2);
className obj1,obj2;
obj1 @  obj2;
```

由于友元函数没有 this 指针，此时运算符重载函数 operator@ 所需要的两个操作数均通过参数提供。因此不难理解，当将二元运算符重载为友元函数形式时，运算符重载函数的参数为两个。

如果要输入输出复数对象，则可以为 Complex 类重载 >> 和 << 运算符，并且只能重载为友元函数形式，这是什么原因呢？下面来看一条语句：

```
cout << c1;
```

其中，cout 是输出流对象，其类型是 ostream，c1 是 Complex 类对象。如果将 << 重载为成员函数形式，cout 是第一个操作数，那么编译器只能将该语句理解为 cout. operator << (c1)，这种形式实际上是为 ostream 类重载 << 运算符，这与我们为 Complex 类将 << 重载为成员函数的要求不一致；否则，需要将 c1 作为第一个操作数，这意味着必须像 c1 << cout 这样使用 << 运算符，虽然编译器可以将这条语句理解为 c1. operator << (cout)，但这种用法会令人感到迷惑。因此，<< 只能重载为友元函数。此时，编译器可将 cout << c1 理解为 operator << (cout, c1)。例 9-9 是完整的 << 运算符重载函数的相关代码。

例 9-9 用友元函数重载输出流 << 运算符。

```
//9-9.cpp
#include <iostream>
using namespace std;
class Complex{
    ……
public:
    friend ostream & operator << (ostream & out, Complex & obj);
};
ostream & operator << (ostream & out, Complex & obj){
    out << obj.re << " + " << obj.im << "i";
    return out;
}
int main(){
    Complex obj(3,4);
    cout << obj << endl;
    system("pause");
    return 0;
};
```

首先，来看参数 out 和 obj。它们均是引用类型，这使得 out 和 obj 分别是实参 cout 和 obj 的别名，采用引用形式减少了对象的复制，在内存使用和时间消耗上都比传递对象要少。其次，再来看函数返回值。由于 << 运算符能够嵌套输出，比如实现 cout << obj1 << obj2 << endl，所以 << 运算符重载函数的返回值是 ostream&，这使得返回的输出流对象可以作为下

一个 << 运算符重载函数的第一个参数。

9.10.2 重载 ++、-- 运算符

对任意一元运算符@,当将其作为成员函数重载时,其定义及调用方式为:

```
type className::operator@ ();
className obj;
@ obj 或 obj@
```

一般来说,不采用 obj.operator@() 这种显式的调用方式。此时,运算符重载函数 operator@ 的参数表为空,因为所需的一个操作数通过 this 指针隐含传递。

如果将一元运算符@作为友元函数重载,其定义及调用方式为:

```
type operator@ (one_parameter)
className obj;
@ obj 或 obj@
```

一般来说,不采用 operator@(obj) 这种方式进行显式调用。此时,运算符重载函数 operator@ 所需的一个操作数通过参数传递。

下面我们继续为 Complex 类重载 ++、-- 运算符,重载为成员函数形式。

例 9-10 重载 Complex 类的 ++、-- 运算符。

```cpp
//9-10.cpp
#include <iostream>
using namespace std;
class Complex{
….
public:
    void operator ++(){ re++; im++;};
    void operator --(){ re--; im--;};
};
int main(){
    Complex data(3,4);
    cout<<data<<endl;
    ++data;
    cout<<data<<endl;
    --data;
    cout<<data<<endl;
    system("pause");
    return 0;
};
```

事实上,++ 和 -- 运算符有前缀和后缀用法,例如,在例 9-10 中 main 函数中也可以写出如下语句:

```
data ++;data --;
```

因此,在重载这两个运算符时,应该考虑到这两种方式的差别。二者的差别在于,后缀用法时运算符重载函数的参数会多一个 int 类型的占位参数,而这样的占位参数只是为了让编译器识别这两种方式。因此,在调用运算符重载函数时不会给该占位参数传递实参,运算符重载函数体中也不会使用该参数。

对于前缀方式的 ++、-- 运算符，以成员函数重载运算符的形式如下所示：

```
type className::operator ++ ();
type className::operator -- ();
```

对于后缀方式的 ++、-- 运算符，以成员函数重载运算符的形式如下所示：

```
type className::operator ++ (int);
type className::operator -- (int);
```

后面的内容将重点介绍前缀和后缀在运算符重载函数的实现上的差异。为此，我们将以 ++ 运算符为例进行说明。

我们知道，前缀和后缀用法的基本语义都是进行"在原值之上加 1"的操作，但是如果还需要赋值给另一个变量的话，语义就有区别。例如：

```
Complex data1(3,4);
Complex data2 = ++ data1;
Complex data3 = data2 ++;
```

对于 data2，我们期望其成员 re 和 im 的值分别为 4 和 5，这是因为 ++ data1 是前缀用法，因此先对 data1 的 re 和 im 进行加 1 操作，然后再以 data1 去初始化 data2。

而对于 data3，我们期望其成员 re 和 im 的值分别为 4 和 5，这是因为 data2 ++ 是后缀用法，因此先以 data2 去初始化 data3（此时 data2 的 re 和 im 的值分别为 4 和 5，因此，data3 被初始化后其 re 和 im 的值也分别为 4 和 5），然后再对 data2 的 re 和 im 进行加 1 操作，最后 re 和 im 的值分别为 5 和 6。因此，在为 Complex 重载 ++ 运算符时，需要体现出前缀和后缀不同的语义。

此外，由于需要赋值给另一个变量，因此要重新考虑重载函数的返回值，那么返回值是什么类型呢？例如，Complex data2 = ++ data1; 语句相当于调用以下语句：

```
Complex data2 = data1.operator ++ ();
```

不难看出，运算符重载函数的返回值应该设置为 Complex 类型。

例 9-11 成员函数重载 Complex 类的 ++ 运算符。

```
//9-11.cpp
#include <iostream>
using namespace std;
class Complex{
……
public:
    Complex operator ++ (){        //前缀 ++
        re ++; im ++;
        return *this;
    };
    Complex operator ++ (int){     //后缀 ++
        Complex tmp = *this;
        re ++; im ++;
        return tmp;
    }
};
int main(){
    Complex data1(3,4);
    Complex data2 = ++data1;
```

```cpp
    cout << "data1:" << data1 << endl;
    cout << "data2:" << data2 << endl;
    Complex data3 = data2 ++ ;
    cout << "data2:" << data2 << endl;
    cout << "data3:" << data3 << endl;
    system("pause");
    return 0;
};
```

也可以通过友元函数的形式对++运算符进行重载,此时,需要重点考虑函数的参数类型。由于++操作是要改变自身的值,因此需要传递引用,而不是对象。

例9-12 用友元函数重载 Complex 类的++运算符。

```cpp
//9-12.cpp
class Complex{
……
public:
    friend Complex operator ++ (Complex &obj);              //前缀++
    friend Complex operator ++ (Complex &obj,int);          //后缀++
};
Complex operator ++ (Complex &obj){
    obj.re ++ ; obj.im ++ ;
    return obj;
}
Complex operator ++ (Complex &obj,int){
    Complex tmp = obj;
    obj.re ++ ; obj.im ++ ;
    return tmp;
}
```

9.10.3 重载赋值运算符

对于=运算符,在不同场景下使用时,体现出的含义是不同的。例如:

```cpp
Complex data1(3,4);
Complex data2 = data1;
```

第二条语句在形式上是将 data1 赋值给 data2,但实际上,编译器认为是用一个已经创建好的对象 data1 去初始化新创建的对象 data2。此时,调用的是复制构造函数。由于我们没有为 Complex 类定义复制构造函数,因此编译器会生成一个默认的复制构造函数,该构造函数采用位复制方式进行数据复制。因此,data2 的成员变量 re 和 im 将与 data1 的相应成员变量相同。

如果有如下语句:

```cpp
Complex data1(3,4), data2(5,6);
data2 = data1;
```

上述第二条语句体现的是通常意义上的赋值操作,因此该语句相当于调用=赋值运算符重载函数,如下所示:

```cpp
data2.operator = (data1);
```

由于没有为 Complex 类重载赋值运算符,编译器会生成一个默认的赋值运算符重载函数,该函数采用位复制方式进行数据复制,因此 data2 的 re 和 im 被赋值为 data1 的 re 和 im,分别为 3 和 4。

可以看出,赋值运算符重载函数与复制构造函数有以下异同点。

(1) 相同点。都是为了将一个对象的数据成员复制到另一个对象中。

(2) 不同点。复制构造函数是要初始化一个新对象,而赋值运算符函数是要改变一个已经存在的对象。

默认的赋值运算符重载函数也存在与默认复制构造函数类似的问题(相关问题请参见 8.7 节有关复制构造函数的内容),示例代码如下所示。

```cpp
int main(){
    CString  str1(64), str2(32);
    str1.copy("hello world");
    CString str3 = str1;//复制构造函数
    str2 = str3;//运算符重载
    char *p = str1.get();
    cout << "str1:" << p << endl;
    p = str2.get();
    cout << "str2:" << p << endl;
    p = str3.get();
    cout << "str3:" << p << endl;
    system("pause");
    return 0;
}
```

在 main 函数中,当执行 str2 = str3;语句时,str2 的 buf 成员原先指向的 32 字节内存区将会丢失,str2 和 str3 的 buf 成员指向同一块内存区。当 main 调用结束时,str2 和 str3 被释放,它们的 buf 所指向的同一块内存区会被释放两次,这将导致程序错误。解决办法就是为 CString 类重载赋值运算符,示例代码如下所示。

```cpp
class CString{
    ……
public:
    ……
    CString operator = (CString& from){
    if(this == &from)
        return *this;//避免自己给自己赋值
    delete []buf;
    size = from.size;
    buf = new char[ size ];
    strcpy( buf,from.buf );
    return *this;
    }
};
```

在赋值运算符重载函数中,首先释放 buf 成员所指向的动态内存空间,然后重新分配一块与参数 from 所代表的字符串一样大小的内存块,最后再完成字符串的赋值。

9.10.4 小结

1. 重载运算符需要注意的事项

(1) 大多数预定义的运算符可以被重载,重载后的优先级、结合性以及所需的操作数都不变。

（2）在 C++语言中，类型转换函数也被认为是一种特殊的运算符，所以也能被重载。

（3）少数 C++语言中的运算符不能重载：例如::、?:、*等。

（4）不能重载非运算符的符号，例如分号(;)。

（5）C++语言不允许重载不存在的运算符，例如 $、**等。

（6）当运算符被重载时，它是被绑定在一个特定的类类型之上的；当此运算符不作用在特定类类型上时，它将保持原有的含义。

（7）当重载运算符时，不能创造新的运算符符号，例如，不能用**来表示求幂运算符。

（8）应当尽可能保持重载运算符原有的语义。试想，如果在某个程序中用+表示减法，*表示除法，那么这个程序读起来将会非常别扭。

多数情况下，运算符既可以重载为类的成员函数，也可以重载为友元函数。

2. 两种重载的各自特点

（1）一般情况下，单目运算符重载为类的成员函数；双目运算符重载为类的友元函数。

（2）有些双目运算符不能重载为类的友元函数，例如=、()、[ ]、->等。

（3）类型转换函数只能定义为类的成员函数，而不能定义为友元函数。

（4）若一个运算符的操作需要修改对象的状态，则重载为成员函数比较好。

（5）若运算符所需要的操作数（尤其是第一个操作数）希望有隐式类型转换，则只能选择友元函数。

（6）若运算符是成员函数，则最左边的操作数必须是运算符类的类对象（或者类对象的引用）。若左边操作数必须是一个不同类的对象，或者是基本数据类型，则必须重载为友元函数。

（7）当需要重载运算符的元素具有交换性时，重载为友元函数。

9.11 赋值兼容规则

视频讲解

C++语言不允许将一种类型的指针指向另一种类型的地址，也不允许一种类型的引用指向另一种类型。例如：

```
float value = 5.0;
int *p = &value;//编译错误
int &r = value;//编译错误
```

但可以通过类型转换来实现。例如：

```
int *p = (int *)&value;
```

对于类类型来说，由于继承关系的存在，特别是公有继承建立的是 is-a 关系，因此不受这样的约束，但必须遵循一定的规则。这个规则被称为赋值兼容规则，它规定了 C++语言对象的类型转换要求。

1. 赋值兼容规则概述

在公有派生方式下，派生类对象作为基类对象来使用的具体方式如下：

（1）派生类的对象可以直接赋值给基类的对象。

（2）基类对象的引用可以引用一个派生类对象。

（3）基类对象的指针可以指向一个派生类对象。

例如,可以允许下面的初始化。

```
MemberCard   aCard("452601198204290310","00001",100);
ShoppingCard *p =&aCard;
ShoppingCard &r =aCard;
```

派生类对象的引用或指针可以转换为基类对象的引用或指针,而不必进行显示的类型转换,这种方式被称作向上强制转换(Upcasting),该规则是公有继承方式下 is-a 关系的一部分。与向上强制转换相反的过程,就是向下强制转换(Downcasting),即将基类对象的引用或指针转换为派生类对象的引用或指针。如果不使用显示类型转换,则向下强制转换是不允许的,原因是 is-a 关系通常是不可逆的。例如,下面的代码是不允许的:

```
ShoppingCard aCard("00001",100);
MemberCard   *p =&aCard;//编译错误
```

如果使用显示类型转换,虽然解决了编译错误,但会存在许多问题。例如:

```
MemberCard   *p = (MemberCard  *)&aCard;
p->recharge(50);//存在语义问题
```

基类 ShoppingCard 中没有 recharge 充值功能,但是由于通过了强制类型转换后可以通过 p 去调用该函数进行充值,虽然不会引起错误,但语义上会让人觉得奇怪。更严重的问题是,如果调用了 setIdentity 函数会引起内存操作错误。例如:

```
p-> setIdentity ("452601198811250310");//存在内存操作错误
```

setIdentity 是派生类 MemberCard 定义的函数,该函数操作的是派生类新增的数据成员 identity,而 aCard 是一个基类对象,没有成员 identity(也就是说,基类对象 aCard 的内存空间本来就没有 identity 这一部分),但是由于通过了强制类型转换后可以通过 p 调用 setIdentity 函数,此时必然会引起内存操作错误。

2. 赋值兼容规则分析

例如,下面的代码是允许的:

```
ShoppingCard card_1("00001",100);
MemberCard   card_2("452601198204290310","00002",200);
card_1 = card_2;
```

首先,来看一下基类和派生类对象的内存模型,如图 9-9 所示。

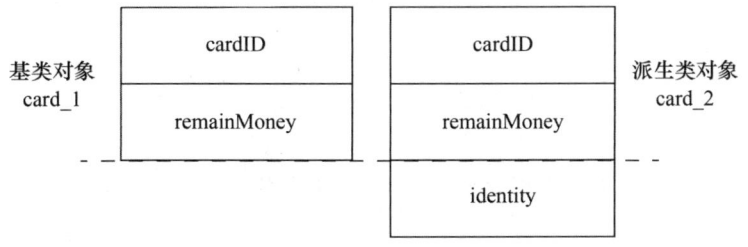

图 9-9 基类和派生类对象的内存模型

对象赋值实际上是对象之间的数据赋值,由于 card_2 是派生类对象,其包含了基类对象(拥有从基类继承过来的所有数据成员),因此 card_1 = card_2;语句不是将派生类对象中所有的数据赋值给基类对象,而是将 card_2 中的基类对象那一部分数据赋值给 card_1,这部分数据叫作派生类对象的"切片"(Sliced)。

但是,下面的代码是不允许的:

```
card_2 = card_1;
```

从概念上很容易理解,我们不可能将一张不记名购物卡当成一张会员购物卡来使用。事实上,如果上述赋值成立的话,那么 card_1 中的数据会复制到 card_2 中的基类子对象(完成成员 cardID 和 remainMoney 的复制),但 card_2 中新增的成员 identity 应该赋值什么值呢?因此,C++语言规定不允许将基类对象赋值给派生类对象。

3. 通过一个例子,进一步理解赋值兼容规则

例 9-13 基类 animal 代表动物,公有派生出 dog 类,显然所有的狗都是动物,但并非所有的动物都是狗。

```cpp
//9-13.cpp
class animal{
public:
    void eat() {   cout << "animal is eating" << endl;    }
};
class dog : public animal{
public:
    void eat(){   cout << "dog is eating" << endl;   }
};
int main(){
    animal a;
    dog d;
    d.eat(); //输出"dog is eating"
    a = d; //成功,因为"所有的狗都是动物"
    a.eat(); //输出"animal is eating";
    animal &ref_a = d;
    ref_a.eat();//输出"animal is eating";
    animal *pointer_a = &d;
    pointer_a -> eat();//输出"animal is eating";
    return 0;
}
```

作为对比,给出一组试图将 animal 类对象转化为 dog 类对象的非法操作,该尝试会遇到编译错误。

```cpp
int main(){
    animal a;
    dog d;
    d.eat();
    d = a; //编译错误,因为"不是所有动物都是狗"
}
```

赋值兼容规则可以简单地总结为:所有的狗都是动物,但并非所有的动物都是狗——所有的派生类对象都是基类的对象。

当通过基类指针或引用去指向派生类对象时，所能"看到"的是派生类对象中的基类对象，而看不到派生类对象中的非基类部分。也就是说，只能访问基类中定义的成员。

例 9-14 查看用基类指针分别指向基类对象和派生类对象的成员函数的运算情况。

```
//9-14.cpp
class Base{
public:
    void Print(){cout << "I am Base" << endl; };
};
class Derived:public Base{
public:
    void Print(){cout << "I am Derived" << endl;};
};
int main(){
    Base base, *p;
    Derived  derived;
    p = &base;
    p -> Print(); //输出"I am Base"
    p = &derived;
    p -> Print(); //输出"I am Base"
    system("pause");
    return 0;
}
```

无论指针 p 指向基类对象 base 还是派生类对象 derived，语句 p -> Print( ) 调用的都是基类中的 Print 函数，而派生类的 Derived::Print 对于基类指针 p 是不可见的，如图 9-10 所示。

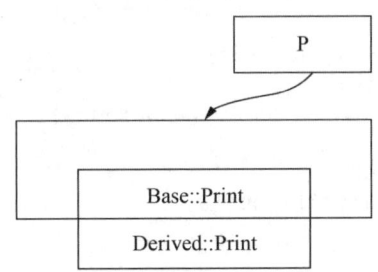

图 9-10 基类指针访问派生类对象的成员

9.12 虚函数

9.12.1 虚函数的定义

虚函数机制使得函数调用与函数体的匹配在运行时才确定，但为什么要使用虚函数呢？

下面仍以购物卡为例。假设我们要同时管理不记名购物卡（ShoppingCard）和会员购物卡（MemberCard），如果能使用一个数组来保存 ShoppingCard 对象和 MemberCard 对象，那么对于程序的编写将会有很大的帮助，但事实上是不可能的。我们知道，数组中的元素必须是相同的数据类型，而 ShoppingCard 和 MemberCard 之间虽然存在派生关系，但仍然是两个不

视频讲解

同的类型。然而,我们可以创建指向基类 ShoppingCard 的指针数组,这样每个数组元素的类型就相同了。但为什么要这样做呢?因为 MemberCard 是公有地继承于 ShoppingCard,根据赋值兼容规则,基类 ShoppingCard 指针既可以指向 ShoppingCard 对象,也可以指向 MemberCard 对象,因此可以使用一个数组(ShoppingCard 指针数组)来表示多种类型(ShoppingCard 和 MemberCard)的对象。

例 9-15 根据提示生成不记名卡或会员卡并存储在数组中,并对数组中的数据进行操作。

```cpp
//9-15.cpp
const int MAX_CARD_NUMBER=2;
int main(){
    ShoppingCard *pAllCards[MAX_CARD_NUMBER];
    int kind;//卡类型
    float discount;//折扣率
    char id[16],identity[18];
    int money;
    for(int i=0;i<MAX_CARD_NUMBER;i++){
        cout<<"Enter 1 for ShoppingCard or 2 for MemberCard:";
        while(cin>>kind&&(kind!=1&&kind!=2))
            cout<<"Enter 1 or 2:";
        cout<<"Enter card ID:";
        cin>>id;
        cout<<"Enter money:";
        cin>>money;
        if(kind==1){//创建 ShoppingCard
            pAllCards[i]=new ShoppingCard(id,money);
        }else{//创建 MemberCard
            MemberCard *p;
            cout<<"Enter identity:";
            cin>>identity;
            p=new MemberCard(identity,id,money);
            cout<<"Enter discount:";
            cin>>discount;
            p->setDiscount(discount);
            pAllCards[i]=p;
        }
    }
    for(int i=0;i<MAX_CARD_NUMBER;i++){//消费
        pAllCards[i]->consume(5);
    }
    for(int i=0;i<MAX_CARD_NUMBER;i++){//打印剩余金额
        cout<<"remain money:"<<pAllCards[i]->getRemainMoney()<<endl;
    }
    for(int i=0;i<MAX_CARD_NUMBER;i++){//释放对象
        delete pAllCards[i];
    }
    system("pause");
    return 0;
}
```

然而,上述代码的运行结果并不如我们所愿,我们所期望的是当基类 ShoppingCard 指针指向派生类 MemberCard 对象时,能够通过该指针调用派生类定义的 consume 函数。根本原因就是当通过基类 ShoppingCard 指针指向派生类 MemberCard 对象时,看不到派生类对象中非基类部分(无法调用派生类定义的 consume 函数),而只能访问基类中定义的成员(只能调用基类 ShoppingCard 定义的 consume 函数)。也就是说,consume 函数的调用匹配在编译阶段就已经完成了,此时函数的调用取决于指针类型(ShoppingCard 指针),与指针所指向的对象无关,编译器只会根据指针类型静态绑定基类 ShoppingCard 定义的 consume 函数。

那么如何解决这个问题呢?从上述代码我们看到,只有在程序运行时才能确定基类 ShoppingCard 指针所指向对象的类型,而只有在确定对象的类型后才能确定调用哪个 consume 函数。C++中的虚函数能够帮助我们达到这一目的。我们只需要对基类 ShoppingCard 中的 consume 函数稍加修改,用 virtual 关键字定义为虚函数即可,如例 9-16 所示。

例 9-16 在例 9-15 的基础上,修改 consume 函数为虚函数。

```
//9-16.cpp
class ShoppingCard{
……
public:
    virtual bool consume(float money){…}
};
```

此时,consume 函数的调用匹配不取决于指针类型(ShoppingCard 指针),而取决于指针所指向的对象。由于指针所指向的对象在程序运行时才能确定,因此 consume 函数的调用匹配也只会在程序运行时进行,这一过程就是所谓的动态绑定。

下面,我们总结一下定义和使用虚函数的过程。

① 在基类中用 virtual 关键字将成员函数声明为虚函数。

② 在派生类中重定义基类的虚函数,但要求函数的原型(包括返回值类型、函数名、参数列表)必须完全相同。

③ 定义基类指针或引用,使其指向基类或派生类对象。当通过该指针或引用调用虚函数时,该函数将体现虚特性。

9.12.2 虚函数的工作原理

C++语言规范规定了虚函数的行为,但将实现方法(如何才能达到动态绑定)留给了 C++语言的编译器设计者。对于程序员来说,虽然不需要知道虚函数的实现方法就可以使用虚函数,一旦了解虚函数的工作原理将有助于更好地设计 C++程序。

例 9-17 为便于描述,在例 9-14 的基础上,改造成使用虚函数。

视频讲解

```
//9-17.cpp
#include <iostream>
using namespace std;
class Base{
public:
    virtual void Print(){cout << "I am Base\n";};
};
class Derived:public Base{
public:
    void Print(){cout << "I am Derived\n";};
```

```
};
int  main(){
    Base base, *p;
    Derived   derived;
    p = &base;
    p -> Print(); //调用基类的 Print,输出"I am Base"
    p = &derived;
    p -> Print();//调用派生类的 Print,输出"I am Derived"
    system("pause");
    return 0;
}
```

在程序编译阶段,编译器为定义了虚函数的类建立一张虚函数表 VTABLE(函数指针数组),表中的每个元素保存的是每个虚函数的地址(虚函数第一条指令的地址)。如果派生类重新定义了基类的虚函数,那么派生类的虚函数表将保存新函数的地址;否则,派生类的虚函数表将保存基类所定义的虚函数地址。同时,用一个虚函数表指针 VPTR 指向这张表的入口,如图 9-11 所示。

从前面的章节我们知道,一个对象的内存空间由数据成员构成。事实上,编译器为定义了虚函数的类的对象还添加了一个隐藏成员,该隐藏成员保存的是虚函数表指针 VPTR。当一个对象被创建时,在构造函数完成数据成员初始化后会初始化 VPTR,让 VPTR 指向该对象所属类的虚函数表①。在例 9-17 中,基类对象、派生类对象、虚函数表、VPTR 的关系如图 9-12 所示。

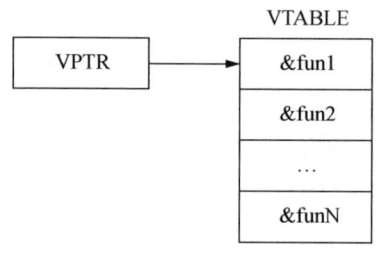

图 9-11 虚函数表结构图

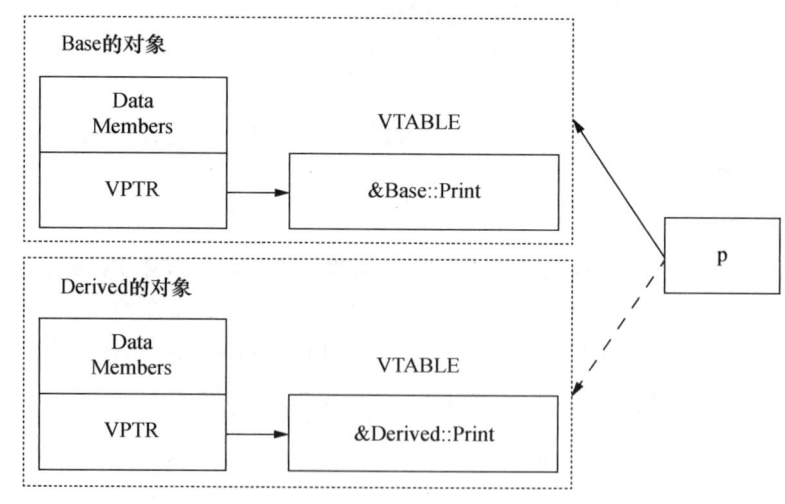

图 9-12 具有虚函数的类的结构图

当基类指针 p 指向基类对象 Base(执行了 p = &Base;语句)后,执行 p -> print();语句进行虚函数调用的过程如下。

---

① 初始化 VPTR 的代码由编译器额外添加,对程序员来说完全透明。

① 通过基类指针 p 找到其所指向的对象 Base。
② 因 Print 为虚函数,获取对象中的 VPTR,从而找到对象 Base 所属 Base 类的虚函数表。
③ 查找 Base 类的虚函数表,找到虚函数 Print 的入口地址。
④ 调用基类定义的虚函数 Print。

如果基类指针 p 指向的是派生类对象 Derived,则虚函数 Print 的调用流程是相似的,但由于通过对象中的 VPTR 找到的是派生类 Derived 的虚函数表,因此调用的是派生类定义的 Print 函数。

从上述流程可以看出,虚函数调用的匹配是动态完成的,只有当基类指针明确地指向某个对象后,调用虚函数才能够体现出虚特性。

而对于上述流程,完全是由编译器在编译 p -> Print();语句时添加额外的支撑代码来实现的,对于程序员来说该过程完全透明。

9.12.3 虚析构函数

构造函数不能是虚函数。从虚函数的工作原理可以看出,虚函数表 VPTR 的初始化是在构造函数调用完成之后进行的,只有在 VPTR 指向虚函数表后,虚函数的动态调用特性才能体现出来。如果能够将构造函数声明为虚函数,就意味着构造函数的调用也必须在 VPTR 指向虚函数表后进行,这便会产生"先有鸡还是先有蛋"的悖论。因此,将构造函数声明为虚函数没有什么意义。

但我们可以将析构函数声明为虚函数,因为在析构函数调用之前对象就已经被创建和初始化完毕,因此 VPTR 也已经指向了虚函数表。但在程序设计中,是否一定要将析构函数声明为虚函数呢?

我们知道,当派生类对象被释放时,应该遵循先调用派生类析构函数再调用基类析构函数这一顺序。在例 9-15 中,由于是通过 new 的方式动态创建基类 ShoppingCard 对象或派生类 MemberCard 对象,因此需要通过 delete 的方式释放这些对象:

```
delete pAllCards[i];
```

由于这些对象是由基类指针所指向的,如果基类指针指向的是派生类对象,那么当对象被释放时,只会调用基类 ShoppingCard 的析构函数,这是因为对于基类指针来说,"看不到"派生类 MemberCard 的成员,理所当然也就"看不到"派生类 MemberCard 的析构函数。但如果将析构函数声明为虚函数,则会先通过 VPTR 调用派生类 MemberCard 虚函数表中的析构函数,再自动调用基类 ShoppingCard 的析构函数。因此,使用虚析构函数可以保证析构函数按照正确的次序被调用。

虽然在例 9-15 中,并没有为 ShoppingCard 和 MemberCard 定义析构函数,用的是默认的析构函数,似乎这种按正确次序调用析构函数的行为显得并不那么重要。但如果派生类 MemberCard 中包含执行某些操作(例如,释放动态内存、关闭网络端口等)的析构函数,就必须确保析构函数的正确调用次序;否则,可能导致程序错误,甚至引发系统异常。

因此,对于良好的程序设计来说,将基类的析构函数声明为虚函数是有必要的,即便该析构函数不执行任何操作。

9.12.4 纯虚函数及抽象类

基类往往表示一种抽象的概念。在很多时候,基类仅仅提供一些公共的接口,表示这类

对象拥有的共同操作,而这些操作又是依赖于不同的派生类对象的。因此,在基类的定义中,这些公共接口只需要有说明而不需要有实现,这就是纯虚函数的概念。纯虚函数刻画了一系列派生类应该遵循的协议,这些协议的具体实现由派生类来决定。定义纯虚函数的语法形式如下所示:

> virtual type functionName(parameters)=0;

即在函数原型前面加上关键字 virtual,在后面加上"=0",意味着虚函数是零,没有具体实现。我们将拥有纯虚函数的类称为抽象类。抽象类不能被实例化,只能作为其他类的基类。特别地,当抽象类的所有函数成员都是纯虚函数时,这个类被称为接口类。当抽象类的派生类没有实现所有的纯虚函数时,该派生类仍然是抽象类,不能被实例化。只有当该派生类再次被继承直到所有纯虚函数都实现了函数体,才能够被实例化,定义类对象并使用相关的操作。

我们知道,图形是一块有轮廓边界的区域。对于一个图形来说,它有周长和面积。由于"图形"本身是一个抽象的概念,因此要获知一个抽象图形的周长和面积是不可能的,除非明确知道是哪种图形。例如,圆、长方形都是图形,能够根据相应的数学公式计算这两类图形的周长和面积。此外,即便是不规则的图形,也可以通过数学方法来计算(例如,可以通过积分计算面积)。

下面,用 Shape、Circle、Rectangle 3 个类来分别描述图形、圆以及长方形。不难看出,Circle 和 Rectangle 都是 Shape 的派生类,这 3 个类的继承关系如图 9-13 所示。

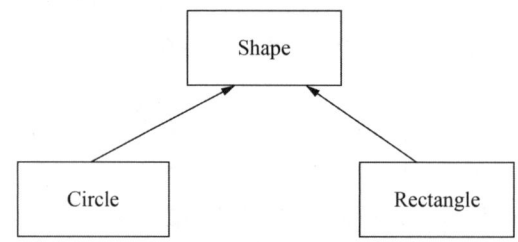

图 9-13　Shape、Circle、Rectangle 的继承关系

对于 Shape 类来说,该类中计算周长的函数(Perimeter)和计算面积的函数(Area)只能声明为纯虚函数,因为我们没法写出如何计算周长和面积的代码,此时,Shape 类就是一个抽象类,而且是接口类。而对于 Circle 和 Rectangle,需要实现这两个纯虚函数,因为可以根据数学公式写出相应的计算代码。

例 9-18　根据图 9-13 的继承关系,写出各类的周长和面积成员函数,并测试各类的功能。

```
//9-18.cpp
const float pi =3.14;
class Shape{
public:
    virtual float Perimeter()=0;
    virtual float Area()=0;
};
class Circle:public Shape{
```

```
    float r;
public:
    Circle(float r){this->r = r;}
    float Perimeter(){ return 2*pi*r; }
    float Area(){ return pi*r*r;}
};
class Rectangle:public Shape{
    float l, h;
public:
    Rectangle(float l, float h){this->l=l, this->h=h;}
    float Perimeter(){ return 2*(l+h); }
    float Area(){ return l*h;}
};
int main(){
    Shape *p;
    Circle circle(5);
    Rectanglerectangle(3,4);
    p=&circle;
    cout<<"Perimeter :"<<p->Perimeter()<<","<<"Area:"<<p->Area()<<endl;
    p=&rectangle;
    cout<<"Perimeter :"<<p->Perimeter()<<","<<"Area:"<<p->Area()<<endl;
    system("pause");
    return 0;
};
```

一般来说,派生类需要实现抽象类中的纯虚函数,否则该派生类也是一个抽象类。例如,我们将图形分为由曲线围成的曲线图形(用 CurveShape 类表示)和由线段围成的多边形(用 Polygon 类表示),那么圆是一种曲线图形,而长方形是一种多边形。因此,可以将图 9-13 的继承层次结构修改为图 9-14 所示的结构。

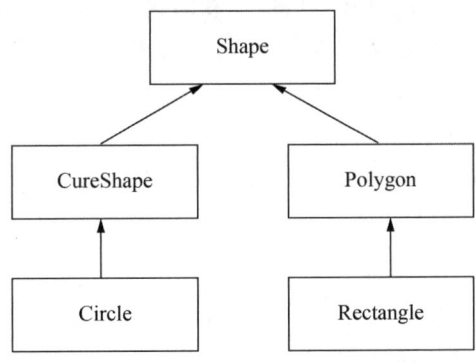

图 9-14　修改后的 Shape、Circle、Rectangle 的继承关系

对于 CurveShape 和 Polygon 来说,它们描述的仍然是抽象的图形,因此这两个类无须实现 Shape 定义的 Perimeter 函数和 Area 函数,它们仍然是抽象类。

9.12.5　小结

要体现虚函数的虚特性,前提条件之一是在派生类中以一致的函数原型重定义基类的虚函数;否则,该函数将失去虚特性。例如,仅函数名相同,而参数列表不同,编译器认为这是一般的函数重载;仅返回类型不同,函数名和参数列表相同,编译器认为这种情况是不允许的,会发生编译错误。

虚函数体现虚特性的另一个前提条件是,使用基类指针或引用去指向基类对象或派生类对象,然后通过该指针或引用调用虚函数。但如果不是通过基类指针,而是直接通过基类对象或派生类对象调用虚函数,编译器认为是普通函数的调用,对函数调用的匹配在编译阶段就完成静态绑定,此时虚函数也将丢失虚特性。

此外,对于虚函数的定义,还有以下一些要求。

① 虚函数必须是类的非静态成员函数。
② 不能将虚函数声明为全局函数。
③ 不能将虚函数声明为静态成员函数。
④ 不能将虚函数声明为友元函数。

虚函数的特性使得它成为许多 C++ 程序设计的关键,因为基类可以使用虚函数提供一个接口,这使该类的所有公有派生类都具有相同的接口,但派生类可以定义自己的实现版本,而且虚函数调用的解释依赖于它的对象类型。这实现了"一个接口,多种实现/语义"的概念,为软件的充分可重用提供了坚实的基础。因此,使用虚函数可以提升软件的重用性并提高软件架构的合理性。

参考答案

9.13 课堂练习题

1. 已知有 Class Point{int x,y;}类,请写出直线 Line 类(两点确定一条直线),说明 Point 类与 Line 类的关系。

2. 定义一个 Point 类,写出 Rectangle 类和 Circle 类与 Point 类的关系,计算各派生类对象的面积 Area( )。

3. 利用 Clock 类定义一个带"AM""PM"的新时钟类 NewClock。

4. 利用 Clock 类与 Date 类定义一个带日期的时钟类 ClockWithDate。对该类对象能够进行增加秒数的操作。

5. 读程序,写出运行结果。

(1)
```
#include<iostream>
using namespace std;
class B1
{
public:
    B1(int i){cout << "constrcting B1 "<<i<<endl;}
    ~B1(){cout << "destructing B1 "<<endl;}
};
class B2
{
public:
    B2(int i){cout << "constructing B2 "<<i<<endl;}
    ~B2(){cout << "destructing B2 "<<endl;}
};
class B3
{
```

```
public:
    B3(){cout << "constructing B3 * " << endl;}
    ~B3(){cout << "destructing B3 " << endl;}
};
class C:public B2,public B1,public B3
{
public:
    C(int a,int b,int c,int d):B1(a),memberB2(d),memberB1(c),B2(d){}
    ~C(){cout << "destructing C" << endl;}
private:
    B1 memberB1;
    B2 memberB2;
    B3 memberB3;
};
int main()
{
    C obj(1,2,3,4);
    return 0;
}
```

(2)
```
#include <iostream>
using namespace std;
class A
{
public:
        A(){a=0;}
    A(int i){a=i;}
    void Print(){cout << a << ",";}
    int Geta(){return a;}
private:
        int a;
};
class B:public A
{
public:B(){b=0;}
    B(int i,int j,int k);
    void Print();
private:
    int b;
    A aa;
};
B::B(int i,int j,int k):A(i),aa(j){b=k;}
void B::Print (){A::Print ();
cout << b << "," << aa.Geta () << endl;
}
int main()
{
    B bb[2];
    bb[0]=B(1,2,5);
    bb[1]=B(3,4,7);
    for(int i=0;i<2;++i)
        bb[i].Print ();
    return 0;
}
```

6. 时钟的形状是多种多样的,能否编写一个程序,使得在生产时钟的时候,可以生产矩形、椭圆形、圆形、六边形、梅花形等形状的时钟?而且,不同形状的时钟材质不同,提供的额外功能也不同。

第 6 题分析视频

第 6 题编程视频

视频讲解

7. 重载运算符 <<,使之能够使用 cout 将 Clock 类对象的值以时间格式输出。
8. 定义一个 Location 类,重载运算符 + 和 − 实现平面位置的移动。
9. 定义一个 Shape 抽象类,派生出 Rectangle 类和 Circle 类,计算各派生对象的面积 Area()。
10. 定义猫科动物 Felid 类,派生出猫类(Cat)和豹类(Lepard),二者都包含虚函数 sound(),要求根据派生类对象的不同调用各自重载后的成员函数。

视频讲解

11. 设计一个飞机类 Plane,由它派生出歼击机 fighter 类和轰炸机 bomber 类,歼击机 fighter 类和轰炸机 bomber 类又共同派生出歼轰机(多用途战斗机)。请利用虚函数和虚基类描述飞机类及其派生的类族。

9.14 上机实验

视频讲解

精灵游戏的开发与设计

在抓动物(精灵)游戏中,精灵有自动精灵,即根据某种算法运行的精灵;有用户控制的精灵,即用户通过鼠标或者键盘控制精灵的移动,在游戏中,就代表用户的移动。

自动精灵有不同的类型,有的没有什么智能只能沿着一个方向移动,有的具有简单智能。没有智能的精灵,有的可能沿水平方向(y 值不变化)行走,有的可能沿垂直方向行走(x 值不变化)。具有简单智能的精灵,又分成强于用户精灵的追逐精灵,弱于用户精灵的躲避精灵。请编程实现这个游戏。

分析 首先,我们有两类精灵:用户控制的精灵和自动精灵,都属于精灵,但一个需要用户控制运动,一个通过算法控制运动。因此,我们可以写一个精灵基类,都有 ID、姓名、当前位置、运动速度、运动方向等,精灵关系如图 9-15 所示。

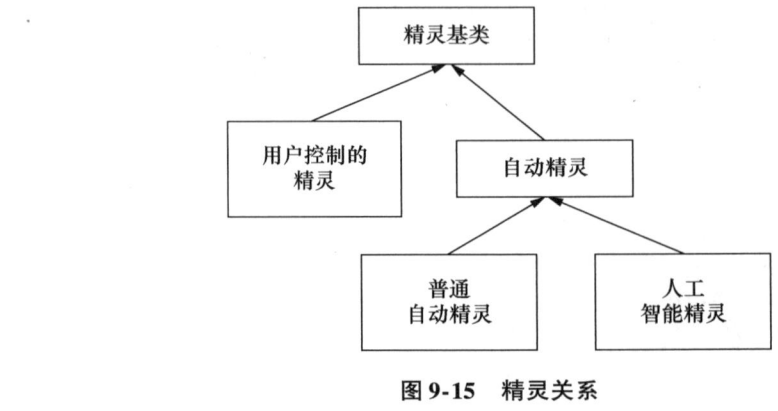

图 9-15 精灵关系

用户控制的精灵和自动精灵的主要区别在于移动操作和碰撞检测的实现方式不同,具体如下。

1. Move 操作不同

(1) 自动精灵:按照固定速度和初始设置的方向移动。

(2) 用户控制的精灵:根据鼠标(或键盘)操作结果设置精灵移动。

2. 碰撞检测不同

(1) 自动精灵:不进行碰撞检测。

(2) 用户控制的精灵:每时间周期都检测是否与自动精灵碰撞。

基类的 Move 是抽象的,子类实现自己的 move 操作。

基类具有用户控制的精灵和自动精灵的共性,包括 ID、name、Pose、speed、Direction。

进一步分析,自动精灵又分成没有人工智能的精灵和有简单人工智能的精灵。而具有人工智能的精灵又有追逐精灵(比用户控制的精灵强大,用户控制的精灵遇到它就会失去分值或者生命)。此外,还有躲避精灵(比用户控制的精灵弱小),用户控制的精灵遇到它就可以加分或者加生命值。这些自动精灵的 Move 操作也是不同的。

① 普通自动精灵。按照固定速度和初始设置的方向移动。

② 人工智能精灵。在速率范围内的任意方向移动。

a. 躲避精灵。如果躲避精灵与用户控制的精灵在某范围内,需要朝远离用户控制的精灵方向移动,如果被用户控制的精灵追上,用户精灵得高分,且移动速度加倍(限时),该躲避精灵消失。

b. 追逐精灵。如果追逐精灵与用户控制的精灵在某范围内,需要朝用户的控制精灵方向移动,如果追逐精灵追上用户控制的精灵,则用户控制的精灵失去一条生命,该追逐精灵消失。

具体分析与编程实战请参考网站下载的第 9 章代码:"9-继承与派生编程实战"里面的"2-SpriteGame"的详细代码。其中,关于采用继承与派生的详细分析过程视频参考第 9 章中的"3-继承关系的精灵游戏-完整",关于采用多态技术改写的视频参考第 9 章多态里面的"1-智能精灵的分析"和"2-多态实现的多种类精灵游戏编程"。

9.15 小　　结

1. 不同的继承方式,子类对基类中成员的访问权限如表 9-1 所示。

2. 继承是对类型之间的关系建模,共享公共的东西,仅特化本质上不同的东西。派生类能继承基类定义的成员,派生类无须改变即可使用那些与派生类具体特性不相关的操作,并可重定义那些与派生类相关的成员函数,将函数特化(Function Specialization),考虑派生类的特性。我们称因继承而相关的类构成了一个继承层次。其中,一个类称为根,所有其他类直接或间接继承根类。除了从基类继承成员外,派生类还可定义更多的成员。

视频讲解

3. 面向对象编程的关键思想是多态性。因为在许多情况下可以互换地使用派生类或基类的"许多形态",所以称通过继承而相关联的类型为多态类。在 C++语言中,多态性仅用于因继承而相关联的类型的引用或指针。

① 在基类中,用 virtual 将函数说明为虚函数。

视频讲解

② 在公有派生类中,原型一致地重载该虚函数。

③ 定义基类引用或指针,使其引用或指向派生类对象。当通过该引用或指针调用虚函数时,该函数将体现出虚特性。

4. 继承和动态绑定在两个方面简化了我们的程序,即能够容易地定义与其他类相似但又不相同的新类,能更容易地编写忽略这些相似类型之间区别的程序。继承和动态绑定的思想在概念上非常简单,但对于如何创建应用程序以及对于程序设计语言必须支持的特性,含义深远。

5. 许多应用程序的特性可以用一些相关但略有不同的概念描述。面向对象编程与这种应用非常匹配。通过继承可以定义一些类型,可以模拟不同种类;通过动态绑定可以编写程序,使用这些类而又忽略与具体类型相关的差异。

9.16 课后作业

1. (码图编号 150)继承 Point 类。

题目描述:引入 CPoint.h 头文件,它的内容如下:

```
#include <iostream>
using namespace std;
class Point{
public:
    Point(float xx, float yy){
        x = xx;
        y = yy;
    }
    private:
    float x;
    float y;
};
class Rectangle : public Point{
public:
    Rectangle(float xx,float yy,float w,float h);
    float Area();
    private:
    float width;
    float high;
};

class Circle: public Point{
public:
    Circle(float xx,float yy,float r);
    float Area();
    private:
    float radius;
};
```

要求:实现 Rectangle 类和 Circle 类,它们都继承自 Point 类,派生类都具有 float Area( )方法,返回派生对象的面积。其中,Rectangle 类为矩形对象,拥有长和宽属性;Circle 类为圆形,拥有半径属性。

完成 Rectangle 类和 Circle 类的构造方法和 Area( )方法。

最终两个类的使用方法如下：

```
Rectangle rect(1,2,3,4);
rect.Area();       //12
Circle c(5,6,7);
c.Area();          //153.86
```

2.（码图编号163）重载<<运算符。

题目描述：重载运算符 << ，使之能够使用cout将Date类对象以日期格式输出，Date类的定义如下：

```
class Date{
public:
    Date(int y=1996,int m=1,int d=1){
        day = d;
        month = m;
        year = y;
        if (m>12 ||m<1)
        {
            month =1;
        }
        if (d>days(y,m))
        {
            cout << "Invalid day!"<<endl;
            day =1;
        }
    };
    int days(int y,int m);
    void display(){
        cout <<year<< " - "<<month << " - "<<day <<endl;
    }
private:
    int year;
    int month;
    int day;
};
```

下面，需要实现运算符 << 的重载，输出日期的格式参见display方法。

实现Date对象的days方法，该方法返回指定的年月有多少天，如days(2001,1)，返回31。

在代码中，除了完成Date函数，还需包含以下main函数：

```
int main(){
    int y,m,d;
    cin>>y>>m>>d;
    Date dt(y,m,d);
    cout <<dt;
    return 0;
}
```

例如：

输入：

2013 2 1 ↵

输出：
2013 -2 -1 ↵

3. (码图编号 161)(多态)填空题。

题目描述：下列程序的输出结果为 2，请将程序补充完整(提交时，需要提交一个完整的源文件，不能只提交填空部分)。

```
#include <iostream>
using namespace std;
class Base{
public:
    _____①_____ void fun(){cout<<1<<endl;}
};
class Derived: public Base{
public:
    void fun(){cout<<2<<endl;}
};
int main(){
    Base *p = new Derived;
    p->fun();
    delete p;
    return 0;
}
```

4. (码图编号 165)(多态)Set 类。

题目描述：引入头文件 CSet.h，它的内容如下：

```
#include <iostream>
using namespace std;
class Set{
private:
    int n;
    int *pS; //集合元素
public:
    Set(){n = 0;pS = NULL;}
    Set(Set &s){
        n = s.n;
        if (n!=0)
        {
            pS = new int[n+1];
            for (int i=1;i<=n;i++) //集合的下标从 1 开始，集合中不能有重复元素
                pS[i] = s.pS[i];
        }
    }
    ~Set(){
        if (pS)
        {
            delete []pS;
            pS = NULL;
            n = 0;
        }
    }
    void ShowElement()const{ //输出集合的元素
        int temp = 0;
```

```cpp
            for(int i =1;i<n;i++)
            {
                for(int j =i+1;j<n;j++)
                {
                    if(pS[i] > pS[j])
                    {
                        temp = pS[i];
                        pS[i] = pS[j];
                        pS[j] = temp;
                    }
                }
            }
            cout << "{";
            for(int i =1;i<n;i++)
                cout <<pS[i]<<",";
            if (IsEmpty())
                cout << "}"<<endl;
            else cout <<pS[n]<<"}"<<endl;
        }
        bool IsEmpty()const{return n?false: true;} //判断集合是否为空
        int size(){return n;}
        bool IsElement(int e)const {
            for (int i =1;i< =n;i++)
                if (pS[i] = =e)
                    return true;
            return  false;
        }
        bool operator < = (const Set &s)const;//this < = s 判断当前集合是否包于
集合 s
        bool operator = = (const Set &s)const; //判断集合是否相等
        Set & operator + = (int e);      //向集合中增减元素 e
        Set & operator - = (int e);      //删除集合中的元素 e

        Set operator |(const Set &s)const;    //集合并
        Set operator &(const Set &s)const;    //集合交
        Set operator - (const Set &s)const;   //集合差
};
```

完成 Set 类,实现运算符的重载。

(1) 重载操作符 + = ,向集合中增加元素 e,例如:

```
Set s;
s + =1;
s.ShowElement();//{1}
```

(2) 重载操作符 - = ,删除集合中的元素 e,例如:

```
Set s;
s + =1,s + =2;
s.ShowElement();//{1,2}
s - =1;
s.showElement();//{2}
```

(3) 重载操作符 < = ,判断当前集合是否包含另一个集合,例如:

```
Set s1,s2,s3;
s1 + =1; s2 + =1;s2 + =3; s3 + =2;
s1 < =s2;//true
s3 < =s2//false;
```

(4) 重载操作符 = = ,判断集合是否相等,例如:

```
Set s1 s2;
s1 = = s2;//true
s1 + =1;s2 + =2;
s1 = =s2 ;//false;
```

(5) 重载操作符 |(集合并),例如:

```
Set s1 s2;
s1 + =1;s2 + =2;
s1 |s2 ;//{1,2}
```

(6) 重载操作符 &(集合交),例如:

```
Set s1 s2;
s1 + =1;s2 + =2;s2 + =1;
s1&s2 ;//{1}
```

(7) 重载操作符 −(集合差),例如:

```
Set s1 s2;
s1 + =1;s1 + =3;s2 + =2;s2 + =1;
s1 − s2 ;//{3}
```

第 10 章 模板、命名空间和异常处理

基础理论

10.1 模板

C++语言最重要的特征之一就是代码重用,为了实现代码重用,代码必须具有通用性。通用的代码需要不受数据类型的影响,并且可以自动适应数据类型的变化。这种程序设计类型称为参数化程序设计(泛型程序设计)。

模板是一种对类型进行参数化的工具,通常有两种形式:函数模板和类模板。函数模板仅针对参数类型不同的函数,类模板仅针对数据成员和成员函数类型不同的类。

10.1.1 函数模板

函数模板的格式如下:

```
template <class 形参名1,class 形参名2,...> 返回类型 函数名(参数列表)
{
    函数体
}
```

视频讲解

例如,写一个函数求两个值中的最大者。作为强类型的语言,C++语言"不允许"也不应该对两种不同类型的数据进行比较。一般的解决办法就是写一系列的函数,来分别完成整型、浮点型和用户自定义类型的求解。

```
int mymax(int x,int y){…}
float mymax(float x,float y){…}
```

这些函数除了操作的数据类型不同之外,代码框架是一样的。这使程序代码变得累赘且维护难度加大。

一个变通的方法是使用宏定义:

```
#define mymax(x, y)   ((x) > (y) ? (x) : (y))
```

这样做虽然解决了代码维护问题,但是由于宏定义只是在编译时进行简单的宏展开,避开了类型检查机制,因此可能带来一些难以发现的错误。

使用 C++语言的模板可以轻松地解决上述问题,此时数据类型本身就是一个参数。

例如，max 函数的模板可以定义为：

```
template <class T>
    T mymax(T x, T y){   return x > y ? x : y; }
```

关键字 template 后面的尖括号表明 max 函数要用到一个叫作 T 的参数（我们称作模板参数），而这个参数是一种类型。该模板的含义就是无论参数 T 为 int、char 或其他数据类型（包括类类型），函数 max 的语义都是对 x 和 y 求最大值。这样定义的 max 代表了一类具有相同程序逻辑的函数，称为函数模板。

模板是 C++ 语言支持参数化程序设计的工具，通过它可以实现参数化多态性。所谓的参数化多态性，就是将程序所处理的对象的类型参数化，使得一段程序可以处理多种不同类型的对象。

函数模板本身是不被编译的，所以函数模板不能直接使用，必须被实例化（即给定类型参数 T）后才能使用。例如：

```
int main(){
    double a = 1.0, b;
    b = mymax(a, 2.0);
    system("pause");
    return 0;
}
```

在上面的代码中，函数模板接受了一个隐含的参数：double。编译器自动将函数模板扩展成一个完整的关于 double 类型的比较大小的函数，然后再在函数模板被调用的地方产生合适的函数调用代码。

由函数模板实例化出的函数称为模板函数，函数模板与模板函数的关系如图 10-1 所示。

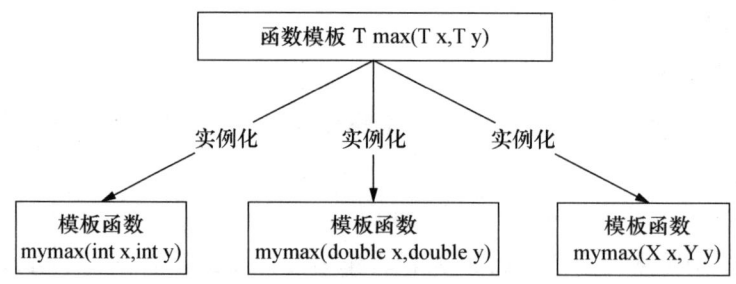

图 10-1 函数模板与模板函数的关系

对于函数模板而言，不存在 mymax(int,int) 这样的调用，对函数模板的调用应使用实参推演来进行，即只能进行 mymax(2,3) 这样的调用，或者 int a, b; mymax(a,b)，此时，模板 T 的类型为 int。

就像类和对象的关系一样，函数模板将具有相同正文的一类函数抽象出来，可以适应任意数据类型 T。

假设有如下的代码：

```
void Func(int num,char ch){
    int a = mymax(num,ch);
    int b = mymax(ch,num);
}
```

此时为函数模板提供了两个不同的类型(int 和 char),编译器无法按模板的规则实例化出那样的函数。但是在实际应用中 int 和 char 类型的数据之间的隐式类型转换是很普遍的情况。那么如何解决这样的问题呢?

C++语言允许一个函数模板使用多个模板参数或者重载一个函数模板。

1. 方法1: 使用多个模板参数

例 10-1 用两个不同的模板参数实现 max 函数模板。

```cpp
//10-1.cpp
#include <iostream>
usingnamespace std;
template <class T, class D>
T mymax(T x, D y) {
    return (x>y) ? x : y;
}
int main()
{
    int a = 9;
    char b = 34;
    int rr = mymax(a, b);
    cout << rr << endl;
    system("pause");
    return 0;
}
```

此时,编译器根据参数 a 和 b 的类型,实例化出 int mymax(int x,char y)这样的函数。

2. 方法2: 重载一个函数模板

例 10-2 用重载函数实现 max 函数与 max 函数模版。

```cpp
//10-2.cpp
template <class T>
T mymax(T x,T y){
    return (x>y)? x:y;
}
int mymax(int x,char y){
    return (x>y)? x:y;
}
int main(){
    int num =1;
    char ch =2;
    mymax(num,num);        //调用 mymax(T,T)
    mymax(ch,ch);          //调用 mymax(T,T)
    mymax(num,ch);         //调用 mymax(int,char)
    mymax(ch,num);         //调用 mymax(int,char)
    system("pause");
    return 0;
}
```

这种方式,我们仍然保留只有一个模板参数 T 的函数模板 mymax,然后再重载参数分别是整型和字符类型的 mymax 函数。重载函数的最佳匹配遵循以下优先规则。

(1)完全匹配时,普通函数优于模板函数及函数模板的实例化版本。
(2)提升转换(例如,char 和 short 转换为 int 以及 float 转换为 double)。
(3)标准转换(例如,int 转换为 char 以及 long 转换为 double)。
(4)用户定义的转换,如类类型的转换。

10.1.2 类模板

类模板的格式为:

```
template<class 形参名1,class 形参名2,… >
class 类名
{ … };
```

类模板和函数模板均以关键字 template 开头,后接模板形参列表。模板形参不可为空。声明类模板后,即可使用模板形参名来定义类中的成员变量和成员函数。在类定义中,凡是可使用内置类型的地方,均可使用模板形参名进行声明。例如:

```
template<class T>
class A{
public: T a;
        T b;
        T Func(T c, T &d){a = c;b = d;};
};
```

比如一个模板类 A,则使用类模板创建对象的方法为 A<int> m;。在类 A 后面跟上一对 < > 尖括号并在里面填上相应的类型,这样的话,类 A 中凡是用到模板形参的地方都会被 int 所代替。

类模板也可以定义多个模板形参。例如:

```
template<class T,class D>
class A {
public: T a;
        D b;
        T Func(T c, D &d){a = c;b = d;};
};
```

此时创建对象的方法为 A<int, double> m;,即在 < > 尖括号里给出两个不同的类型,类型之间用逗号隔开。

在类模板外部定义成员函数的方法为:

```
template<模板形参列表>函数返回类型  类名<模板形参名>::函数名(参数列表){函数体}
```

例 10-3 用类模板实现一个双向链表,链表结点存储的数据用成员 value 表示,其类型为模板形参 T。

```
//10-3.cpp
template <class T>
class node{
    T value;
    node *prev,*next;
public:
    node(){prev = NULL;next = NULL;}
```

```
    void setValue(T value){this->value=value;}
    void append(node *p);
};
template <class T>
    void node<T>::append(node *p){
    p->next=this->next;
    p->prev=this;
    if(next!=NULL)
        next->prev=p;
    next=p;
}
int main(){
    node<int> *list_head;
    node<int> node,node1,node2;
    node.setValue(1);
    node1.setValue(2);
    node2.setValue(3);
    list_head=&node;
    list_head->append(&node1);
    list_head->append(&node2);
    system("pause");
    return 0;
}
```

调试状态运行程序，在监视窗口输入 list_head，打开 list_head 前面的“+”，可以看到链表中的结点结构关系，如图 10-2 所示。list_head 指向的结点值为 1，prev = NULL，next 的值为 0x00d9fc8c；而 0x00d9fc8c 结点的值为 3，prev 的值为 0x00d9fcb4，指向 list_head 结点，而 next 的值是 0x00d9fca0。逻辑关系如图 10-3 所示。

名称	值	类型
list_head	0x00d9fcb4 {value=1 prev=0x00000000 <NULL> next=0x00d9fc8c {value=3 prev=0x	node<in
value	1	int
prev	0x00000000 <NULL>	node<in
next	0x00d9fc8c {value=3 prev=0x00d9fcb4 {value=1 prev=0x00000000 <NULL> next=0x	node<in
value	3	int
prev	0x00d9fcb4 {value=1 prev=0x00000000 <NULL> next=0x00d9fc8c {value=3 prev=0x	node<in
value	1	int
prev	0x00000000 <NULL>	node<in
next	0x00d9fc8c {value=3 prev=0x00d9fcb4 {value=1 prev=0x00000000 <NULL> next=0x	node<in
value	3	int
prev	0x00d9fcb4 {value=1 prev=0x00000000 <NULL> next=0x00d9fc8c {value=3 prev=0x	node<in
next	0x00d9fca0 {value=2 prev=0x00d9fc8c {value=3 prev=0x00d9fcb4 {value=1 prev=0x	node<in
next	0x00d9fca0 {value=2 prev=0x00d9fc8c {value=3 prev=0x00d9fcb4 {value=1 prev=0x	node<in
value	2	int
prev	0x00d9fc8c {value=3 prev=0x00d9fcb4 {value=1 prev=0x00000000 <NULL> next=0x	node<in
next	0x00000000 <NULL>	node<in

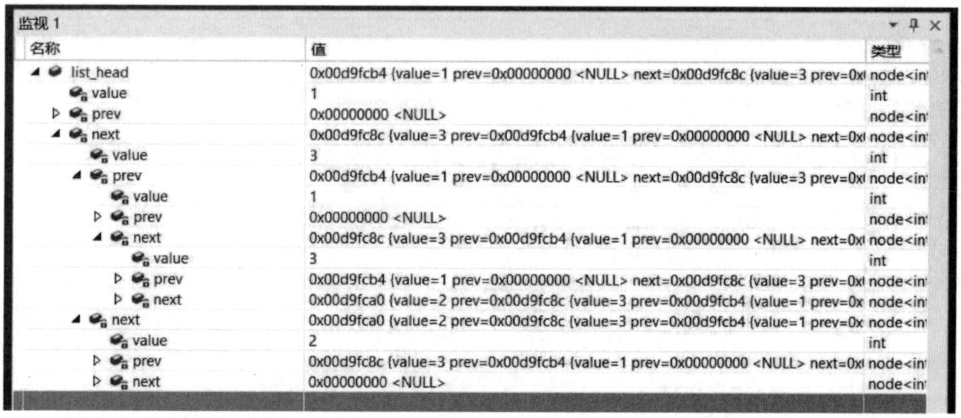

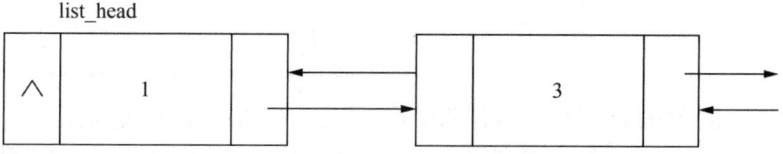

图 10-2　以 list_head 为头指针的双向链表中的结点结构关系

图 10-3　以 list_head 为头指针的双向链表前两个结点的逻辑关系

可以看出,这个链表可以适应不同的数据类型(如图 10-4 所示)。在 main 函数中,我们将模板类 node 实例化为能够处理 int 类型数据的类。

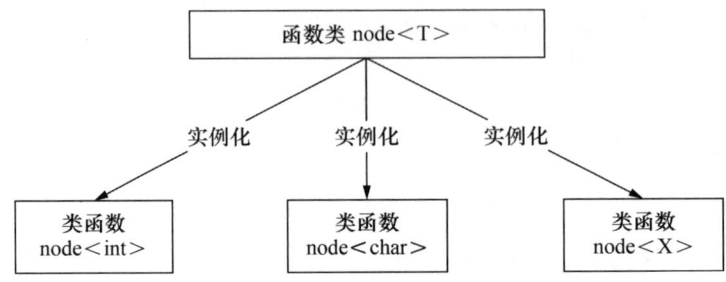

图 10-4　类模板和模板类的关系

视频讲解

10.2　命名空间

命名空间(也称为"名字空间")是将多个变量和多个函数组合成一个组的方法。主要是为了解决名字(用户定义的类型名、变量名和函数名)冲突的问题。

例如,MyStudent 和 YourStudent 两个文件都有 Student 类,该类里面有公有成员函数 ShowMe,使用的时候到底使用的是哪个 Student 呢?

例 10-4　在 MyStudent.cpp 和 YourStudent.cpp 这两个文件中都定义了 Student 类,main 函数定义了 Student 类对象,运行程序并观察生成的是哪一个文件的类对象。

```
//10-4.cpp
//MyStudent.cpp
class Student{
public:
    void ShowMe(){cout << "MyStudent" << endl;}
};
//YourStudent.cpp
class Student{
public:
    void ShowMe(){cout << "YourStudent" << endl;}
};
//main.cpp
#include"MyStudent.cpp"
#include"YourStudent.cpp"
int main(){
    Student s;
    s.ShowMe();
    system("pause");
    return 0;
    }
```

程序编译时,提示的错误信息如图 10-5 所示,Student 类被重复定义。因为 MyStudent.cpp 和 YourStudent.cpp 都定义了 Student 类,故编译器会报告"重复定义错误"。

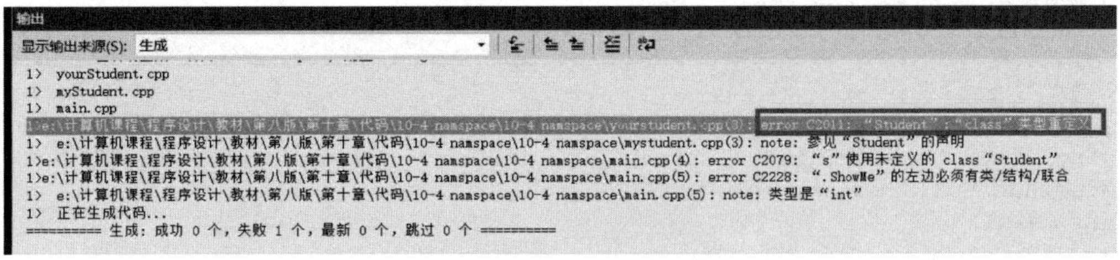

第10章 模板、命名空间和异常处理

图10-5 提示的错误信息

下面修改程序,为每一个文件增加命名空间。

例 10-5 在例10-4的基础上,为每个文件增加命名空间,运行程序并观察实际是哪一个文件的 Student 类对象。

```
//10-5.cpp
//MyStudent.cpp
   namespace MyStudent{
   class Student  {
   public:
       void ShowMe(){cout << "MyStudent" << endl;}
   };
}
//YourStudent.cpp
namespace YourStudent{
   class Student{
   public:
       void ShowMe(){cout << "YourStudent" << endl;}
   };
}
//main.cpp
#include"MyStudent.cpp"
#include"YourStudent.cpp"
int main(){
   Student s;
   s.ShowMe();
   system("pause");
   return 0;
}
```

程序虽然使用了命名空间,但方法不对,程序编译依然失败,如图10-6所示,显示 s 是"未声明的标识符"。虽然两个文件中的 MyStudent 都放在各自不同的命名空间中,但使用的时候未指定类 Student 所在命名空间,因此报错。

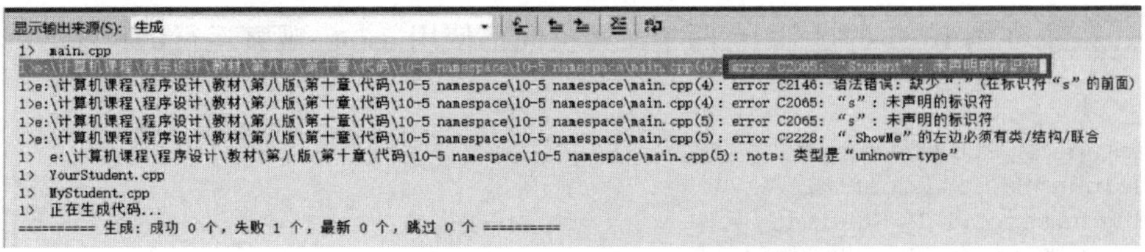

图10-6 命名空间定义错误出现的提示信息

例 10-6 在例 10-5 的基础上,修改 main.cpp 程序。

```cpp
//10-6.cpp
//main.cpp
#include"MyStudent.cpp"
#include"YourStudent.cpp"
int main()
{
    MyStudent::Student ms;
    YourStudent::Student ys;
    ms.ShowMe();
    ys.ShowMe();
    system("pause");
    return 0;
}
```

程序编译通过,此时,对象 ms 的类型是命名空间 MyStudent 下的 Student,而 ys 的类型是命名空间 YourStudent 下的 Student。运行结果如下:

```
MyStudent
YourStudent
```

此外,命名空间还可以用 using 语句,省略命名空间名称。

例 10-7 在例 10-5 的基础上,修改 main.cpp 程序。

```cpp
//10-7.cpp
#include"MyStudent.cpp"
#include"YourStudent.cpp"
using namespace MyStudent;
int main()
{
    Student ms;
    YourStudent::Student ys;
    ms.ShowMe();
    ys.ShowMe();
    system("pause");
    return 0;
}
```

由于使用 using 语句来规定默认的名字空间,因此在声明对象 ms 时,无须指定 Student 类在哪个名字空间下;而对于 ys,如果需要明确告知编译器的类型是 YourStudent 名字空间下的 Student,则在声明 ys 时需要通过 YourStudent::Student 这样的方式显式指出来。

但如果两个命名空间都使用 using,会出现什么情况呢?

例 10-8 在例 10-5 的基础上,两个命名空间都使用 using,观察运行的程序。

```cpp
//10-8.cpp
#include"MyStudent.cpp"
#include"YourStudent.cpp"
using namespace MyStudent;
using namespace YourStudent;
int main()
```

```
{
    Student ms;
    ms.ShowMe();
    system("pause");
    return 0;
}
```

此时，会发生程序编译错误，如图10-7所示，仍然存在不能确定Student所在命名空间的问题。

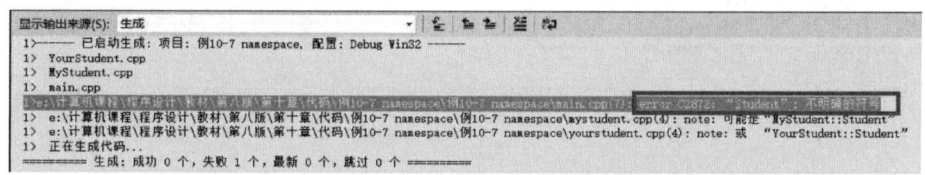

图10-7　命名空间定义发生歧义时出现的错误提示信息

一个命名空间是一个作用域，在不同命名空间中命名相同的符号代表不同的实体。

命名空间可以在两个地方被定义：在全局范围层次或者是在另一个命名空间中被定义（这样就形成一个嵌套命名空间），不能在函数和类的内部定义。

例 10-9 定义嵌套命名空间。

```
//10-9.cpp
#include <iostream>
namespace OutNames {
  int iVal1 = 100;
  int iVal2 = 200;
  namespace InnerName{//定义嵌套命名空间
    int iVal3 = 300;
    int iVal4 = 400;
  }
}
using namespace std;
int main(){
  cout << OutNames::iVal1 << endl;
  cout << OutNames::iVal2 << endl;
  cout << OutNames::InnerName::iVal3 << endl;
  cout << OutNames::InnerName::iVal4 << endl;
  return 0;
}
```

全局命名空间是隐式声明的，存在于每个程序中，可以用作用域操作符引用全局命名空间的成员。因为全局命名空间是隐含的，所以它没有名字。例如，::member_name。

命名空间可以是不连续的，它是由所有分离定义的命名空间的各个部分的整体构成的。一个命名空间可以分散在多个文件中，不同的文件中命名空间的定义也是累积的。但匿名命名空间虽然可以在给定文件中不连续，但不能跨越文件，每个文件有自己的未命名的命名空间。

例 10-10 未命名的命名空间。

```cpp
//10-10.cpp
#include <iostream>
namespace //未命名的命名空间
{
    int count = 1;
}
using namespace std;
namespace //未命名的命名空间
{
    void name_printf(void)
    {
        cout << "count = " << count << endl;
    }
}
int main(void)
{
    count = 3;           //直接使用
    name_printf();       //直接使用
    system("pause");
    return 0;
}
```

匿名空间使作用域约束在一个文件中,代替使用 static 来声明变量和函数。

值得注意的是,和函数一样,匿名空间中的成员的名字不能与全局作用域中定义的名字相同。例如:

```cpp
int i;   //global variable
namespace //unnamed namespace
{
    int i;
}
//error: reference to 'i' is ambiguous
```

可以使用 using namespace 指令,这样在使用命名空间时就可以不用在前面加上命名空间的名称。这个指令会告诉编译器,后续的代码将使用指定的命名空间中的名称。

例 10-11 使用 using namespace 指令。

```cpp
//10-11.cpp
#include <iostream>
using namespace std;
//第一个命名空间
namespace first_space{
    void func(){
        cout << "Inside first_space" << endl;
    }
}
//第二个命名空间
namespace second_space{
    void func(){
        cout << "Inside second_space" << endl;
    }
```

```
}
using namespace first_space;
int main ()
{
    func();  //调用第一个命名空间中的函数
    system("pause");
    return 0;
}
```

当例 10-11 中的代码被编译和执行时,会产生下列结果:

```
inside first_space
```

using 指令也可以用来指定命名空间中的特定项目。例如,如果只打算使用 std 命名空间中的 cout 部分,则可以使用如下语句:

```
using std::cout;
```

在随后的代码中,在使用 cout 时就可以不用加上命名空间名称作为前缀,但是 std 命名空间中的其他项目仍然需要加上命名空间名称作为前缀。例如:

```
#include <iostream>
using std::cout;
int main ()
{
    cout << "std::endl is used with std!" << std::endl;
    system("pause");
    return 0;
}
```

当上面的代码被编译和执行时,会产生下列结果:

```
std::endl is used with std!
```

using 指令引入的名称遵循正常的范围规则。名称从使用 using 指令开始是可见的,直到该范围结束。此时,在范围以外定义的同名实体是隐藏的。

10.3 异常处理

程序运行中的有些错误是可以预料但是不可以回避的,例如,内存空间不足、硬盘上的文件被移动、打印机未连接好等系统运行环境造成的错误。这时要力争做到,允许用户排除环境错误,继续运行程序;至少要给出适当的提示信息,这就是异常处理程序的任务。C++的异常处理机制使得异常的引发和处理不必在同一个函数中,这样底层的函数可以着重解决具体问题,而不必过多地考虑对异常的处理。上层调用者可以在适当的位置设计对不同类型异常的处理。因此,异常处理机制提供程序中错误检测与错误处理部分之间的通信。异常存在于程序的正常功能之外,要求程序立即处理。C++语言的异常由 throw 引发,用 try … catch 语句来完成异常处理。try … catch 语句表达式如下:

```
try { statements;1 }
catch (exception expression1) { statements;2 }
catch (exception expression2) { statements;3 }
catch (exception expressionN) { statements;4 }
```

(1) throw。当问题出现时,程序会抛出一个异常。这是通过使用 throw 关键字来完成的。

（2）catch。在想要处理问题的地方，通过异常处理程序捕获异常。catch 关键字用于捕获异常。

（3）try。try 块中的代码用于标识将被激活的特定异常。它后面通常跟着一个或多个 catch 块。

（4）try 块。以 try 开始，并以一个或多个 catch 结束。在 try 块中执行的代码所抛出的异常，常会被其中一个 catch 子句处理。

标准库定义了一组异常类，用来在 throw 和相应的 catch 之间传递有关的错误信息。

例 10-12 在书店的销售系统中，系统会统计两个销售记录是否拥有相同的书号。如果书号相同，则合并销售业绩；否则输出"Data must refer to same ISBN"的信息。

```
//10-12.cpp
int test()
{   sales_item  item1,item2;
    std::cin >> item1 >> item2;
    if(item1.same_isbn(item2))
    {
        std::cout << item1 + item2 << std::endl;
        return 0;
    }
    else
    {
        std::cerr << "Data must refer to same ISBN" << std::endl;
        return -1;
    }
}
```

修改程序改用 throw 把错误抛给上层解决，程序代码如下：

```
If(!item1.same_isbn(item2))
    throw runtime_error("Data must refer to same ISBN");
//如果程序执行到这里,则说明书号是相同的
std::cout << item1 + item2 << std::endl;
```

抛出的异常需要被上层捕获，所以如果 throw 抛出异常，应该在 try 里面捕获这个异常，根据异常的类型不同，在 catch 里面分别进行处理。之后，完善程序，持续处理合并工作。

例 10-13 用异常处理机制捕获运行错误。

```
//10-13.cpp
void test(){
while(cin >> item1 >> item2){
    try{
        if(item1.sameisbn(item2))
        {   cout << item1 + item2 << endl;}
        else
            throw runtime_error("Data must refer to same ISBN");
    }
    catch(runtime_error err)
    {
        cout << err.what() << "\n Try Again? Enter y or n" << endl;
```

```
        char c;
        cin >> c;
        if(cin && c == 'n')
            break;
    }
  }
}
```

例 10-13 是一个简单的例子,用来说明在 try 块中抛出异常和捕捉异常的情况。

例 10-14   分析一个函数嵌套调用的程序。

```
//10-14.cpp
#include <iostream>
using namespace std;
int main()
{
    void f1();//f1 函数声明
    try
    {
        f1();
    }//调用 f1()
    catch(double)
    {
        cout << "OK0!" << endl;
    }
    cout << "end0" << endl;
    return 0;
}
void f1()
{
    void f2();//f2 函数声明
    try
    {
        f2();
    } //调用 f2()
    catch(char)
    {
        cout << "OK1!";
    }
    cout << "end1" << endl;
}
void f2()
{
    void f3();//f3 函数声明
    try
    {
        f3();
    } //调用 f3()
    catch(int)
    {
        cout << "Ok2!" << endl;
    }
    cout << "end2" << endl;
}
void f3()
```

```
{
    double a = 0;
    try
    {
        throw a;
    } //抛出 double 类型异常信息
    catch(float)
    {
        cout << "OK3!" << endl;
    }
    cout << "end3 " << endl;
}
```

程序的运行结果为:

```
OK0!(在主函数中捕获异常)double
end0 (执行主函数中最后一个语句时的输出)
```

如果将 f3 函数中的 catch 子句改为 catch(double),而程序中其他部分不变,则程序运行结果如下:

```
OK3!   (在 f3 函数中捕获异常)
end3   (执行 f3 函数中最后一个语句时的输出)
end2   (执行 f2 函数中最后一个语句时的输出)
end1   (执行 f1 函数中最后一个语句时的输出)
end0   (执行主函数中最后一个语句时的输出)
```

如果将 f3 函数中的 catch 块改为

```
catch(double)
{
    cout << "OK3!" << endl;
    throw;
}
```

则程序的运行结果为:

```
OK3!(在 f3 函数中捕获异常)
f3 的 cout << "OK3!" << endl;执行后的 throw 语句继续抛出 double 异常,被 main 函数的 catch(double)捕获
OK0!(在主函数中捕获异常)
end0 (执行主函数中最后一个语句时的输出)
```

例 10-14 说明,当 throw 一个异常时,可以在本层或上层捕获异常。异常通常是一些标准异常。标准异常有以下 4 种。

(1) exception 头文件。最常见的异常类,类名为 exception。它只通知异常,不提供更多的信息。

(2) stdexcept。定义了几种常见的标准异常类,如表 10-1 所示。

(3) new。头文件定义了 bad_alloc 异常类型,提供因无法分配内存而由 new 抛出的异常。

(4) type_info。定义了 bad_cast 异常类。

表 10-1　在 <stdexcept> 头文件中定义的几种常见的标准异常类

异　　常	最常见的问题
runtime_error	运行时错误：在运行时才能检测到的问题
range_error	运行时错误：生成的结果超出了有意义的值域范围
overflow_error	运行时错误：计算上溢
underflow_error	运行时错误：计算下溢
logic_error	逻辑错误：可在运行前检测到的问题
domain_error	逻辑错误：参数的结果值不存在
invalid_error	逻辑错误：不合适的参数
length_error	逻辑错误：试图生成一个超出该类型最大长度的对象
out_of_range	逻辑错误：使用一个超出有效范围的值

10.4　课堂练习题

参考答案

1. 设计一个类模板，其中包括数据成员 T a[ ] 及其进行排序的成员函数 sort( )，模板参数 T 可以实例化为字符串。

2. 以 String 类为例，在 String 类的构造函数中使用 new 关键字来分配内存。对比异常处理机制与其他处理方式在应对内存分配失败这一异常时的不同，阐述异常处理机制的优点。

10.5　小　　结

1. 用 template 关键字声明模板参数，可以用该模板参数定义函数模板和类模板，当指定不同数据类型的时候，可以得到支持不同数据类型的模板函数和模板类，提高代码的通用性。

2. 命名空间也称为名字空间，它是表达多个变量和多个函数组合成一个组的方法，主要是为了解决名字（用户定义的类型名、变量名、函数名）冲突的问题。

3. C++语言的异常处理机制使得异常的引发和处理不必在同一个函数中，这样底层的函数可以着重解决具体问题，而不必过多地考虑对异常的处理。上层调用者可以在适当的位置设计对不同类型异常的处理。把可能出错的代码放到 try 语句块当中，通过 throw 扔出异常，通过 catch 捕获异常并根据异常类型进行相应的处理。

10.6　课后作业

1. 写一个能够处理任意基本类型和复数类型的双向链表类，能够实现以下操作：在数据的第 i 个位置做插入/删除操作，根据关键字查找某个元素的详细信息等。根据输入的数据序列建立双向链表并测试上述功能的正确性。

2. 修改第9章的上机实验：精灵游戏，将各个类放到合适的命名空间中并增加合适的异常处理操作。

10.7 知识补充与扩展

知识拓展

本节拓展介绍了C++模板非类型形参的核心机制及其在STL容器中的应用，相关技术细节与扩展资料可通过本节对应的二维码获取。

10.7.1 模板非类型形参

模板非类型形参是C++模板机制中的一个重要特性，允许在模板定义中使用内置类型的常量值作为形参，如整型、指针或引用。这些形参在模板内部表现为常量值，且其实参必须是编译器可解析的常量表达式。非类型形参支持多种隐式转换，包括数组到指针的退化转换、修饰符兼容性转换（如int到const int）、整型提升转换（如short到int）等。

在实际应用中，非类型模板形参通常用于类模板而非函数模板，因为函数模板在调用时可能无法推导出非类型形参的具体值，需要显式指定实参。此外，模板非类型形参的使用需遵循特定规则，例如对象本身不能作为形参，但对象的引用或指针可以作为形参；同时，默认类型形参仅适用于类模板而不适用于函数模板。

10.7.2 标准模板库STL

标准模板库STL作为C++标准库的重要组成部分，是基于模板技术实现的一系列数据结构和算法的集合。STL提供了六种主要组件：容器、容器适配器、迭代器、算法、函数对象和函数适配器等，这些组件共同支持高效的数据管理和操作。

容器用于存储和组织其他对象，如vector适用于动态数组的需求，而map则适合键值对的存储需求。每种容器都有其特定的应用场景和限制，例如vector仅能在末尾添加元素，而deque则增加了向容器开头添加元素的能力。

容器适配器基于现有容器构建，提供简化或修改后的接口，以适应特定的数据结构需求。例如，queue实现了先进先出队列的功能，而priority_queue则根据元素优先级进行排序。stack则实现了一种后进先出的数据结构。通过使用不同的底层容器（如vector、deque或list），这些适配器可以灵活地满足各种应用场景的需求。一个具体的例子是使用priority_queue来管理具有不同优先级的对象，无论底层容器是vector还是deque，都能正确地根据元素的优先级进行排序。

标准模板库STL通过其丰富的组件集，不仅极大地简化了数据管理和操作的过程，还为开发人员提供了强大的工具，以应对复杂的数据结构和算法挑战。无论是处理简单的数组还是复杂的关联数据结构，STL都提供了高效的解决方案和支持。

10.8 网站推荐

① C++ Programming Language Tutorials（http://www.cs.wustl.edu/~schmidt/C++/）——C++编程语言教程。

② C++ Programming（https://en.wikibooks.org/wiki/C%2B%2B_Programming）——这本书涵盖了C++语言编程、软件交互设计、C++语言的现实生活应用。

③ Free Country——Free Country（http://www.thefreecountry.com/sourcecode/cpp.shtml

提供了免费的 C++ 源代码和 C++ 库,这些源代码和库涵盖了压缩、存档、游戏编程、标准模板库和 GUI 编程等 C++ 编程领域。

④ C and C++ Users Group(http://www.hal9k.com/cug/)——C 和 C++ 的用户团体提供了免费的涵盖各种编程领域的 C++ 项目的源代码,包括 AI、动画、编译器、数据库、调试、加密、游戏、图形、GUI、语言工具、系统编程等。